Odenthal/Wagner

# Investition und Finanzierung für Kommunen

# Investition und Finanzierung für Kommunen

von

**Franz Willy Odenthal**

und

**Nadine Wagner**

KSV Medien

MIX
Papier | Fördert gute Waldnutzung
FSC® C083411
FSC
www.fsc.org

$CO_2$-Kompensation
2023 Printprodukt
mit FirstClimate.com

**Bibliografische Information der Deutschen Nationalbibliothek**
Die Deutsche Nationalbibliothek verzeichnet diese Publikation in der Deutschen Nationalbibliografie; detaillierte bibliografische Daten sind im Internet über http://dnb.dnb.de abrufbar.


Satz: SEUME Publishing Services GmbH, Erfurt
Druck: CPI books

**ISBN 978-3-8293-1844-0**

# Inhalt

# Vorwort zur 1. Auflage

Das vorliegende Buch über Wirtschaftlichkeitsrechnung und Finanzierung ist eine direkte Fortsetzung des Buchs „Kosten- und Leistungsrechnung, Wirtschaftlichkeitsrechnung und Finanzierung", das es in der Vergangenheit bereits auf sechs Auflagen gebracht hat. Der Teil mit der Wirtschaftlichkeitsrechnung und Finanzierung wurde abgespalten, vollständig überarbeitet und als neues, eigenständiges Werk veröffentlicht, so dass die vorliegende Ausgabe als „1. Auflage" bezeichnet werden kann. Sie richtet sich u. a. an Studierende für den kommunalen, betriebswirtschaftlichen und staatlichen Bachelorstudiengang sowie den Studiengang „Verwaltungsinformatik" an der Hochschule für Polizei und öffentliche Verwaltung (HSPV) in NRW.

Die Abspaltung in einen eigenen Teil schien der Verfasserin und dem Verfasser angebracht, damit die Studierenden die Trennung der Vorlesungsthemen auch in den Büchern wiederfinden.

Damit die Studierenden und Lehrenden der unterschiedlichen Studiengänge erkennen können, welche Teile für sie zutreffend sind, findet sich – wie im Vorgängerwerk – eine genaue Zuordnungstabelle vor dem Inhaltsverzeichnis.

Wie in der Vergangenheit legen die Verfasserin und der Verfasser Wert darauf, dass sich die Inhalte an der Realität der öffentlichen Verwaltung orientieren. Die Inhalte und besonders die Übungsaufgaben sind, wie die Vergangenheit zeigt, sehr gut zur Klausurvorbereitung geeignet.

Ennepetal und Velbert, im April 2023
Die Verfasser

Hinweis: Aus Gründen der besseren Lesbarkeit und des Umfangs wegen werden durchgehend männliche Personen- und Funktionsbezeichnungen verwendet. Mit diesen sind alle Geschlechter gleichermaßen gemeint.

## Zu den Verfassern

***Prof. (i. R.) Dr. Franz Willy Odenthal*** studierte Volkswirtschaftslehre an der Johannes-Gutenberg-Universität Mainz. Während der sich anschließenden Assistentenzeit promovierte er (1982). Anschließend war er 10 Jahre in verschiedenen Positionen in einem international tätigen Chemiefaserunternehmen angestellt. Seit 1993 ist er Professor an der Fachhochschule für öffentliche Verwaltung NRW (heute Hochschule für Polizei und öffentliche Verwaltung NRW) und lehrt sowie forscht vor allem im Bereich des internen und externen Rechnungswesens, im August 2019 wurde er pensioniert. Sein Lehrengagement erstreckt sich auch nach der Pensionierung auf den weiterbildenden Masterstudiengang „Betriebswirtschaft für New Public Management" (MBA) und dessen Vorgängerstudiengang an der FH Dortmund, bei dem er seit 1997 tätig ist. Von 2011 bis 2019 war er Vorsitzender des Prüfungsamts für den Masterstudiengang MBA. Prof. Dr. Odenthal hat in verschiedenen einschlägigen Fachzeitschriften Aufsätze zu Themen des internen und externen Rechnungswesens veröffentlicht und ist Verfasser des Lehrbuches „Einführung in die öffentliche Betriebswirtschaft". Mehrere Jahre war er Vorsitzender einer Staatsprüfungskommission für den gehobenen Dienst.

***Nadine Wagner***, Jahrgang 1985, trat 2006 in den Dienst der Stadtverwaltung Wuppertal ein und absolvierte den Diplom-Studiengang Verwaltungsbetriebswirtschaftslehre an der Fachhochschule für öffentliche Verwaltung (heute HSPV NRW). 2012 folgte der Master mit Schwerpunkt „Management (Accounting & Finance)" an der Hochschule für Ökonomie und Management (FOM). Seit 2009, nach Beendigung ihrer Ausbildung, war sie in der Kämmerei der Stadt Wuppertal tätig, 2013 bis 2020 bei der Stadt Hattingen im Fachbereich Finanzen als Abteilungsleitung Zentrale Finanzdienste und stv. Fachbereichsleitung. Im Jahr 2020 begann sie ihre hauptamtliche Dozententätigkeit an der HSPV NRW und lehrt das Kommunale Finanzmanagement, internes und externes Rechnungswesen sowie Investition und Finanzierung.

# Abkürzungsverzeichnis

| | |
|---|---|
| a. a. O. | am angegebenen Ort |
| Abs. | Absatz |
| Abzf. | Abzinsungsfaktor |
| AG | Aktiengesellschaft |
| a. F. | alte Fassung |
| Anm. | Anmerkung |
| Aufl. | Auflage |
| $Auf^n$ | Aufzinsungsfaktor für n Perioden |
| AW | Anschaffungswert |
| | |
| BHO | Bundeshaushaltsordnung |
| bspw. | beispielsweise |
| BWL | Betriebswirtschaftslehre |
| bzw. | beziehungsweise |
| | |
| $C_0$ | Kapitalwert |
| | |
| d. h. | das heißt |
| DVP | Deutsche Verwaltungspraxis |
| | |
| EDV-System | Elektronisches Datenverarbeitungs-System |
| EStG | Einkommensteuergesetz |
| et al. | et alii; und andere |
| etc. | et cetera; und so weiter |
| € | Euro |
| EU | Europäische Union |
| EÜ; EZÜ | Einzahlungsüberschuss (Erlöse – Kosten) |
| | |
| f. | folgende |
| ff. | fortfolgende |
| | |
| GE | Geldeinheiten |
| GemHVO | Gemeindehaushaltsverordnung |
| ggf. | gegebenenfalls |
| GmbH | Gesellschaft mit beschränkter Haftung |
| GO | Gemeindeordnung |
| GuV | Gewinn- und Verlustrechnung |

| | |
|---|---|
| h | Stunde |
| HGB | Handelsgesetzbuch |
| HGrG | Gesetz über die Grundsätze des Haushaltsrechts des Bundes und der Länder |
| | |
| i | Zinssatz in % |
| IAS | International Accounting Standard |
| i. d. R. | in der Regel |
| IDW S 1 | Institut der Wirtschaftsprüfer Standard: Grundsätze zur Durchführung von Unternehmensbewertungen (IDW S 1) |
| IFRS | International Financial Reporting Standards |
| i. H. v. | in Höhe von |
| | |
| kalk. | kalkulatorisch |
| Kap. | Kapitel |
| Kfz | Kraftfahrzeug |
| $K_{ges}$ | Gesamtkosten |
| $K_f$ | Fixe Kosten |
| km | Kilometer |
| KomHVO | Verordnung über das kommunale Haushaltswesen der Kommunen (Kommunalhaushaltsverordnung) |
| $k_v$ | Variable Kosten je Stück |
| $K_v$ | Gesamte variable Kosten |
| kWh | Kilowattstunden |
| | |
| LBeamtVG | Landesbeamtenversorgungsgesetz |
| LE | Liquidationserlös |
| l | Liter |
| LHO | Landeshaushaltsordnung |
| | |
| $m^2$ | Quadratmeter |
| | |
| n | Laufzeit oder Jahr |
| ND | Nutzungsdauer |
| NGW | Nettogegenwartswert |
| NHK | Normalherstellungskosten |
| NKFWG | Zweites Gesetz zur Weiterentwicklung des Neuen Kommunalen Finanzmanagements für Gemeinden und Gemeindeverbände im Land Nordrhein-Westfalen |
| Nr. | Nummer |
| NRW | Nordrhein-Westfalen |
| | |
| o. ä. | oder Ähnliches |
| ÖPNV | Öffentlicher Personennahverkehr |

| | |
|---|---|
| p. a. | per annum; pro Jahr |
| PC | Personal Computer |
| PKW | Personenkraftwagen |
| | |
| QK | Quotientenkriterium |
| | |
| RB | betriebliche Restriktion |
| RF | finanzielle Restriktion |
| RBF | Rentenbarwertfaktor |
| rd. | rund |
| REF | Rentenendwertfaktor |
| RND | Restnutzungsdauer |
| RR | Riesenrutsche |
| RWE | Rheinisch-Westfälisches Elektrizitätswerk AG |
| | |
| s. | siehe |
| S. | Seite |
| sog. | sogenannt/e/s |
| | |
| t | Periode |
| T | Tausend |
| | |
| u. a. | unter anderem |
| u. ä. | und Ähnliches |
| u. s. w. | und so weiter |
| | |
| vgl. | vergleiche |
| VKZVKG | Gesetz über die kommunalen Versorgungs- und Zusatzversorgungskassen im Land NRW |
| | |
| z. B. | zum Beispiel |
| ZEZÜ | Zusätzlicher Einzahlungsüberschuss |
| Ziff. | Ziffer |

# Tabellenverzeichnis

# Abbildungsverzeichnis

# Literaturverzeichnis

*Arrenberg, Jutta*, Finanzmathematik – Lehrbuch mit Übungen, 3. Aufl., Berlin 2015

*Blohm, Hans/Lüder, Gerhard/Schäfer, Christina*, Investition: Schwachstellenanalyse des Investitionsbereichs und der Investitionsrechnung, 10. Aufl., München 2012

*Bröer, Ursula/Mankel, Birte/Wagner, Nadine*, Kommunale Kosten- und Leistungsrechnung, Wiesbaden 2023

*Busse von Colbe, Walther/Crasselt, Nils/Pellens, Bernhard (Hrsg.)*, Lexikon des Rechnungswesens – Handbuch der Bilanzierung und Prüfung, der Erlös-, Finanz-, Investitions- und Kostenrechnung, 5. Aufl., München 2011

*Derbort, Stephan/Herrmann, Richard/Mehlinger, Christian/Seeger, Norbert/*, Bilanzierung von Pensionsverpflichtungen – HGB, EStG, IFRS/IAS 19, 2. Aufl., Wiesbaden 2015

*Dirrigl, Hans*, Operatives Konzerncontrolling, Bochum 2009, https://www.ruhr-uni-bochum.de/con/Download/OpKC/Folien_Fallst6+7.pdf, abgerufen am 24.2.2023

*Ewert, Ralf/Wagenhofer, Alfred*, Interne Unternehmensrechnung, 8. Aufl., Berlin, Heidelberg 2014

*Fritze, Christian/Mutschler, Klaus/Stockel-Veltmann, Christoph*, Kommunales Finanzmanagement NRW, 9. Aufl., Wiesbaden 2023

*Klümper, Bernd/Möllers, Heribert/Zimmermann, Ewald*, Kommunale Kosten- und Wirtschaftlichkeitsrechnung, 20. Aufl., Witten 2019

*Koop, Andreas/Mook, Hardy*, Lineare Optimierung – eine anwendungsorientierte Einführung in Operations Research, 2. Aufl., Berlin 2017

*Kruschwitz, Lutz/Lorenz, Daniela*, Investitionsrechnung, 15. Aufl., Berlin 2019

*Kruschwitz, Lutz/Husmann, Sven*, Finanzierung und Investition, 7. Aufl., München 2012

*Maier, Hartmut/Rosenbusch, Susanne*, Mathematik der Altersvorsorge kurz erklärt. Eine Zusammenstellung versicherungsmathematischer Grundlagen mit Beispielen, Schömberg 2015

*Melcher, David/David, Katrin/Skowronek, Thomas*, Rückstellungen in der Praxis – Anwendungsfälle nach HGB, EStG und IFRS, Weinheim 2013

*Ministerium für Heimat, Kommunales, Bau und Gleichstellung NRW (Hrsg.)*, Neues Kommunales Finanzmanagement in NRW, Handreichung für Kommunen, 7. Aufl., Düsseldorf 2016

*Müller, David*, Investitionsrechnung und Investitionscontrolling, 2. Aufl., Springer-Lehrbuch, Berlin 2014

*Mutschler, Klaus/Stockel-Veltmann, Christoph*, Externes Rechnungswesen, 6. Aufl., Wiesbaden 2021

*Mutschler, Klaus/Stockel-Veltmann, Christoph*, Kommunales Finanzmanagement NRW, 8. Aufl., Wiesbaden 2023

*Odenthal, Franz Willy/Beckermann, Birgit*, Einführung in die öffentliche Betriebswirtschaftslehre, 11. Aufl., Wiesbaden 2021

*Odenthal, Franz Willy*, Investitionsrechnung mit Hilfe moderner Tabellenkalkulationssoftware, in: DVP 10/2000, S. 387 ff.

*Olfert, Klaus*, Investition, 14. Aufl., Herne 2019

*Peridon, Luis/Steiner, Manfred/Rathgeber, Andreas*, Finanzwirtschaft der Unternehmung, 17. Aufl., München 2017

*Schierenbeck, Henner/Wöhle, Claudia B.*, Grundzüge der BWL, 19. Aufl., München 2016

*Wöhe, Günter/Döring, Ulrich/Brösel, Gerrit*, Einführung in die Allgemeine BWL, 27. Aufl., München 2020

# Übersicht über die Adressaten der einzelnen Kapitel

| Kapitel | Bezeichnung | Adressaten |
|---|---|---|
| 1 | Ziele, Aufgaben und Grundbegriff | KVD, SVD, VBWL, VINF |
| 2 | Investition und Finanzierung | |
| 2.1 | Grundlagen | VBWL |
| 2.2 | Finanzierungsarten | VBWL |
| 2.3 | Finanzierungsrechnung | |
| 2.3.1 | Dynamische Finanzierungsrechnung | VBWL |
| 2.3.2 | Statische Finanzierungsrechnung | VBWL Wahlpflichtfach |
| 2.3 | Übungsaufgaben | |
| | Hier: Aufgaben 1, 4 | VBWL |
| | Hier: Aufgaben 2, 3 | VBWL Wahlpflichtfach |
| 4 | Statische Verfahren | KVD, SVD, VBWL, VINF |
| 4.1.4 | Ersatzproblem | VBWL |
| | Hier: **Vertiefung wie beschrieben** Bestandteil des Wahlpflichtfachs | VBWL Wahlpflichtfach |
| 5 | Dynamische Verfahren | KVD, SVD, VBWL, VINF |
| 5.2 | Kapitalwertmethode | KVD, SVD, VBWL, VINF |
| | Hier: **Vertiefung** Kapitalwertmethode bei mehrmaliger Durchführung, sog. „endliche Investitionskette“ | VBWL |
| | Hier: **Vertiefung** Kapitalwertmethode bei unendlicher Investitionskette | VBWL Wahlpflichtfach |
| 5.3 | Die Methode des internen Zinsfußes | KVD, SVD, VBWL, VINF |
| | Hier: **Newtonsche Näherungsverfahren, Formel zur Berechnung** | VBWL |
| 5.6 | Dynamische Amortisation | VBWL |
| 5.7 | Optimale Nutzungsdauer | VBWL Wahlpflichtfach |
| 5.8 | Optimaler Ersatzzeitpunkt | VBWL Wahlpflichtfach |
| 5.9 | Dynamische Endwertverfahren | VBWL Wahlpflichtfach |
| 5.10 | Übungsaufgaben | |
| | Hier: Aufgaben 1, 2, 3, 4, 9, 10 | KVD, SVD, VBWL, VINF |
| | Hier: Aufgaben 6, 7, 8 | VBWL Wahlpflichtfach |
| | Hier: Aufgabe 5 | VBWL |
| 6 | Unterschiede statischer und dynamischer Verfahren | KVD, SVD, VBWL, VINF |
| | Hier: **Vertiefung** Kapitalwertmethode bei mehrmaliger Durchführung, sog. „endliche Investitionskette“ | VBWL |
| | Hier: **Vertiefung** Kapitalwertmethode bei unendlicher Investitionskette | VBWL Wahlpflichtfach |

| | | |
|---|---|---|
| **7** | Beurteilung einzelner Investitionen bei Unsicherheit bzw. Risiko | VBWL Wahlpflichtfach, VINF |
| **8** | Beurteilung von Investitionsprogrammen | VBWL Wahlpflichtfach |
| **9** | Unternehmensbewertung | VBWL Wahlpflichtfach |
| **10** | Kosten-Nutzen-Methoden | VBWL Wahlpflichtfach |
| **11** | Pensionsrückstellungen | VBWL Wahlpflichtfach |
| **12** | Formelsammlung | KVD, SVD, VBWL, VINF |

Sofern nur Oberkapitel aufgeführt werden, handelt es sich um Inhalte, die uneingeschränkt von allen vier Curricula der Studiengänge „Kommunaler Verwaltungsdienst“, „Staatlicher Verwaltungsdienst“, „Verwaltungsbetriebswirtschaftslehre“ sowie „Verwaltungsinformatik“ an der HSPV NRW umfasst werden. Diejenigen Kapitel, die sich ausschließlich auf das Wahlpflichtfach „Investition und Finanzierung“ im betriebswirtschaftlichen Studiengang beziehen, schließen selbstverständlich auch alle Unterkapitel ein, die nicht explizit aufgeführt werden. Bei den Kapiteln, in denen Vertiefungen vorgenommen worden sind, die ausschließlich die Studierenden der Verwaltungsbetriebswirtschaftslehre betreffen, sind diese textlich kenntlich gemacht.

# 1. Ziele, Aufgaben und Grundbegriffe

## 1.1 Einordnung in das betriebliche Rechnungswesen und Ziele

Die Finanz- und Investitionsrechnung ist neben der Kosten- und Leistungsrechnung[1] und der betrieblichen Statistik ein Teilbereich des internen Rechnungswesens. Die Zuordnung zum internen Rechnungswesen verdeutlicht, dass die Investitions- und Finanzierungsrechnung vor allem betrieblichen Zwecken und Entscheidungen dient.

In der betriebswirtschaftlichen Literatur hat sich für den Begriff **„Finanzierung"** keine einheitliche Definition gebildet. Im Folgenden wird zwischen einem klassischen (oder auch „engen") und einem erweiterten Finanzierungsbegriff unterschieden.

Zum engen Finanzierungsbegriff gehören alle Vorgänge der Beschaffung von Kapital.

Die weite Auslegung des Begriffs der Finanzierung dehnt die Definition einerseits auch auf Absatz- und Umsatzvorgänge aus, andererseits schließt sie auch finanztechnische Vorgänge wie z. B. Gründung, Fusion, Umwandlung, Sanierung und Liquidation ein. Hierbei wird die weite Begriffsdefinition benutzt.

Handelt es sich bei der Finanzierung um die Beschaffung finanzieller Mittel, so ist unter dem Begriff **„Investition"**[2] deren Verwendung zu verstehen. Finanzierung und Investition sind untrennbar miteinander verbunden, denn eine Mittelverwendung hat das Vorhandensein und damit die Beschaffung der Mittel zur Voraussetzung.[3]

Ebenso wie andere Entscheidungen im Betrieb müssen Finanzierung und Investition u. a. wirtschaftlich sein. Dazu leisten die Investitions- und Finanzierungsrechnungen ihren Beitrag.

## 1.2 Grundbegriffe

### 1.2.1 Abgrenzung zwischen Kosten und Auszahlungen

Für die Zwecke der Investitions- und Finanzierungsrechnung ist zwischen Auszahlungen und Kosten zu differenzieren.

Bei „Auszahlungen" handelt es sich um Zahlungsströme, d. h. Vorgänge, die die Liquiditätsposition eines Betriebs (Kasse oder Bank) verändern.

„Kosten" sind bewerteter Ressourcenverbrauch im Rahmen der betrieblichen Tätigkeit; das bedeutet, dass ein enger Zusammenhang mit den Aufwendungen des externen Rechnungswesens besteht, allerdings nur insoweit, als der Aufwand betriebsbedingt ist.

Diese Differenzierung ist wichtig, da die statischen Investitionsverfahren auf Kosten aufbauen und die dynamischen Verfahren die Zahlungsströme verwenden.

---

1 Vgl. hierzu auch *Bröer/Mankel/Wagner*, Kommunale Kosten- und Leistungsrechnung, Wiesbaden 2023.

2 Eine Systematisierung der Investitionen geschieht in Kap. 3.1.

3 Vgl. *Wöhe/Döring/Brösel*, Einführung in die Allgemeine Betriebswirtschaftslehre, 27. Aufl., München 2020, S. 749.

***Beispiel:***
*Bei Kauf und Bezahlung einer Maschine fallen Auszahlungen an, die Liquiditätsposition des Betriebs wird verändert. Zahlungsmittel fließen ab, dafür steigt der Anlagenbestand. Ein Verbrauch von Ressourcen (also Kosten) liegt noch nicht vor. Kosten in Form von Abschreibungen fallen erst an, wenn die Maschine benutzt und abgenutzt wird.*

### 1.2.2 Fixe und variable Kosten

Für die statischen Investitionsrechnungsverfahren[4] ist die Unterscheidung von **fixen** und **variablen** Kosten wichtig. Die Unterscheidung dieser Begriffe soll an einem einfachen Beispiel erklärt werden.

Bei der Stromversorgung wird zwischen Grundpreis und Arbeitspreis unterschieden. Der Grundpreis betrage 144 € im Jahr und stellt **fixe** Kosten ($K_f$) dar. Damit werden die Zählerbereitstellung und die Strombereitstellung abgegolten. Egal wieviel Strom verbraucht wird, es sind immer 144 € zu zahlen.

Der Arbeitspreis sei 0,34 € je kWh ($k_v$), d. h. pro verbrauchter kWh werden 0,34 € berechnet. Wird kein Strom verbraucht, fällt nichts an. Je mehr verbraucht wird, desto höher wird der Betrag. Es handelt sich also um **variable** Kosten.

Die Gesamtkosten ergeben sich als Summe von fixen und variablen Kosten.

$$K_{ges} = K_f + K_v$$

### 1.2.3 Gesamtkosten und Stückkosten

Bei diesen Formeln ist genau auf die Groß- oder Kleinschreibung der Buchstaben zu achten. „K" (in Großschreibung) bezieht sich auf die Kosten in einer Periode, also z. B. im Jahr, „k" (in Kleinschreibung) bedeutet Stückkosten.

Die variablen Kosten ($K_v$) einer Periode ergeben sich aus der Multiplikation der variablen Stückkosten ($k_v$) mit der verbrauchten oder erzeugten Menge x.

$$K_v = k_v x$$

Das obige Beispiel wird um die Angabe zum Stromverbrauch von 3.000 kWh ergänzt. Es liegen somit folgende Angaben vor:

| | |
|---|---|
| Grundpreis $K_f$: | 144 € |
| Arbeitspreis $k_v$: | 0,34 € pro kWh |
| Verbrauchte Menge x: | 3.000 kWh |

4 Vgl. Kap. 4.

Die Gesamtkosten ergeben sich als:

$$K_{ges} = K_f + K_v$$

Wobei

$$K_v = k_v x$$

Für Kv eingesetzt ergibt sich:

$$K_{ges} = K_f + k_v x$$

Mit den Zahlen:

$$K_{ges} = 144\ € + 0{,}34\ € \text{ pro kWh} \times 3.000 \text{ kWh}$$
$$K_{ges} = 1.164\ €$$

Die jährlichen Gesamtkosten betragen somit 1.164 €, wobei 144 € davon Fixkosten und 1.020 € variable Kosten sind.

> Bei Auszahlungen und Einzahlungen handelt es sich um Geldströme.
> Kosten sind bewerteter Ressourcenverbrauch und nicht unbedingt Geldströme.
> Kosten sind in fixe und variable Kosten zu differenzieren.
> Die Gesamtkosten ergeben sich als Summe aus fixen und variablen Kosten.

### 1.2.4 Linearer Kostenverlauf

Das vorliegende Beispiel ist dadurch gekennzeichnet, dass es sich um einen linearen Kostenverlauf handelt.

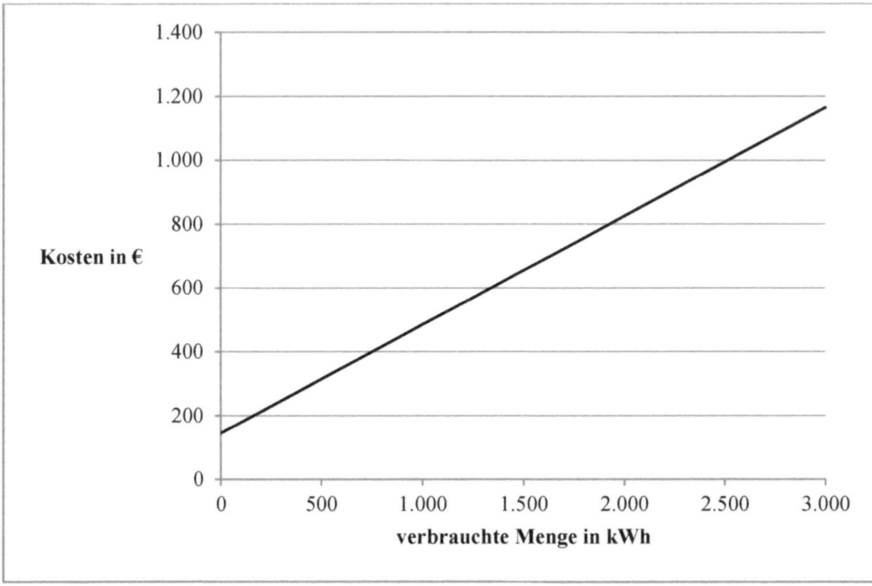


*Abbildung 1.1: Linearer Kostenverlauf*

Aus dem Diagramm ist zu erkennen, dass bei einer Verbrauchsmenge von 0 kWh Kosten in Höhe von 144 € anfallen – das sind die Fixkosten. Bei einer Verbrauchsmenge von 3.000 kWh fallen insgesamt 1.164 € an. Zwischen diesen beiden Punkten entwickeln sich die Kosten proportional, d. h. ausgehend von einem frei gewählten Punkt führt eine Verbrauchsmengenerhöhung von x % zu einer ebenso großen Kostenerhöhung.

Dieser Zusammenhang zwischen Verbrauchsmenge und Kosten (Gerade) wird aus Vereinfachungsgründen in der Investitionsrechnung (oftmals) unterstellt.

### 1.2.5 Abschreibungen

Eine Kostenart, die bei den statischen Investitionsrechnungsverfahren[5] eine Rolle spielt, sind die Abschreibungen.

Abschreibungen bilden rechnerisch den jährlichen Ressourcenverbrauch eines Investitionsobjekts ab. Sie sind keine Auszahlungen und führen somit nicht zu einer Veränderung der Liquiditätsposition eines Betriebs.

In den statischen Investitionsrechnungsverfahren wird die lineare Abschreibung vom Anschaffungswert verwendet.

Dies geschieht aus folgenden Gründen:

- Bei der Investitionsrechnung handelt es sich um zukunftsgerichtete Betrachtungen.

5 Vgl. Kap. 4.

- Dabei wird von Preiskonstanz ausgegangen.
- Bei den statischen Verfahren wird mit Durchschnittswerten gerechnet, d. h. es wird nicht ein spezifisches zukünftiges Jahr betrachtet.

Der lineare Abschreibungsbetrag wird berechnet als:

$$\text{Abschreibungsbetrag} = \frac{\text{Anschaffungswert}}{\text{geplante Nutzungsdauer}}$$

Der Abschreibungsbetrag bleibt jährlich konstant. Dabei wird zugrunde gelegt, dass das gebundene Kapital unabhängig von der abgegebenen Leistungsmenge sich gleichmäßig vermindert und zurückfließt.

### 1.2.6 Kalkulatorische Zinsen

Wegen des gleichmäßigen Rückflusses des gebundenen Kapitals wird bei der Ermittlung der kalkulatorischen Zinsen die Durchschnittsmethode benutzt.

Als Beispiel diene ein Investitionsobjekt mit einem Anschaffungswert von 10.000 € und einer Nutzungsdauer von fünf Jahren. Die errechnete Abschreibung beträgt demnach 2.000 € je Jahr.

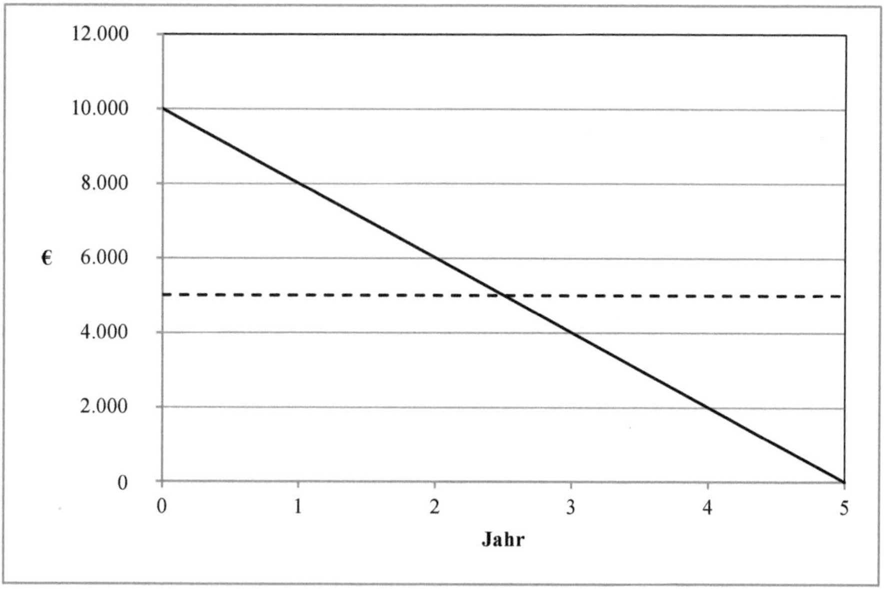


*Abbildung 1.2: Verlauf des gebundenen Kapitals*

Die linear fallende Gerade in der Abbildung zeigt, dass bei Inbetriebnahme des Investitionsobjekts das volle Kapital gebunden ist. Es nimmt im Verlauf der Zeit gleichmäßig bis zum Nutzungsdauerende ab. Am Ende ist das gesamte Kapital freigesetzt worden.

Die durchschnittliche Kapitalbindung beträgt 5.000 € und ist durch die gestrichelte Linie dargestellt.

Vom Anfang bis zur Hälfte der Nutzungsdauer liegt das tatsächlich gebundene Kapital immer über dem Durchschnitt, ab der Hälfte der Nutzungsdauer liegt es immer unter dem Durchschnitt.

Da die statischen Verfahren mit Durchschnittswerten arbeiten, wird für die kalkulatorischen Zinsen immer der halbe Anschaffungswert verzinst.

$$\text{kalk. Zinsen} = \frac{AW}{2} \times i$$

AW = Anschaffungswert
i = Zinssatz

Eine Ausnahme bilden Grundstücke, die immer mit dem vollen Wert verzinst werden, da sie sich üblicherweise nicht abnutzen.

# 2. Investition und Finanzierung[6]

## 2.1 Grundlagen

Investition und Finanzierung sind untrennbar miteinander verbunden. Das mögen einige beispielhafte Darlegungen verdeutlichen.

Es wird von einer ausgeglichenen Bilanz eines Unternehmens[7] ausgegangen. Das Unternehmen weist zu Beginn nur Eigenkapital und liquide Mittel aus.

| Aktiva | | | Passiva |
|---|---|---|---|
| | | Eigenkapital | 100 |
| Liquide Mittel | 100 | | |
| Summe | 100 | Summe | 100 |

*Abbildung 2.1: Bilanz 1 in Geldeinheiten*

Das Unternehmen möchte nunmehr Produkte herstellen, die danach am Markt mit Gewinn verkauft werden sollen. Dazu nötig ist der Kauf einer Maschine. Die Maschine koste 50 Geldeinheiten (GE), das Geld dazu wird den liquiden Mitteln, Zahlungsbereich, entnommen, die Maschine wird unter Anlagevermögen (Investitionsbereich) bilanziert. Die Bilanz verändert sich zu:

| Aktiva | | | Passiva |
|---|---|---|---|
| Anlagevermögen | 50 | Eigenkapital | 100 |
| Liquide Mittel | 50 | | |
| Summe | 100 | Summe | 100 |

*Abbildung 2.2: Bilanz 2 in Geldeinheiten*

Die Maschine stellt die Investition dar, sie soll mehrere Jahre benutzt werden, sie bindet somit Kapital mehrere Jahre lang. Es sind keine neuen finanziellen Mittel aufgenommen worden, sondern die Maschine ist aus vorhandenen liquiden Mitteln bezahlt worden, es hat ein Aktivtausch stattgefunden. Der Vorgang kann als „Finanzierung aus Vermögensumschichtung" bezeichnet werden.

Das Unternehmen möchte die liquiden Mittel nicht noch weiter herunterfahren, es muss ja auf seine Liquidität achten. Für weitere Aktivitäten nimmt es deshalb einen Kredit in Höhe von 50 GE auf, der dem Bankkonto (Position „Liquide Mittel") gutgeschrieben wird. Im gleichen Augenblick wird eine zweite Maschine im Wert von 50 GE gekauft. Die Bilanz verändert sich wie folgt:

6 Gängige Literatur zum gesamten Themengebiet sind *Kruschwitz/Lorenz*, Investitionsrechnung, 15. Aufl., Berlin 2019, *Schierenbeck/Wöhle*, Grundzüge der BWL, 19. Aufl., München 2016, S. 386 ff., *Wöhe/Döring/Brösel*, Einführung in die Allgemeine BWL, 27. Aufl., München 2020, S. 463 ff.

7 In diesem Lehrbuch werden die Begriffe „Unternehmen" und „Betrieb" synonym verwendet. Eine Unterscheidung erfolgt nicht.

| Aktiva | | Passiva | |
|---|---|---|---|
| Anlagevermögen | 100 | Eigenkapital | 100 |
| Liquide Mittel | 50 | Fremdkapital | 50 |
| Summe | 150 | Summe | 150 |

*Abbildung 2.3: Bilanz 3 in Geldeinheiten*

Gegenüber der Bilanz 2 haben zwei Vorgänge stattgefunden: einmal der Kauf der zweiten Maschine – ein Investitionsvorgang (wie bereits oben beschrieben), der sich auf der Aktivseite der Bilanz niederschlägt, indem das Anlagevermögen von 50 GE um den Wert der neuen Maschine auf 100 GE steigt.

Weiterhin hat ein Finanzierungsvorgang stattgefunden: die Aufnahme eines Kredits. Wie zu erkennen ist, schlägt sich dieser Finanzierungsvorgang auf der Passivseite der Bilanz nieder, indem die vorher nicht vorhandene Position Fremdkapital in Höhe von 50 GE entstanden ist.

Der beschriebene Vorgang ist dadurch gekennzeichnet, dass noch keine Produktion stattgefunden hat und das Kapital von außerhalb gekommen ist von einer Partei (Bank), die für die Bereitstellung des Kapitals einen festen Zins erhält und eine feste Laufzeit vereinbart hat. Es handelt sich um eine Außenfinanzierung mit Fremdkapital.

**Etwas vereinfachend lässt sich also sagen: Investitionen schlagen sich auf der Aktivseite einer Bilanz nieder, weshalb sie auch als „Investitionsseite" oder „Seite der Kapitalverwendung" bezeichnet wird. Investitionen sind Kapitalbindungen mit der Absicht, in der Zukunft einen höheren Kapitalrückfluss zu erreichen. Finanzierungen verändern die Passivseite der Bilanz, weshalb sie auch als „Seite der Kapitalherkunft" bezeichnet werden kann. Finanzierung ist u. a. der Vorgang der Kapitalbeschaffung für eine Investition.**

Bilanz zum 31.12.20xx

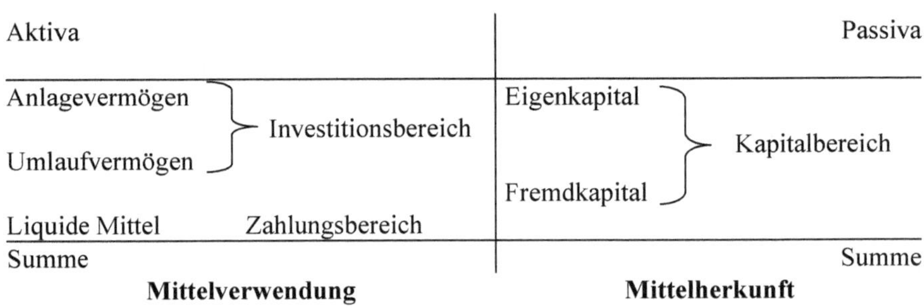


*Abbildung 2.4: Finanz- und Investitionsbereich in der Bilanz*

Der Investitionsbereich besteht aus dem Sachvermögen (Grundstücke, Gebäude, Maschinen, maschinelle Anlage und die Vorräte), dem Finanzvermögen (Wertpapiere, Beteiligungen) und dem immateriellen Vermögen (gekaufte Patente und Lizenzen).

Unter dem „Zahlungsbereich“ sind im Wesentlichen die Bankguthaben und Kassenbestände zu verstehen.

Für die folgenden Betrachtungen soll aber das Vorratsvermögen, das zum Umlaufvermögen gehört, aus den Betrachtungen außen vor bleiben. Zwar ist hier ebenfalls Kapital gebunden, doch soll sich auf das Anlagevermögen, in dem Kapital langfristiger als im Vorratsvermögen gebunden ist, konzentriert werden.

Die Tatsache, dass Investition und Finanzierung eng miteinander verbunden sind, schlägt sich auch im Muster des Finanzplans bzw. der Finanzrechnung nach der KomHVO NRW nieder. So ist – schematisiert – der Finanzplan bzw. die Finanzrechnung folgendermaßen aufgebaut:

| Nr. | | |
|---|---|---|
| **17** | = | **Saldo aus laufender Verwaltungstätigkeit** |
| 23 | + | Einzahlungen aus Investitionstätigkeit |
| 30 | – | Auszahlungen aus Investitionstätigkeit |
| **31** | = | **Saldo aus Investitionstätigkeit** |
| **32** | = | **Finanzmittelüberschuss/-fehlbetrag (= Zeilen 17 und 31)** |
| 33 | + | Einzahlungen aus der Aufnahme und durch Rückflüsse von Krediten für Investitionen und diesen wirtschaftlich gleichkommenden Rechtsverhältnissen[8] |
| 34 | + | Einzahlungen aus der Aufnahme und durch Rückflüsse von Krediten zur Liquiditätssicherung |
| 35 | – | Auszahlungen für die Tilgung und Gewährung von Krediten für Investitionen und diesen wirtschaftlich gleichkommenden Rechtsverhältnissen |
| 36 | – | Auszahlungen für die Tilgung und Gewährung von Krediten von Krediten zur Liquiditätssicherung |
| **37** | = | **Saldo aus Finanzierungstätigkeit** |
| **38** | = | **Änderung des Bestands an eigenen Finanzmitteln (Zeilen 32 und 37)** |
| 39 | + | Anfangsbestand an Finanzmitteln |
| **40** | = | **Liquide Mittel** |

*Abbildung 2.5: Finanzplan bzw. Finanzrechnung nach der KomHVO NRW*

Während in den hier nicht abgebildeten Zeilen einschließlich Nr. 16 die laufenden Einzahlungen und Auszahlungen stehen, sind für Investitionen und Finanzierungsvorgänge eigene Bereiche vorgesehen. Alles zusammen ergibt die Änderung des Bestands an eigenen Finanzmitteln.

Investitions- und Finanzierungsvorgänge finden sich nicht in der Ergebnisrechnung.

Anzumerken bleibt, dass Investition und Finanzierung nicht auf den Produktionsfaktor Mensch zu beziehen sind. Das heißt, dass eine „Investition in das Human Capital“ nicht näher betrachtet wird – zum einen, weil sich ein derartiger Vorgang

8 Ein Beispiel für wirtschaftlich gleichkommende Rechtsverhältnisse sind Kaufleasingverträge.

nicht in einer Bilanz niederschlägt, zum anderen, weil es Gegenstand der Erörterung in anderen Teildisziplinen der BWL ist.

Allgemein gesprochen kann „Finanzierung" als jegliche Maßnahme zur Bereitstellung von Kapital verstanden werden. Dabei ist es unerheblich, ob Geldmittel oder Sachmittel bereitgestellt werden. Statt Geld auf ein Konto des Unternehmens einzuzahlen (= Bareinlage) und dann eine Maschine zu kaufen, kann der Eigentümer auch gleich die Maschine kaufen und dann diese in das Eigentum des Unternehmens übergeben (= Sacheinlage).

## 2.2 Finanzierungsarten[9]

Abhängig von der Rechtsstellung der Kapitalgeber wird in **Eigen-** und **Fremdfinanzierung** unterschieden. Diese Unterscheidung findet sich so auch in der Gliederung auf der Passivseite der Bilanz: oben beginnt es mit dem Eigenkapital, weiter unten steht das Fremdkapital. Diese Gliederung ist auch in den Jahresschlussbilanzen der Städte und Gemeinden, die nach neuem Rechnungswesen Rechnung legen, zu finden.

Kennzeichen von Fremdkapital ist die fest vereinbarte Verzinslichkeit, d. h. egal ob es dem Unternehmen oder der Stadt gut oder schlecht geht, das Fremdkapital wird immer mit einem festen Zins bedient. Ein weiteres Kennzeichen ist die vertraglich festgelegte Laufzeit, d. h. das Fremdkapital steht für eine genau festgelegte Zeit zur Verfügung. Entweder wird es während dieser Zeit kontinuierlich getilgt oder es muss zu Ende der Laufzeit in einem Betrag zurückgezahlt werden.

Üblicherweise sind Fremdkapitalgeber von der Gestaltung der Unternehmenspolitik ausgeschlossen. Ausnahmefälle sind Unternehmen, die in wirtschaftliche Notlagen geraten. Dann kann es dazu kommen, dass die Fremdkapitalgeber zur Rettung ihres Kapitals in die Unternehmenspolitik eingreifen und erhöhten Einfluss gewinnen.

Da der Fremdkapitalgeber sein Kapital nur für eine gewisse Zeit zur Verfügung stellt, möchte er auch sicher sein, dass er es am Ende der Laufzeit wieder zurückerhält. Vor der Gewährung steht deshalb eine Bonitätsprüfung, bei der der Fremdkapitalgeber das Unternehmen oder die Gemeinde daraufhin untersucht, ob gewährleistet ist, dass das geliehene Kapital nicht verloren geht.

**Eigenkapital** zeichnet sich hingegen dadurch aus, dass es nicht fest verzinst wird, d. h. wenn es dem Unternehmen schlecht geht, haben die Eigenkapitalgeber keinen Anspruch auf eine zugesagte Verzinsung – im Gegenteil, Verluste gehen zu Lasten des Eigenkapitals. Auch die Zeit, die das Eigenkapital zur Verfügung steht, ist nicht fixiert. Bei einer Auflösung des Unternehmens müssen die Eigenkapitalgeber mit dem zufrieden sein, was nach Begleichung der Schulden übrigbleibt. Aus diesen beiden Gründen wird Eigenkapital auch als „Haftungs-" bzw. „Risikokapital" bezeichnet. Auf der anderen Seite bestimmen dafür aber die Eigenkapitalgeber die Geschäftspolitik.

9 Vgl. zum Folgenden *Odenthal/Beckermann*, Einführung in die öffentliche Betriebswirtschaftslehre, 11. Aufl., Witten 2021, Kap. 6.4.

Eine andere Unterscheidung der Finanzierung geschieht unter dem Gesichtspunkt der Entstehung der Mittel (Kapitalherkunft). Entstehen die Mittel aus dem betrieblichen Leistungsprozess, wird von **„Innenfinanzierung"**, kommen sie von außen, ohne durch einen betrieblichen Leistungsprozess begründet zu sein, wird von **„Außenfinanzierung"** gesprochen.

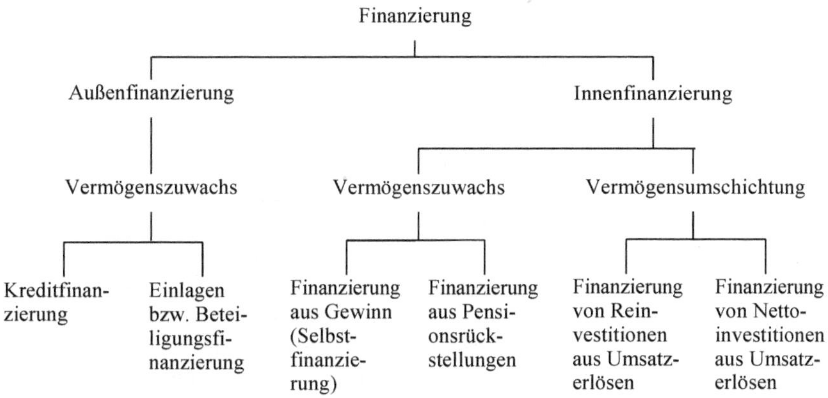


*Abbildung 2.6: Finanzierung nach der Kapitalherkunft*

Bei den beiden **Außenfinanzierungsvorgängen** handelt es sich um Vorgänge, die nicht durch betriebliche Leistungen begründet sind. Beide Vorgänge führen dazu, dass sich der Vermögensbestand, der sich in der Bilanzsumme niederschlägt, erhöht.
Bei der Kreditfinanzierung handelt es sich um Außenfinanzierung mit Fremdkapital; dies können Kredite sein. Zu den bekannten mittel- bis langfristigen Krediten zählen Bankkredite mit fester Laufzeit oder Schuldverschreibungen von öffentlichen Gebietskörperschaften. Auf Bundeslandebene oder Bundesebene sind Anleihen eines Bundeslandes oder die bekannten Bundesschatzbriefe zu nennen. Zu den kurzfristigen Krediten zählen die Kontokorrent-/Überziehungskredite oder die bekannten Kredite zur Liquiditätssicherung nach § 89 Abs. 2 GO NRW.

Nicht unbedeutend und oft zu finden ist die Finanzierung in Form eines Lieferantenkredits. Ein Lieferant liefert Gegenstände des Anlagevermögens, Rohstoffe oder leistet Dienstleistungen, verlangt aber erst später eine Bezahlung. In der Zeit, in der der leistungsempfangende Betrieb bereits über den gelieferten Gegenstand, die Rohstoffe oder die erhaltene Dienstleistung verfügen kann, sie aber noch nicht bezahlen muss, gewährt der Lieferant einen Kredit. Dies wird deutlich, wenn diese Situation mit der Situation der sofortigen Bezahlung verglichen wird. Bei der sofortigen Bezahlung fließt sofort Kapital ab, was nicht einer anderen Verwendung zugeführt werden kann. Üblicherweise enthält das verlangte Entgelt einen Zins für den Zahlungsaufschub.

Dieser Zins ist ganz klar zu erkennen, wenn alternative Zahlungsmodalitäten angeboten werden, bspw. Zahlung netto innerhalb 30 Tagen, 2 % Skonto bei Zahlung in zehn Tagen. Für die beschleunigte Zahlung innerhalb von zehn Tagen anstelle von 30 Tagen, also eine Beschleunigung von 20 Tagen, werden 2 % Ersparnis angeboten. Dies entspricht einem Jahreszinssatz von 36 %.

$$\text{Jahreszins in \%} = \frac{\text{Skontosatz} \times 360}{\text{Zahlungsfrist} - \text{Skontofrist}}$$

$$\text{Jahreszins in \%} = \frac{2 \times 360}{30 - 10}$$

Aus diesem Grund lohnt es sich für Betriebe und die Verwaltung, darauf zu achten, dass Lieferantenrechnungen unter Ausnutzung von Skonto bezahlt werden.

Anzahlungen seitens der Kunden, z. B. zur Finanzierung etwaiger zu beschaffender Roh- oder Werkstoffe, spielen bei der Kommunalverwaltung eine zu vernachlässigende Rolle. Vorauszahlungen kommen bei der Kommunalverwaltung in Form von Steuer-, Gebühren oder Beitragsvorauszahlungen vor. Ein gängiger Fall sind Erschließungsbeiträge, bei denen die Eigentümer von Grundstücken, die an einer zu errichtenden Straße liegen, die Investitionsausgaben der Straße zum (großen) Teil vorfinanzieren. Diese Beiträge werden auf der Passivseite der kommunalen Bilanz unter „Sonderposten für Beiträge“ zwischen den Positionen des Eigenkapitals und den Rückstellungen bilanziert, was ihren Charakter, dass sie

- Finanzierungsmittel sind,
- zu Beginn zwar Fremdkapital sind, im Laufe der Nutzung des finanzierten Vermögensgegenstandes aber ertragswirksam über das Eigenkapital aufgelöst werden,

unterstreicht.

Bei Finanzierungsvorgängen mittels Kredits muss zwischen Nominalzins und Effektivzins unterschieden werden.

Im einfachsten Fall entspricht der aktuelle Auszahlungsbetrag dem zukünftigen Rückzahlungsbetrag. In diesem Fall sind Nominalzins und Effektivzins identisch. Falls jedoch der Auszahlungsbetrag unter dem Rückzahlungsbetrag liegt, also statt 100 % des Kredits nur 95 % ausgezahlt werden, bezieht sich der Nominalzins auf den Rückzahlungsbetrag. Die Differenz zwischen Auszahlungsbetrag und Rückzahlungsbetrag wird „Disagio“ genannt und kann als vorausgezahlter Zins verstanden werden. Bezogen auf den tatsächlich auf dem Konto gutgeschriebenen Betrag ist der Effektivzins höher als der Nominalzins, denn der Nominalzins muss um den bereits vorausgezahlten Zins, der das Disagio darstellt, nach oben korrigiert werden. Ein Zahlenbeispiel soll diese Überlegung verdeutlichen.

***Beispiel:***
*Eine Stadt nimmt einen Kredit in Höhe von 100.000 € für eine Laufzeit von fünf Jahren auf. Bei einem Disagio von 5 % werden nur 95.000 € zur Verfügung gestellt, zurückgezahlt werden müssen aber 100.000 €; hier ist bereits eine Verzinsung enthalten. Gleichmäßig auf die fünf Jahre verteilt bedeutet dies einen Zins von 1 %. Jährlich werden 3 % Zinsen vom Kreditvolumen berechnet, von*

*einer kontinuierlichen Tilgung sei abgesehen. Bezogen werden beide Zinsanteile auch nicht auf 100.000 €, da ja nur 95.000 € ausgezahlt wurden.*

$$\text{Effektivzins} = \frac{\text{Nominalzins} + \dfrac{\text{Disagio}}{\text{Ø Laufzeit}}}{\text{Auszahlungskurs}} \times 100$$

$$\text{Effektivzins} = \frac{3\ \% + \dfrac{5\ \%}{5\ \text{Jahre}}}{95\ \%} \times 100 = 4{,}21\ \%$$

Eine in jüngerer Zeit zunehmend an Bedeutung gewinnende Form der Finanzierung ist das Leasing. Dabei wird vom Leasinggeber ein Vermögensgegenstand gekauft, finanziert und dem Leasingnehmer gegen ein Entgelt zur Nutzung überlassen. Zivilrechtlich gesehen handelt es sich um eine spezielle Form der Miete, da in dem Mietvertrag zusätzliche Regelungen z. B. hinsichtlich Anfangszahlung, Versicherung, Instandhaltung, Nutzungsumfang usw. getroffen werden. In der Verwaltung sind diese Verträge im Bereich der Hardware bei automatisierter Datenverarbeitung bzw. bei Fahrzeugen von hoher Praxisrelevanz und Bedeutung.

Bei einem Günstigkeitsvergleich zwischen Leasing und Kauf sollte üblicherweise der Kauf günstiger abschneiden, denn in die Leasingrate gehen gegenüber den Kostenbestandteilen, die bei einem Kauf anfallen, zusätzlich die Gewinnvorstellungen des Leasinggebers in die zu zahlende Leasingrate ein – es sei denn, der Leasinggeber kann aufgrund seiner Größe und dem Umfang seines Geschäfts besondere Einkaufsvorteile durchsetzen, verfügt über Vorteile bei der Instandhaltung und gibt alle diese Vorteile an den Leasingnehmer weiter.

## 2.3 Finanzierungsrechnung

### 2.3.1 Dynamische Finanzierungsrechnung

Im Unterschied zur Investitionsrechnung beginnt die Zeitschiene bei Finanzierungen mit positiven Beträgen (i. d. R. der Kreditbetrag als Einzahlung) und setzt sich mit negativen Beträgen (i. d. R. die Zinsen und die Tilgung als Auszahlung) fort. Investitionen beginnen bekanntlich dagegen mit negativen Beträgen (Investitionssumme) und setzen sich, wenn Erlöse realisiert werden können, mit positiven Überschüssen fort.

Im Folgenden sollen drei unterschiedliche Kreditarten vorgestellt werden: 1. Einmalige Tilgung, 2. Laufende, jährlich gleich hohe Tilgung und 3. Annuitätenkredit.

Neben den drei Kreditarten wird neben der bekannten internen Zinsfuß-Methode oder dem Newton'schen Näherungsverfahren, die in Kap. 5.3 dargestellt werden, eine weitere Methode erläutert, wie die Effektivzinsberechnung rechnerisch erfolgen kann.

Während bei Investitionen vom internen Zinsfuß als dem Zinssatz gesprochen wird, bei dem der Kapitalwert null wird, wird bei Finanzierungen vom „Effektivzins“ gesprochen. Der Effektivzins ist also der Zinssatz, bei dem der Kapitalwert einer Finanzierung null wird.

Eine Effektivzinsberechnung ist immer dann erforderlich, wenn eine Bank bzw. ein Kreditgeber neben Zinsen auch eine Kreditabschlussgebühr oder Bearbeitungsgebühr o. ä. als Disagio erhebt. *„Ein Disagio liegt vor, wenn der Auszahlungsbetrag eines Wertpapiers oder Darlehens niedriger ist als der Nennwert.“*[10] Das heißt, die Bank zahlt nicht die volle Kreditsumme aus, sondern nur einen Teil. Der nicht ausgezahlte Betrag verbleibt als Abgeld bei der Bank.

***„Der Effektivzins im Zusammenhang mit einer Kreditaufnahme ist der tatsächlich entstehende Jahreszins unter Berücksichtigung aller Kosten; also inklusive Gebühren, Provisionen, Aufgeld usw.“***[11]

Der angegebene Nominalzins wird auf die Kreditsumme berechnet. Die Kreditsumme ist nebst Zinsen zurückzuzahlen, während die Auszahlung in geringerer Höhe als der Kreditsumme erfolgt. Der Kapitalwert dieser Finanzierung wird bei Diskontierung[12] mit dem Nominalzins daher negativ, wie die nachfolgenden Beispiele belegen. Das hat zur Folge, dass der Effektivzins immer höher ausfällt als der Nominalzins der Finanzierung. Denn je höher der Diskontierungsfaktor ist, desto kleiner wird der Barwert der zukünftigen Zahlung, wodurch der Kapitalwert null wird.

Entspricht die Auszahlungssumme der Kreditsumme, beträgt sie also 100 %, bedeutet dies im Umkehrschluss, dass sich Nominalzins und Effektivzins entsprechen. Eine gesonderte Berechnung des Effektivzinses ist dann nicht erforderlich. Der Kapitalwert dieser Finanzierung beträgt 0 €, wie in den nachfolgenden Beispielen deutlich wird.

**1. Einmalige Tilgung**

Bei Finanzierungen mit einmaliger Tilgung sieht die Zahlungsreihe wie folgt aus: Der Kreditbetrag wird in einer Summe am Ende der Laufzeit zurückgezahlt, weswegen diese Form des Darlehens als „endfälliges Darlehen“ bezeichnet wird; die Zinsen werden jährlich bezogen auf die gesamte Kreditsumme gezahlt:

Bank 1: Laufzeit 3 Jahre, Kreditbetrag 100.000 €, Zinssatz 7 %
Bank 2: Laufzeit 3 Jahre, Kreditbetrag 100.000 €, Zinssatz 6 %, Disagio 3 %

10 *Busse von Colbe/Crasselt/Pellens, Bernhard (Hrsg.)*, Lexikon des Rechnungswesens, Handbuch der Bilanzierung, Prüfung, der Erlös-, Finanz-, Investitions- und Kostenrechnung, 5. Aufl., München, 2011, S. 209.

11 *Arrenberg*, Finanzmathematik, Lehrbuch mit Übungen, 3. Aufl., Berlin 2015, S. 97.

12 „Diskontierung“ bedeutet Abzinsung.

*Tabelle 2.1: Ermittlung Zahlungsreihe Bank 1 und Bank 2*

| Zeitpunkt | 0 | 1 | 2 | 3 |
|---|---|---|---|---|
| Bank 1 | +100.000 € | –7.000 € | –7.000 € | –107.000 € |
| Bank 2 | +97.000 € | –6.000 € | –6.000 € | –106.000 € |

Diese Zahlungsreihe muss nun nach den bekannten Verfahren auf den Entscheidungszeitpunkt abgezinst werden (Zinssatz 7 %):

*Tabelle 2.2: Ermittlung abgezinste Zahlungsreihe Bank 1 und Bank 2*

| Zeitpunkt | Abzinsungsfaktor | Zeitwerte Bank 1 | Barwerte Bank 1 | Zeitwerte Bank 2 | Barwerte Bank 2 |
|---|---|---|---|---|---|
| 0 | 1,0 | +100.000 € | +100.000 € | +97.000 € | +97.000 € |
| 1 | 0,9346 | –7.000 € | –6.542 € | –6.000 € | –5.607 € |
| 2 | 0,8734 | –7.000 € | –6.114 € | –6.000 € | –5.240 € |
| 3 | 0,8163 | –107.000 € | –87.344 € | –106.000 € | –86.527 € |
| | **Summe** | **$C_0$ (7 %) =** | **0 €** | **$C_0$ (7 %) =** | **–374 €** |

Die Finanzierung mit dem höheren Kapitalwert ist vorteilhafter. Der Kapitalwert einer Zahlungsreihe ist null, wenn diese mit dem internen Zins abgezinst wird. Auch bei Finanzierungen bedeutet dies, dass der gewählte Kalkulationszinssatz von 7 % der interne Zins oder – wie dieser bei Finanzierungen genannt wird – der Effektivzinssatz ist.

Der Effektivzinssatz des Finanzierungsangebotes der Bank 2 wird mit Hilfe der im Kapitel „Die Methode des internen Zinsfußes" (5.3) erlernten Formel errechnet:

$$\text{Interner Zins} = \text{Zinssatz mit positivem Kapitalwert} - \text{Positiver Kapitalwert} \times \frac{\text{Zinssatz mit negativem Kapitalwert} - \text{Zinssatz mit positivem Kapitalwert}}{\text{Negativer Kapitalwert} - \text{Positiver Kapitalwert}}$$

Der Kapitalwert des Finanzierungsangebotes von Bank 2 beträgt bei einem Kalkulationszins von 8 % = + 2.154 €.

Der Effektivzins liegt somit zwischen 7 % und 8 %. Mithilfe der oben genannten Formel ergibt sich rechnerisch ein Effektivzins von rund 7,15 %.

Neben der linearen Interpolation anhand der Formel ist auch ein weiterer Weg der linearen Interpolation gangbar.

Zunächst ist der absolute Abstand, die absolute Differenz, zwischen den beiden Zinssätzen (bei negativem und positivem Kapitalwert) sowie den Kapitalwerten (negativ und positiv) zu ermitteln.[13]

In diesem Beispiel beträgt der Abstand (die Differenz) zwischen den beiden Zinssätzen (7 % und 8 %) 1 %. Der Abstand (die Differenz) zwischen den beiden Kapitalwerten –374,00 € und 2.154,00 € beträgt 2.528 €.

Der Übersichtlichkeit halber empfiehlt sich nachfolgende Schreibweise:

Absoluter Abstand:

| | | |
|---|---|---|
| 7 % | 1 % | 8 % |
| –374 € | 2.528 € | 2.154 € |

Der Effektivzins ist erreicht, wenn der Kapitalwert 0 € beträgt. In Folge ist entweder vom positivem oder vom negativen Kapitalwert ausgehend der relative Abstand zu bestimmen. Beide Vorgehensweisen führen zum gleichen Ergebnis.

Relativer Abstand:

| | | |
|---|---|---|
| 7 % | | X % |
| –374 € | 374 € | 0 € |

Ausgehend vom negativen Kapitalwert beträgt der Abstand 374 € zu 0 €.

Fraglich ist nun, wieviel Prozent der relative Abstand vom absoluten Abstand ausmacht. Dazu werden die 374 € ins Verhältnis zu den 2.528 € Gesamtabstand gesetzt:

$$374\ € / 2.528\ € = 0{,}147943038$$

Zu beachten ist, dass der Abstand pro 1 Prozentpunkt gemessen wird. In diesem Beispiel liegt zwischen den Zinssätzen nur 1 % Abstand. In anderen Sachverhalten ist es mehr, sodass der betragliche Abstand mit dem Abstand zwischen den Zinssätzen multipliziert werden muss:

$$0{,}147943038 \times 1\ \% = 0{,}147943038\ \%$$

Die Berechnung wurde ausgehend von 7 % vorgenommen, d. h. der errechnete Betrag ist um die 7 % zu erhöhen. Daraus folgt:

$$7\ \% + 0{,}147943038\ \% = \text{rd. } 7{,}15\ \%$$

Der Effektivzins beträgt rd. 7,15 %.

Ausgehend vom positiven Kapitalwert ermittelt sich das gleiche Ergebnis:

13 Vgl. auch Kap. 5.3.

Relativer Abstand:

x % ________ 8 %

0 € 2.154 € 2.154 €

$$1.154\,€ / 2.528\,€ = 0{,}852056962$$

$$0{,}852056962 \times 1\,\% = 0{,}852056962\,\%$$

Nunmehr ist jedoch zu beachten, dass die Berechnung ausgehend vom Kapitalwert, der sich bei 8 % ergibt, erfolgt ist. Im Ergebnis ist die errechnete prozentuale Abweichung also von den 8 % abzuziehen:

$$8\,\% - 0{,}852056962\,\% = \text{rd. } 7{,}15\,\%.$$

Der Effektivzins beträgt rd. 7,15 %.

Je näher die gewählten Zinssätze zur Ermittlung des positiven und negativen Kapitalwerts beieinander liegen und je näher die ermittelten Kapitalwerte beieinander liegen, desto genauer ist das Ergebnis. Es handelt sich in beiden Fällen (Formel zur Berechnung des Effektivzinses oder Abstand berechnen) um eine Interpolation, d. h. um ein Näherungsverfahren.[14]

Beide Vorgehensweisen finden nur dann Anwendung, wenn für den gleichen Kredit sowohl ein positiver als auch ein negativer Kapitalwert unter Verwendung unterschiedlicher Zinssätze berechnet wird. Im Gegensatz dazu kann die grafische Interpolation auch dann angewandt werden, wenn der zweite ermittelte Kapitalwert ebenfalls positiv oder ebenfalls negativ ist. Die Gerade, die zwischen den beiden Punkten gezeichnet wird, ist entsprechend in den positiven oder negativen Zahlenbereich zu verlängern. Der Zinssatz, bei dem sie 0 € schneidet, gibt den internen Zinsfuß bzw. Effektivzins wieder.

Kredite zur Liquiditätssicherung, sog. „Kassenkredite", sind i. d. R. endfällig. Kredite für Investitionen, sog. „Investitionskredite", sind im Regelfall hingegen laufzeitkongurent zur Nutzungsdauer des finanzierten Vermögensgegenstandes und daher als Raten- oder Annuitätendarlehen ausgestaltet.

**2. Laufende, jährlich gleich hohe Tilgung (Ratenkredit)**

Bei Finanzierungen mit laufender, jährlich gleich hoher Tilgung sieht die Zahlungsreihe wie folgt aus: Der Kreditbetrag wird gleichmäßig auf die Jahre verteilt und anteilig zurückgezahlt. Dadurch, dass bereits während der Laufzeit der Kreditbetrag getilgt wird, vermindert sich entsprechend jedes Jahr die Zinslast. Dabei werden immer zunächst die Zinsen ausgerechnet, dann wird die Tilgung berücksichtigt; bspw. wer-

14 Anm. der Verfasserin: Im Rahmen meiner Lehrtätigkeit lasse ich sowohl im Grundlagenmodul „Investition und Finanzierung" als auch im Wahlpflichtfach „Investition und Finanzierung" alle dargestellten Lösungswege als gleichwertig zu. Die Studierenden entscheiden selbst, ob sie mit der Formel zur Ermittlung des internen Zinsfußes oder der Abstandsermittlung sicherer sind. Die Entscheidung über die Verwendung der Lösungsalternativen liegt bei dem Lehrenden.

den im ersten Jahr 7 % Zinsen von 100.000 € errechnet, im folgenden Schritt wird die Tilgung ermittelt. Im zweiten Jahr werden die Zinsen vom (100.000 € – 33.334 €) Restkapital errechnet = 66.666 € × 7 %, usw.

Bank 1: Laufzeit 3 Jahre, Kreditbetrag 100.000 €, Zinssatz 7 %

*Tabelle 2.3: Ermittlung Zahlungsreihe Bank 1*

| Bank 1 | 0 | 1 | 2 | 3 |
|---|---|---|---|---|
| Einzahlung bzw. Tilgung | +100.000 € | –33.334 € | –33.333 € | –33.333 € |
| Zinsen | | –7.000 € | –4.667 € | –2.333 € |
| **Summe** | +100.000 € | –40.334 € | –38.000 € | –35.666 € |

Bank 2: Laufzeit 3 Jahre, Kreditbetrag 100.000 €, Zinssatz 6 %, Disagio 3 %

*Tabelle 2.4: Ermittlung Zahlungsreihe Bank 2*

| Bank 2 | 0 | 1 | 2 | 3 |
|---|---|---|---|---|
| Einzahlung bzw. Tilgung | +97.000 € | –33.334 € | –33.333 € | –33.333 € |
| Zinsen | | –6.000 € | –4.000 € | –2.000 € |
| **Summe** | +97.000 € | –39.334 € | –37.333 € | –35.333 € |

Auch diese Zahlungsreihen müssen nun nach den bekannten Verfahren auf den Entscheidungszeitpunkt abgezinst werden:

*Tabelle 2.5: Ermittlung abgezinste Zahlungsreihe Bank 1 und Bank 2*

| Zeitpunkt | Abzinsungsfaktor | Zeitwerte Bank 1 | Barwerte Bank 1 | Zeitwerte Bank 2 | Barwerte Bank 2 |
|---|---|---|---|---|---|
| 0 | 1,0 | +100.000 € | +100.000 € | +97.000 € | +97.000 € |
| 1 | 0,9346 | –40.334 € | –37.696 € | –39.334 € | –36.762 € |
| 2 | 0,8734 | –38.000 € | –33.190 € | –37.333 € | –32.607 € |
| 3 | 0,8163 | –35.666 € | –29.114 € | –35.333 € | –28.842 € |
| | **Summe** | **$C_0$ (7 %) =** | **0 €** | **$C_0$ (7 %) =** | **–1.211 €** |

Bezüglich der Vorteilhaftigkeit der Finanzierungsangebote und der Effektivzinsberechnung gilt das oben Gesagte.

Der Kapitalwert des Finanzierungsangebotes von Bank 2 beträgt bei einem Kalkulationszins von 8 % = + 524 €. Der Effektivzins liegt somit zwischen 7 % und 8 %. Mithilfe der oben genannten Formel oder Abstandsermittlung ergibt sich rechnerisch ein Effektivzins von rund 7,81 %. Durch dieses Beispiel wird deutlich, dass der Effektivzins einer Finanzierung von den Zahlungsmodalitäten abhängt.

**3. Annuitätenkredit**

Bei einem Annuitätenkredit ist die Summe aus Zinslast und Tilgung (Kapitaldienst) in jeder Periode gleich hoch. Finanzmathematisch wird von einer „Rente“ oder „Annuität“ gesprochen.

Die Annuität einer Kreditschuld ermittelt sich als Kreditbetrag geteilt durch den Rentenbarwertfaktor oder Kreditbetrag multipliziert mit dem Annuitätenfaktor[15].

Die Annuitäten des Finanzierungsangebotes der Bank 1 (Schuld in 0 = 100.000 €, Nominalzins = 7 %, Laufzeit drei Jahre) und Bank 2 (Schuld in 0 = 100.000 €, Nominalzins = 6 %, Laufzeit drei Jahre und 3 % Disagio) errechnen sich wie folgt:
Bank 1: Annuität (A) = 100.000 € / 2,6243 (RBF für 3 Jahre und 7 %) = 38.105 €
Bank 2: Annuität (A) = 100.000 € / 2,6730 (RBF für 3 Jahre und 6 %) = 37.411 €

Der Nachweis, dass die Annuität richtig ermittelt wurde, ergibt sich aus einem Zins- und Tilgungsplan für das Finanzierungsangebot der Bank 1 (dabei ist davon auszugehen, dass von der jährlichen Annuität zuerst immer die fällige Zinsschuld zu bezahlen ist. Nur der Restbetrag steht für die Tilgung zur Verfügung):

*Tabelle 2.6: Zins- und Tilgungsplan Bank 1*

| Zeitpunkt | Zinsen (7 %) | Tilgung = Annuität (38.105 €) – Zinsen | Restschuld = Restschuld Vorjahr – Tilgung |
|---|---|---|---|
| 0 | 0 € | 0 € | 100.000 € |
| 1 | 7.000 € | 31.105 € | 68.895 € |
| 2 | 4.822 € | 33.283 € | 35.612 € |
| 3 | 2.493 | 35.612 € | 0 € |

Für die Kapitalwertberechnung der Finanzierungsangebote wird nicht unbedingt eine Zahlungsreihe benötigt. Da die Rückzahlung (Annuität) in jedem Jahr gleich hoch ist, kann dieser Betrag mit dem Rentenbarwertfaktor abgezinst werden.

Bank 1: $C_0$ (7 %) = 100.000 € – 38.105 € x 2,6243 (RBF für 3 Jahre und 7 %)
= 0 €

Bank 2: $C_0$ (7 %) = 97.000 € – 37.411 € x 2,6243 (RBF für 3 Jahre und 7 %)
= –1.178 €

*Wichtiger Hinweis:*
*Bei einem Finanzierungsangebot mit Disagio wird bei der Berechnung der Annuität die Kreditschuld (in Falle des Angebotes der Bank 2 insgesamt 100.000 €) berücksichtigt. Bei der Kapitalwertberechnung bzw. Effektivzinsberechnung werden die Zah-*

15 Der Annuitätenfaktor stellt den Reziprokwert des Rentenbarwertfaktors dar, also den Kehrwert. So wie finanzmathematische Tabellen über Rentenbarwertfaktoren existieren, werden diese auch für Annuitätenfaktoren erstellt. Mathematisch ist der Annuitätenfaktor wie folgt definiert: $\frac{(1+i)^n \times i}{(1+i)^n - 1}$.

*lungsströme zugrunde gelegt (beim Angebot der Bank 2 werden nur 97.000 € ausgezahlt).*

Wie bereits bei der Kapitalwertberechnung ist es relativ einfach, für Annuitätenkredite die Effektivzinssätze zu berechnen. Der Effektivzinssatz ist der Kalkulationszinssatz, der den Kapitalwert einer Finanzierung gleich null werden lässt. Für die bekannten Zahlungsreihen ist also ein Zinssatz zu finden, der den Kapitalwert jeweils null werden lässt.
Bank 1: $C_0$ = 100.000 € – 38.105 € x (RBF für 3 Jahre und ? %) = 0 €
Bank 2: $C_0$ = 97.000 € – 37.411 € x (RBF für 3 Jahre und ? %) = 0 €

Werden die Gleichungen nach dem gesuchten Rentenbarwertfaktor aufgelöst, so ergibt sich:
Bank 1: (RBF für 3 Jahre und ? %) = 100.000 € / 38.105 € = 2,6243
Bank 2: (RBF für 3 Jahre und ? %) = 97.000 € / 37.311 € = 2,5998

Gesucht wird nun der Zinssatz, der einem RBF von 2,6243 bzw. 2,5998 für drei Jahre entspricht. Aus der Tabelle für die Rentenbarwertfaktoren ergibt sich, dass dies für das Angebot der Bank 1 genau der Faktor für 7 % ist, d. h. der Effektivzinssatz hat diese Höhe, was sich schon oben bei der Berechnung der Kapitalwerte ergeben hat. Der Faktor für das Finanzierungsangebot der Bank 2 liegt gemäß der Rentenbarwertfaktortabelle zwischen 7,5 % und 8 % (näher an 7,5 %).

Die genaue Bestimmung kann auch hier anhand der Formel oder der Abstandsbemessung erfolgen.

Zwischen den Zinssätzen 7,5 % und 8 % liegen 0,5 % Differenz (Abstand). Der Abstand zwischen den entsprechenden Rentenbarwertfaktoren beträgt 0,0234.

Absoluter Abstand:

| | | |
|---|---|---|
| 7,5 % | 0,5 % | 8,0 % |
| 2,6005 | 0,0234 | 2,5771 |

Im nächsten Schritt ist der relative Abstand zu bestimmen. Der ermittelte Rentenbarwertfaktor beträgt 2,5998, d. h. der Abstand ist nunmehr entweder ausgehend vom Zinssatz 7,5 % und einem RBF von 2,6005 oder von 8,0 % und einem RBF von 2,5771 zu ermitteln. Wie gehabt kommen beide Vorgehensweisen zum gleichen Ergebnis.

Ausgehend von 7,5 % und einem RBF von 2,6005 beträgt der relative Abstand 0,0007.

| | | |
|---|---|---|
| 7,5 % | | x % |
| 2,6005 | 0,0007 | 2,5998 |

Daraus folgt: 0,0007/0,0234 = 0,02991453.

Die ermittelten 0,02991453 sind nun mit der Differenz (absoluter Abstand) zwischen den beiden Zinssätzen (7,5 % und 8,0 %) i. H. v. 0,5 % zu multiplizieren:

$$0{,}02991453 \times 0{,}5\ \% = 0{,}01495726\ \%.$$

Ausgehend von den 7,5 % erhöht sich der Zinssatz um rd. 0,015 % auf (7,5 % + 0,015 %) rd. 7,515 %.

Die Kontrollrechnung ausgehend von 8 % und einem RBF i. H. v. 2,5771 bestätigt dieses Ergebnis.

Absoluter Abstand:

| | | |
|---|---|---|
| 7,5 % | 0,5 % | 8,0 % |
| 2,6005 | 0,0234 | 2,5771 |

Relativer Abstand:

| | | |
|---|---|---|
| 8 % | | X % |
| 2,5771 | 0,0227 | 2,5998 |

Der relative Abstand beträgt 0,0227. Er ist ins Verhältnis zum absoluten Abstand zu setzen: 0,0227/0,0234 = 0,97008547. Dieses Ergebnis ist nunmehr mit dem absoluten Abstand der beiden Zinssätze (0,5 %) zu multiplizieren: 0,97008547 × 0,5 % = 0,485042735 %.

Ausgehend von den 8 % ist der errechnete Prozentsatz nunmehr von diesen zu subtrahieren:

$$8\ \% - 0{,}485042735\ \% = \text{rd. } 7{,}515\ \%.$$

### 2.3.2 Statische Finanzierungsrechnung

Vorweggestellt sei, dass dieses Kapitel Bestandteil des Wahlpflichtfachs „Investition und Finanzierung“ im Studiengang „Verwaltungsbetriebswirtschaftslehre“ ist. Das Curriculum zum Grundlagenmodul beschränkt sich auf die dynamische Finanzierungsrechnung.

Wie im vorangegangenen Kapitel erfolgt auch hier eine Gliederung in drei Kreditformen (1. Einmalige Tilgung, 2. Laufende, jährlich gleich hohe Tilgung und 3. Annuitätenkredit).

Wird eine Investitionsentscheidung anhand eines oder mehrerer statischer Verfahren herbeigeführt, ist es konsequent, auch die Entscheidung über die entsprechende Finanzierung unter Anwendung eines statischen Verfahrens herbeizuführen. Infolge wird eine statische Effektivzinsberechnung benötigt, um verschiedene Kreditangebote vergleichbar zu machen.

Die dargelegten Beispiele „Kreditangebot Bank 1“ und „Bank 2“ werden hier nun mithilfe der statischen Effektivzinsberechnung gelöst.

Die anzuwendende Formel lautet:

$$\text{Effektivzins} = \frac{\text{Nominalzins} + \frac{\text{Disagio}}{\text{Ø Laufzeit}}}{\text{Auszahlungskurs}} \times 100$$

Zu beachten ist im Wesentlichen die Ermittlung der durchschnittlichen Laufzeit. Denn diese variiert abhängig von der gewählten Kreditform.

1. Fälligkeitsdarlehen (endfälliges Darlehen):
   => Ø Laufzeit = n (Laufzeit des Darlehens)
2. Ratentilgungsdarlehen:
   => $\text{Ø Laufzeit} = \frac{n + 1}{2}$
3. Annuitätendarlehen:
   => $\text{Ø Laufzeit} = \frac{\text{Summe der Kapitaldienste} - \text{Nennwert bzw. Rückzahlungsbetrag}}{\text{Nominalzinssatz} \times \text{Nennwert bzw. Rückzahlungsbetrag}}$

**1. Einmalige Tilgung (endfälliger Kredit):**

Im hier gewählten Beispiel des endfälligen Kredits bei der Bank 2 beträgt die Laufzeit drei Jahre. Die durchschnittliche Laufzeit entspricht somit der Gesamtlaufzeit.

In Folge kann nunmehr in die Formel zur Effektivzinsberechnung eingesetzt werden:

$$\text{Effektivzins in \%} = \frac{6\,\% + 3\,\% / 3}{97\,\%} \times 100$$

$$= \frac{6\,\% + 1\,\%}{97\,\%} \times 100 = 7{,}2164948\,\%$$

Danach beträgt der Effektivzins rd. 7,22 %.

Alternativ ist es auch möglich, die durchschnittlichen jährlichen Kosten ins Verhältnis zur Kreditsumme bzw. dem Auszahlungsbetrag zu setzen, um den Effektivzins zu berechnen.

Bei einem Zinssatz i. H. v. 6 % und einer Kreditsumme i. H. v. 100.000 € beträgt die jährliche Zinslast: 100.000 € × 0,06 = 6.000 €.

Zu berücksichtigen ist zudem das Disagio. Es beträgt 3 % und berechnet sich ebenfalls auf die Kreditsumme. Danach sind 100.000 € × 0,03 = 3.000 € einmalig an die Bank zu entrichten. Aufgeteilt auf die Kreditlaufzeit von drei Jahren fallen also durchschnittlich 3.000 €/3 = 1.000 € pro Jahr an.

Das heißt die durchschnittlichen jährlichen Kosten bei Bank 2 betragen: 6.000 € + 1.000 € = 7.000 €.

$$\text{Effektivzins in \%} = \frac{\text{durchschnittliche jährliche Kosten}}{\text{durchschnittliche Kreditsumme}} \times 100$$

Liegt ein **Disagio** vor, tritt anstelle der durchschnittlichen Kreditsumme der Auszahlungsbetrag:

$$\text{Effektivzins in \%} = \frac{\text{durchschnittliche jährliche Kosten}}{\text{durchschnittliche Auszahlungsbetrag}} \times 100$$

Weil bei einem endfälligen Darlehen die Tilgung am Ende der Laufzeit in einer Summe erfolgt, steht der in Anspruch genommene Kreditbetrag über die gesamte Laufzeit zur Verfügung. Es liegt dann kein Unterschied zwischen dem anfänglich aufgenommenen und in Anspruch genommenen Kreditbetrag, d. h. durchschnittlich steht der Kreditbetrag bzw. Auszahlungsbetrag beim Vorliegen eines Disagios zur Verfügung.

Für das Beispiel der Bank 2 errechnet sich auch auf diesem Weg ein Effektivzins i. H. v. rd. 7,22 %.

$$\text{Effektivzins in \%} = \frac{7.000\ €}{97.000\ €} \times 100 = \text{rd. } 7{,}22\ \%$$

Für Bank 1 ist die Berechnung obsolet. Da kein Disagio vorliegt, entspricht der Nominalzins dem Effektivzins. Gleichwohl sei dies belegt:

Bank 1 gewährt eine Kreditsumme i. H. v. 100.000 € bei einem Nominalzins i. H. v. 7 %. In Folge beträgt die Zinslast: 100.000 € × 0,07 = 7.000 € p. a.

$$\text{Effektivzins in \%} = \frac{7.000\ €}{100.000\ €} \times 100 = 7\ \%$$

**2. Laufende, jährlich gleichhohe Tilgung (Ratenkredit):**

Wird der Effektivzins mit der Effektivzins-Formel berechnet, ist zunächst die durchschnittliche Laufzeit zu bestimmen. Diese beträgt bei einem Ratendarlehen gemäß obiger Definition (n + 1) / 2. Bei einer Laufzeit von drei Jahren errechnet sich die durchschnittliche Laufzeit als (3 + 1) / 2 = 2 Jahre.

Nunmehr gelangt die Formel zur Effektivzinsberechnung zur Anwendung:

$$\text{Effektivzins in \%} = \frac{6\ \% + \frac{3\ \%}{2}}{97\ \%}$$

$$= \frac{6\ \% + 1{,}5\ \%}{97\ \%} \times 100 = 7{,}77319588\ \%$$

Danach beträgt der Effektivzins rd. 7,77 %.

Das Ergebnis bestätigt sich in etwa, wenn die Effektivzinsberechnung alternativ über die durchschnittlichen Kosten und die durchschnittliche Kreditsumme ermittelt wird.

Bei einem Ratendarlehen kann diese Methode nur Anwendung finden, wenn ein Zins- und Tilgungsplan aufgestellt wird. Wird dieser von der Aufgabenstellung nicht verlangt, ist die vorgenannte Methode die arbeitsökonomischere, weil sie mit weniger Zeitaufwand verbunden ist.

Wird die Tilgung über die Laufzeit verteilt, steht durchschnittlich ein geringerer Betrag als die anfängliche Kreditsumme zur Verfügung. Die Effektivzinsberechnung muss also gegenüber der Berechnung für ein endfälliges Darlehen angepasst werden.

Dazu ist zunächst der Zins- und Tilgungsplan für die Bank 1 und Bank 2 aufzustellen.

Für Bank 1 stellt sich der Zins- und Tilgungsplan wie folgt dar:

*Tabelle 2.7: Zins- und Tilgungsplan Bank 1*

| Zeitpunkt | jährliche Tilgung | Zinsen | Verfügbare Summe |
|---|---|---|---|
| 0 | 0,00 € | 0,00 € | 100.000,00 € |
| 1 | 33.333,33 € | 7.000,00 € | 66.666,67 € |
| 2 | 33.333,33 € | 4.666,67 € | 33.333,33 € |
| 3 | 33.333,33 € | 2.333,33 € | 0,00 € |
| Summe | 100.000,00 € | 14.000,00 € | 200.000,00 € |
| (: 3) | | 4.666,67 € | 66.666,67 € |

Als „Jahr 0“ wird der 1. Januar des Jahres 1 bezeichnet. Als „Jahr 1“, „2“ und „3“ wird jeweils der 31. Dezember des Jahres bezeichnet.

Die verfügbare Summe stellt im Aufnahmezeitpunkt ($t_0$) den Kreditbetrag dar. Dieser verringert sich durch eine jährlich gleichhohe Tilgung um 33.333,33 €. Diese ermitteln sich als Kreditsumme dividiert durch die Anzahl der Raten, d. h. durch die Laufzeit:

$$100.000,00\text{ €} / 3\text{a} = 33.333,33\text{ € p. a.}$$

Die Zinsen werden jeweils auf die verfügbare Summe zum 1. Januar eines Jahres berechnet.

Sowohl für die Spalte Zinsen als auch die Spalte verfügbare Summe ist eine Summe über die Gesamtlaufzeit zu ermitteln. Die über die Gesamtlaufzeit angefallenen Zinsen und zur Verfügung stehenden Kreditmittel sind im nächsten Schritt durch die Laufzeit zu dividieren, sodass sich die durchschnittlichen Kosten und durchschnittliche Kreditsumme ergeben.

Diese können nunmehr in die Formel zur Effektivzinsberechnung eingesetzt werden:

$$\text{Effektivzins in \%} = \frac{4.666,67\text{ €}}{66.666,67\text{ €}} \times 100 = 7\ \%$$

Auch hier ist die Berechnung obsolet, weil sich Nominal- und Effektivzins in Ermangelung eines Disagios entsprechen.

Für die Bank 2 hingegen ist eine Ermittlung notwendig.

Der Zins- und Tilgungsplan der Bank 2 stellt sich wie folgt dar:

*Tabelle 2.8: Zins- und Tilgungsplan Bank 2*

| Zeitpunkt | jährliche Tilgung | Schuldbetrag | Disagio/Zinsen | Verfügbare Summe |
|---|---|---|---|---|
| 0 | 0,00 € | 100.000,00 € | 3.000,00 € | 97.000,00 € |
| 1 | 33.333,33 € | 66.666,67 € | 6.000,00 € | 64.666,67 € |
| 2 | 33.333,33 € | 33.333,33 € | 4.000,00 € | 32.333,33 € |
| 3 | 33.333,33 € | 0,00 € | 2.000,00 € | 0,00 € |
| Summe | 100.000,00 € | 200.000,00 € | 15.000,00 € | 194.000,00 € |
| (: 3) | | | 5.000,00 € | 64.666,67 € |

Gegenüber der Bank 1 modifiziert sich der Zins- und Tilgungsplan um die Spalte Schuldbetrag. Auf den Schuldbetrag zum 1. Januar des Jahres werden die Zinsen berechnet. In der Spalte Zinsen werden zudem im Jahr der Auszahlung des Darlehens ($t_0$) die 3.000 € für das Disagio berücksichtigt. Wie oben dargestellt handelt es sich dabei um einen Bestandteil der durchschnittlichen jährlichen Kosten.

Die verfügbare Summe ermittelt sich als Auszahlungsbetrag dividiert durch die Gesamtlaufzeit multipliziert mit der Restlaufzeit:
Jahr 1: 97.000,00 €/3a × 2a = 64.666,67 €
Jahr 2: 97.000,00 €/3a × 1a = 32.333,33 €
Jahr 3: 97.000,00 €/3a × 0a = 0,00 €

Sowohl das Disagio und die Zinsen also auch die verfügbare Summe wird wieder über die Gesamtlaufzeit addiert und das Ergebnis durch die Laufzeit dividiert, um die durchschnittlichen Kosten und durchschnittliche Kreditsumme zu ermitteln. Die Ergebnisse können nun zur Effektivzinsberechnung herangezogen werden:

$$\text{Effektivzins in \%} = \frac{5.000{,}00\ €}{64.666{,}67\ €} \times 100 = \text{rd. } 7{,}73\ \%$$

Alternativ kann die Berechnung auch über die Formel:

$$\text{Effektivzins in \%} = \frac{\text{Kreditkosten}}{\text{Auszahlungsbetrag} \times (n+1)} \times 200$$

erfolgen.

Das Ergebnis ist identisch, jedoch erfolgt die Berechnung nicht über die durchschnittlichen Kosten, sondern die Gesamtkosten. Gleichwohl stellt sich keine besondere Arbeitserleichterung ein, da die Zinsen und das Disagio über den Zins- und Tilgungsplan zu ermitteln sind.

Für Bank 2 ergibt sich nach dieser Vorgehensweise

$$\text{Effektivzins in \%} = \frac{15.000{,}00\ €}{97.000{,}00\ € \times (3+1)} \times 200$$

$$= \frac{15.000{,}00\ €}{388.000{,}00\ €} \times 200 = \text{rd. } 7{,}73\ \%$$

ein Effektivzins i. H. v. rd. 7,73 %.

**3. Annuitätenkredit:**
Zuletzt erfolgt noch die Berechnung anhand der Effektivzins-Formel, Kap. 2.3.2, S. 22. Dazu ist zunächst die durchschnittliche Laufzeit zu bestimmen. Diese ist bei einem Annuitätendarlehen wie oben beschrieben wie folgt definiert:

Annuitätendarlehen:

$$=> \varnothing \text{ Laufzeit} = \frac{\text{Summe der Kapitaldienste} - \text{Nennwert bzw. Rückzahlungsbetrag}}{\text{Nominalzinssatz} \times \text{Nennwert bzw. Rückzahlungsbetrag}}$$

Die Summe der Kapitaldienste ermittelt sich als Anzahl der Annuitäten, hier: 3, multipliziert mit der errechneten Annuität: 3 × 37.411 € = 112.233 €

$$\varnothing \text{ Laufzeit} = \frac{112.233\ € - 100.000\ €}{0{,}06 \times 100.000\ €} = \frac{12.233\ €}{6.000\ €} = 2{,}038833333$$

Hier entstehen erste Unschärfen in der Berechnung durch Rundung der durchschnittlichen Laufzeit.

$$\text{Effektivzins in \%} = \frac{6\ \% + \frac{3\ \%}{2{,}0388}}{97\ \%} \times 100$$

Durch Rundung des Terms $\frac{3\ \%}{2{,}0388}$ ergeben sich weitere Unschärfen:

$$= \frac{6\ \% + 1{,}4715\ \%}{97\ \%} \times 100 = \text{rd. } 7{,}7026\ \%.$$

### 2.3.3 Übungsaufgaben

**Aufgabe 1:**
Ihnen liegen als Kämmerer der Kommune K folgende Finanzierungen für einen Neubau einer städtischen Kindertagesstätte vor:

Bank 3: Laufzeit 10 Jahre, Kreditbetrag 4.900.000 €, Zinssatz 3 %
Bank 4: Laufzeit 10 Jahre, Kreditbetrag 5.000.000 €, Zinssatz 2 %, Disagio 2 %

Berechnen Sie zu Vergleichszwecken in der Verwaltungsvorstandskonferenz (VK) die Kapitalwerte bei einem Kalkulationszins von 2 % und die Effektivzinssätze der beiden Finanzierungsangebote jeweils bei 1. einmaliger Tilgung, 2. laufender, jährlich gleich hoher Tilgung sowie 3. einem Annuitätenkredit.

**Aufgabe 2:**
Entscheiden Sie mithilfe der statischen Finanzierungsrechnung, welche Kreditalternative die vorteilhaftere ist.

Die Kreditsumme beträgt 90.000,00 €. Der Kredit soll in einer Summe nach vier Jahren getilgt werden. Die Südbank verlangt 6 % Zinsen bei 100 % Auszahlung. Die Ostbank verlangt 5,5 % Zinsen bei 96 % Auszahlung.

a) Berechnen Sie die durchschnittlichen jährlichen Kosten und entscheiden Sie, welches Angebot das vorteilhaftere ist.
b) Führen Sie den Vorteilhaftigkeitsvergleich anhand der statischen Effektivzinsberechnung durch.

**Aufgabe 3:**
Entscheiden Sie mithilfe der statischen Finanzierungsrechnung, welche Kreditalternative die vorteilhaftere ist.
Die Kreditsumme beträgt 50.000,00 €. Der Kredit soll in jährlich gleichhohen Raten über eine Laufzeit von vier Jahren getilgt werden. Die Südbank verlangt 7 % Zinsen bei 100 % Auszahlung. Die Ostbank verlangt 6 % Zinsen bei 97 % Auszahlung.

a) Berechnen Sie die durchschnittlichen jährlichen Kosten und entscheiden Sie, welches Angebot das vorteilhaftere ist.
b) Führen Sie den Vorteilhaftigkeitsvergleich anhand der statischen Effektivzinsberechnung durch.

**Aufgabe 4:**
Der städtische Kämmerer möchte dem Stadthaushalt eine zusätzliche Einnahmequelle erschließen (keine kommunal- oder haushaltsrechtliche Prüfung!). Dazu beabsichtigt er, ein gut gelegenes Grundstück zu kaufen, das er nach fünf Jahren wieder mit Gewinn verkaufen will. Da im Haushaltsplan keine freien Mittel zur Verfügung stehen, plant er, einen Kredit aufzunehmen. Das vorliegende Kreditangebot hat folgende Bedingungen:

| | |
|---|---|
| Auszahlung: | 98 % |
| Nominalzins: | 7 % p. a. |
| Laufzeit: | 5 Jahre |

Als Bearbeitungsgebühr werden 3.109,12 € verlangt, die sofort vom Auszahlungsbetrag einbehalten werden. Der Kapitaldienst (Zinsen und Tilgung) soll als Annuität jeweils zum Jahresende bezahlt werden.

Der Kaufpreis des Grundstücks beträgt 486.890,88 € und ist sofort fällig. Als Verkaufspreis am Ende des fünften Jahres werden 682.889,65 € erwartet.

a) Auf welchen Betrag muss die Kreditsumme (Rückzahlungsbetrag) lauten, damit nach Abzug des Disagios (= 2 % von der Kreditsumme) und der Bearbeitungsgebühr das Grundstück ohne Verwendung weiterer städtischer Mittel gekauft werden kann?
b) Der Kämmerer macht sich Gedanken über die Belastung der kommenden Haushalte und bittet Sie, die Annuität des Kreditvertrags auszurechnen.
c) Außerdem möchte er den effektiven Zins des Kreditangebots wissen.
d) Soll er den Kredit aufnehmen, um das Grundstück zu kaufen? Bestimmen Sie dazu den internen Zins der Grundstücksinvestition und vergleichen Sie ihn mit dem effektiven Zins des Kredits.

**Lösung zu Aufgabe 1:**
Die Kapitalwerte und Effektivzinssätze der Finanzierungsangebote der Bank 3 und Bank 4 betragen **bei einmaliger Tilgung** und einem Kalkulationszinssatz von 2 %:

*Tabelle 2.9: Ermittlung Kapitalwerte Bank 3 und Bank 4 bei 2 % (Aufgabe 1, einmalige Tilgung)*

| Zeitpunkt | Abzinsungsfaktor | Zeitwerte Bank 3 | Barwerte Bank 3 | Zeitwerte Bank 4 | Barwerte Bank 4 |
|---|---|---|---|---|---|
| 0 | 1 | 4.900.000,00 € | 4.900.000,00 € | 4.900.000,00 € | 4.900.000,00 € |
| 1 | 0,9804 | –147.000,00 € | –144.118,80 € | –100.000,00 € | –98.040,00 € |
| 2 | 0,9612 | –147.000,00 € | –141.296,40 € | –100.000,00 € | –96.120,00 € |
| 3 | 0,9423 | –147.000,00 € | –138.518,10 € | –100.000,00 € | –94.230,00 € |
| 4 | 0,9238 | –147.000,00 € | –135.798,60 € | –100.000,00 € | –92.380,00 € |
| 5 | 0,9057 | –147.000,00 € | –133.137,90 € | –100.000,00 € | –90.570,00 € |
| 6 | 0,8880 | –147.000,00 € | –130.536,00 € | –100.000,00 € | –88.800,00 € |
| 7 | 0,8706 | –147.000,00 € | –127.978,20 € | –100.000,00 € | –87.060,00 € |
| 8 | 0,8535 | –147.000,00 € | –125.464,50 € | –100.000,00 € | –85.350,00 € |
| 9 | 0,8368 | –147.000,00 € | –123.009,60 € | –100.000,00 € | –83.680,00 € |
| 10 | 0,8203 | –5.047.000,00 € | –4.140.054,10 € | –5.100.000,00 € | –4.183.530,00 € |
| | **Summe** | $C_0$ (2 %) = | **–439.912,20 €** | $C_0$ (2 %) = | **–99.760,00 €** |

Das Angebot der Bank 4 ist das günstigere, da es den höheren Kapitalwert aufweist. Das heißt, Bank 4 ist gegenüber Bank 3 relativ vorteilhaft.

Bei einem Kalkulationszins von 3 % ergibt sich für die Bank 3 ein Kapitalwert in Höhe von 0 €. Der Effektivzins beträgt somit genau 3 %. Bank 3 erhebt Zinsen, aber kein Abgeld für die Gewährung des Kredits. Die Kreditsumme wird zu 100 % ausgezahlt, d. h. der Nominalzins entspricht dem Effektivzins. Der Beweis in der nachfolgenden Tabelle führt aufgrund der Rundung der Abzinsungsfaktoren auf vier Nachkommastellen zu einem negativen Kapitalwert i. H. v. 29,40 €. Unterbleibt die Rundung, beträgt der Kapitalwert 0 €.

Bei einem Kalkulationszins von 3 % ergibt sich für die Bank 4 ein Kapitalwert in Höhe von 326.480,00 €. Der Effektivzins liegt somit zwischen 2 % und 3 %, rechnerisch bei 2,225 %.

Bei einem Kalkulationszins i. H. v. 2 % errechnet sich wie in der Tabelle oben dargestellt ein negativer Kapitalwert für Bank 4 i. H. v. –99.760,00 €.

Um die Effektivzinsberechnung mithilfe der Formel für den internen Zinsfuß vornehmen zu können, muss im ersten Schritt nunmehr ein positiver Kapitalwert errechnet werden. Dazu ist der Kalkulationszinssatz zu erhöhen.

*Tabelle 2.10: Ermittlung Kapitalwerte Bank 3 und Bank 4 bei 3 %. (Aufgabe 1, einmalige Tilgung)*

| Zeitpunkt | Abz.F 3 % | Zeitwerte Bank 3 | Barwerte Bank 3 | Zeitwerte Bank 4 | Barwerte Bank 4 |
|---|---|---|---|---|---|
| 0 | 1 | 4.900.000,00 € | 4.900.000,00 € | 4.900.000,00 € | 4.900.000,00 € |
| 1 | 0,9709 | –147.000,00 € | –142.722,30 € | –100.000,00 € | –97.090,00 € |
| 2 | 0,9426 | –147.000,00 € | –138.562,20 € | –100.000,00 € | –94.260,00 € |
| 3 | 0,9151 | –147.000,00 € | –134.519,70 € | –100.000,00 € | –91.510,00 € |
| 4 | 0,8885 | –147.000,00 € | –130.609,50 € | –100.000,00 € | –88.850,00 € |
| 5 | 0,8626 | –147.000,00 € | –126.802,20 € | –100.000,00 € | –86.260,00 € |
| 6 | 0,8375 | –147.000,00 € | –123.112,50 € | –100.000,00 € | –83.750,00 € |
| 7 | 0,8131 | –147.000,00 € | –119.525,70 € | –100.000,00 € | –81.310,00 € |
| 8 | 0,7894 | –147.000,00 € | –116.041,80 € | –100.000,00 € | –78.940,00 € |
| 9 | 0,7664 | –147.000,00 € | –112.660,80 € | –100.000,00 € | –76.640,00 € |
| 10 | 0,7441 | -5.047.000,00 € | -3.755.472,70 € | -5.100.000,00 € | -3.794.910,00 € |
| **Kapitalwert** | | | **–29,40 €** | | **326.480,00 €** |

Nunmehr kann mithilfe der ermittelten positiven und negativen Kapitalwerte für die Bank 4 der Effektivzins ermittelt werden. Dazu wird auf die Formel zur Berechnung des internen Zinsfußes zurückgegriffen:

$$\text{Interner Zins} = \text{Zinssatz mit positivem Kapitalwert} - \text{Positiver Kapitalwert} \times \frac{\text{Zinssatz mit negativem Kapitalwert} - \text{Zinssatz mit positivem Kapitalwert}}{\text{Negativer Kapitalwert} - \text{Positiver Kapitalwert}}$$

Effektivzins = 3 % – 326.480,00 € × (2 % – 3 %) / (–99.760,00 € – 326.480,00 €)
= 3 % – 326.480,00 € × (–1 %) / (–426.240,00 €)
= 3 % – 326.480,00 € × 0,0000023461 %
= 3 % – 0,765953453
= rd. 2,23 %

Die Kapitalwerte und Effektivzinssätze der Finanzierungsangebote der Bank 3 und Bank 4 betragen **bei jährlich gleich hoher Tilgung** und einem Kalkulationszins von 2 %:

*Tabelle 2.11: Ermittlung Kapitalwerte Bank 3 und Bank 4 bei 2 %*

| Zeit-punkt | Abzinsungs-faktor | Zeitwerte Bank 3 | Barwerte Bank 3 | Zeitwerte Bank 4 | Barwerte Bank 4 |
|---|---|---|---|---|---|
| 0 | 1 | 4.900.000,00 € | 4.900.000,00 € | 4.900.000,00 € | 4.900.000,00 € |
| 1 | 0,9804 | –637.000,00 € | –624.514,80 € | –600.000,00 € | –588.240,00 € |
| 2 | 0,9612 | –622.300,00 € | –598.154,76 € | –590.000,00 € | –567.108,00 € |
| 3 | 0,9423 | –607.600,00 € | –572.541,48 € | –580.000,00 € | –546.534,00 € |
| 4 | 0,9238 | –592.900,00 € | –547.721,02 € | –570.000,00 € | –526.566,00 € |
| 5 | 0,9057 | –578.200,00 € | –523.675,74 € | –560.000,00 € | –507.192,00 € |
| 6 | 0,8880 | –563.500,00 € | –500.388,00 € | –550.000,00 € | –488.400,00 € |
| 7 | 0,8706 | –548.800,00 € | –477.785,28 € | –540.000,00 € | –470.124,00 € |
| 8 | 0,8535 | –534.100,00 € | –455.854,35 € | –530.000,00 € | –452.355,00 € |
| 9 | 0,8368 | –519.400,00 € | –434.633,92 € | –520.000,00 € | –435.136,00 € |
| 10 | 0,8203 | –504.700,00 € | –414.005,41 € | –510.000,00 € | –418.353,00 € |
| | **Summe** | **$C_0$ (2 %) =** | **–249.274,76 €** | **$C_0$ (2 %) =** | **–100.008,00 €** |

Bei gleichmäßiger Tilgung ist das Angebot von Bank 4 das günstigere, da es den höheren Kapitalwert aufweist.

Bei einem Kalkulationszins von 3 % ergibt sich für die Bank 3 ein Kapitalwert in Höhe von 0 €. Der Effektivzins beträgt somit genau 3 %. Bank 3 erhebt Zinsen, aber kein Abgeld für die Gewährung des Kredits. Die Kreditsumme wird zu 100 % ausgezahlt, d. h. der Nominalzins entspricht dem Effektivzins. Der Beweis in der nachfolgenden Tabelle führt aufgrund der Rundung der Abzinsungsfaktoren auf vier Nachkommastellen zu einem positiven Kapitalwert i. H. v. 0,49 €. Unterbleibt die Rundung, beträgt der Kapitalwert 0 €.

Bei einem Kalkulationszins von 3 % ergibt sich für die Bank 4 ein Kapitalwert in Höhe von 144.967 €. Der Effektivzins liegt somit zwischen 2 % und 3 %, rechnerisch bei rund 2,4 %.

Um die Effektivzinsberechnung mithilfe der Formel für den internen Zinsfuß vornehmen zu können, muss im ersten Schritt nunmehr ein positiver Kapitalwert errechnet werden. Dazu ist der Kalkulationszinssatz zu erhöhen.

*Tabelle 2.12: Ermittlung Kapitalwerte Bank 3 und Bank 4 bei 3 %*

| **Zeitpunkt** | **Abz.F 3 %** | **Zeitwerte Bank 3** | **Barwerte Bank 3** | **Zeitwerte Bank 4** | **Barwerte Bank 4** |
|---|---|---|---|---|---|
| 0 | 1 | 4.900.000,00 € | 4.900.000,00 € | 4.900.000,00 € | 4.900.000,00 € |
| 1 | 0,9709 | –637.000,00 € | –618.463,30 € | –600.000,00 € | –582.540,00 € |
| 2 | 0,9426 | –622.300,00 € | –586.579,98 € | –590.000,00 € | –556.134,00 € |
| 3 | 0,9151 | –607.600,00 € | –556.014,76 € | –580.000,00 € | –530.758,00 € |
| 4 | 0,8885 | –592.900,00 € | –526.791,65 € | –570.000,00 € | –506.445,00 € |
| 5 | 0,8626 | –578.200,00 € | –498.755,32 € | –560.000,00 € | –483.056,00 € |
| 6 | 0,8375 | –563.500,00 € | –471.931,25 € | –550.000,00 € | –460.625,00 € |
| 7 | 0,8131 | –548.800,00 € | –446.229,28 € | –540.000,00 € | –439.074,00 € |
| 8 | 0,7894 | –534.100,00 € | –421.618,54 € | –530.000,00 € | –418.382,00 € |
| 9 | 0,7664 | –519.400,00 € | –398.068,16 € | –520.000,00 € | –398.528,00 € |
| 10 | 0,7441 | –504.700,00 € | –375.547,27 € | –510.000,00 € | –379.491,00 € |
| **Kapital-wert** | | | **0,49 €** | | **144.967,00 €** |

Nunmehr kann mithilfe der ermittelten positiven und negativen Kapitalwerte für die Bank 4 der Effektivzins ermittelt werden. Dazu wird auf die Formel zur Berechnung des internen Zinsfußes zurückgegriffen:

$$\text{Interner Zins} = \text{Zinssatz mit positivem Kapitalwert} - \text{Positiver Kapitalwert} \times \frac{\text{Zinssatz mit negativem Kapitalwert} - \text{Zinssatz mit positivem Kapitalwert}}{\text{Negativer Kapitalwert} - \text{Positiver Kapitalwert}}$$

$$\text{Effektivzins} = \frac{3\,\% - 144.967{,}00\,€ \times (2\,\% - 3\,\%)}{-100.008{,}00\,€ - 144.967{,}00\,€}$$

$$= \frac{3\,\% - 144.967{,}00\,€ \times (-1\,\%)}{-244.975{,}00\,€}$$

$$= 3\,\% - 144.967{,}00\,€ \times 0{,}000004082\,\%$$

$$= 3\,\% - 0{,}59176242\,5\,\%$$

$$= \text{rd. } 2{,}41\,\%$$

Die Kapitalwerte und Effektivzinssätze der Finanzierungsangebote der Bank 3 und Bank 4 werden **bei einem Annuitätenkredit** und einem Kalkulationszins von 2 % wie folgt berechnet:

Zunächst müssen die Annuitäten berechnet werden:
Bank 3: Annuität (A) = 4.900.000 € / 8,53020 (RBF für 10 Jahre und 3 %)
= 574.429,67 €
Bank 4: Annuität (A) = 5.000.000 € / 8,98259 (RBF für 10 Jahre und 2 %)
= 556.632,33 €

Daraus ergeben sich bei einem Kalkulationszins von 2 % folgende Kapitalwerte:
Bank 3: $C_0$ (2 %) = 4.900.000 € – 574.429,67 € × 8,9826
(RBF für 10 Jahre und 2 %)
= –259.871,95 €
Bank 4: $C_0$ (2 %) = 4.900.000 € – 556.631,71 € × 8,9826
(RBF für 10 Jahre und 2 %)
= –100.000 €

Somit ist auch bei Annuitätenzahlung Bank 4 günstiger.

Der Effektivzinssatz ist der Kalkulationszinssatz, der den Kapitalwert einer Finanzierung gleich null werden lässt. Für die bekannten Zahlungsreihen ist also ein Zinssatz zu finden, der den Kapitalwert jeweils null werden lässt.
Bank 3: $C_0$ = 4.900.000 € – 574.429,67 € × (RBF für 10 Jahre und ? %) = 0 €
Bank 4: $C_0$ = 4.900.000 € – 556.632,33 € × (RBF für 10 Jahre und ? %) = 0 €

Werden die Gleichungen nach dem gesuchten Rentenbarwertfaktor aufgelöst, so ergibt sich:
Bank 3: (RBF für 10 Jahre und ? %) = 4.900.000 € / 574.429,67 € = 8,53020
Bank 4: (RBF für 10 Jahre und ? %) = 4.900.000 € / 556.632,33 € = 8,80294

Gesucht wird nun der Zinssatz, der einem RBF von 8,53020 bzw. 8,80294 für zehn Jahre entspricht. Aus der Tabelle für die Rentenbarwertfaktoren ergibt sich, dass dies für das Angebot der Bank 3 genau der Faktor für 3 % ist. Der Faktor für das Finanzierungsangebot der Bank 4 liegt gemäß der Rentenbarwertfaktortabelle zwischen 2 % und 2,5 % (näher an 2,5 %).

Hier bietet sich wieder die lineare Interpolation über die RBF an, weil dann nicht erst ein positiver Kapitalwert für die Finanzierungsalternative Bank 4 ermittelt werden muss.

Absoluter Abstand:

| | | |
|---|---|---|
| 2,0 % | 0,5 % | 2,5 % |
| 8,9259 | 0,1738 | 8,7521 |

Der absolute Abstand zwischen den beiden RBF beträgt 0,1738 und 0,5 % zwischen den beiden Zinssätzen.

Ausgehend von 2 % ergibt sich ein relativer Abstand zum gesuchten RBF i. H. v.:

Relativer Abstand:

| 2,0 % | | x % |
|---|---|---|
| 8,9259 | 0,123 | 8,8029 |

Prozentual entfallen auf den relativen Abstand: 0,123/0,1738 = 0,7077100012

Zu beachten ist, dass der Abstand zwischen den Zinssätzen 0,5 % beträgt, weswegen der vorgenannte Betrag mit diesem Faktor multipliziert werden muss:

$$0{,}707710012 \times 0{,}5\ \% = \text{rd. } 0{,}35\ \%$$

Ausgehend von den 2,0 %, die die Basis der Berechnung bilden, ergibt sich ein Effektivzins i. H. v. 2 % + 0,35 % = 2,35 %.

Das Ergebnis bestätigt sich, ausgehend von 2,5 % und einem RBF i. H. v. 8,7521.

Relativer Abstand:

| x % | | 2,5 % |
|---|---|---|
| 8,8029 | 0,0508 | 8,7521 |

$$0{,}0508/0{,}123 \times 0{,}5\ \% = \text{rd. } 0{,}21\ \%$$

$$2{,}5\ \% - 0{,}21\ \% = 2{,}29\ \%$$

Die Abweichung in den Nachkommastellen bestätigt, dass es sich bei der linearen Interpolation um ein Näherungsverfahren handelt.

**Lösung zu Aufgabe 2:**

a) Der Nominalzinssatz der Südbank beträgt 6 %. Da es sich um ein endfälliges Darlehen handelt, das also am Ende der Laufzeit in einer Summe getilgt wird, ist kein Zins- und Tilgungsplan aufzustellen. Die Kreditsumme entspricht daher der durchschnittlichen Kreditsumme. Jährlich sind Zinsen i. H. v. 90.000,00 € × 0,06 = 5.400,00 € an die Südbank zu entrichten.
Bei der Ostbank beträgt der Nominalzinssatz hingegen nur 5,5 %. Auch hier handelt es sich um ein endfälliges Darlehen, sodass die jährliche Zinslast als Kreditsumme multipliziert mit dem Zinssatz ermittelt wird: 90.000,00 € × 0,05 = 4.950,00 €. Zu den Zinsen ist bei diesem Kreditangebot jedoch auch das Disagio zu berücksichtigen. Es beträgt 4 % (100 % Kreditsumme abzüglich 96 % Auszahlungsbetrag) und errechnet sich als Produkt aus Kreditsumme und Faktor: 90.000,00 € × 0,04 = 3.600 €. Die 3.600,00 € fallen zu Beginn der Laufzeit an und sind somit auf die Laufzeit als durchschnittliche Kosten zu verteilen: 3.600,00 € / 4a = 900,00 €. In Summe sind 4.950,00 € + 900,00 € = 5.8500,00 € an die Ostbank zu entrichten.
Im Kostenvergleich schneidet die Südbank mit geringeren jährlichen Kosten um 450,00 € (5.850,00 € – 5.400,00 €) besser ab. Sie ist relativ vorteilhaft und zu wählen.

b) Die Effektivzinsberechnung wird das Ergebnis aus a) bestätigen.
Weil die Südbank kein Disagio verlangt, entsprechen sich Nominal- und Effektivzins, d. h. der Effektivzins beträgt 6 %.
Für die Ostbank hingegen ist der Effektivzins zu berechnen. Dazu können die unter Aufgabenteil a) ermittelten durchschnittlichen jährlichen Kosten durch den Auszahlungsbetrag dividiert und mit dem Faktor 100 multipliziert werden:

$$\text{Effektivzins in \%} = \frac{\text{durchschnittliche jährliche Kosten}}{\text{durchschnittliche Kreditsumme}} \times 100$$

$$= 5.850{,}00\text{ €} \times 100 / 86.400{,}00\text{ €} = \text{rd. } 6{,}77\ \%$$

Der Auszahlungsbetrag ermittelt sich als Kreditsumme multipliziert mit dem Auszahlungskurs: 90.000,00 € x 0,96 = 86.400,00 €
Der Effektivzins beträgt 6,77 % und übersteigt den Effektivzins der Südbank von 6 % deutlich, sodass die Südbank relativ vorteilhaft ist.
Alternativ kann eine Berechnung des Effektivzinses auch auf diesem Weg erfolgen:

$$\text{Effektivzins} = \frac{\text{Nominalzins} + \dfrac{\text{Disagio}}{\text{Ø Laufzeit}}}{\text{Auszahlungskurs}} \times 100$$

$$\text{Effektivzins} = (5{,}5\ \% + 4\ \% / 4) / 96\ \% \times 100 = 6{,}5\ \% / 96 \times 100 = 6{,}77\ \%$$

Der Effektivzins beträgt rd. 6,77 %.

**Lösung zu Aufgabe 3:**

a) Zunächst sind die Zins- und Tilgungspläne für die Banken Sübdank und Ostbank zu erstellen.
Der Zins- und Tilgungsplan für die Südbank stellt sich wie folgt dar:

*Tabelle 2.13: Zins- und Tilgungsplan Südbank (Aufgabe 3)*

| Zeitpunkt | jährliche Tilgung | Zinsen | Verfügbare Summe |
|---|---|---|---|
| 0 | 0,00 € | 0,00 € | 50.000,00 € |
| 1 | 12.500,00 € | 3.500,00 € | 37.500,00 € |
| 2 | 12.500,00 € | 2.625,00 € | 25.000,00 € |
| 3 | 12.500,00 € | 1.750,00 € | 12.500,00 € |
| 4 | 12.500,00 € | 875,00 € | 0,00 € |
| Summe | 37.500,00 € | 8.750,00 € | 125.000,00 € |
| (: 4) | | 2.187,50 € | 31.250,00 € |

Die durchschnittlichen jährlichen Kosten betragen danach 2.187,50 € und errechnen sich als Gesamtsumme der Zinsen über die Laufzeit dividiert durch die Laufzeit.
Der Zins- und Tilgungsplan für die Ostbank stellt sich wie folgt dar:

*Tabelle 2.14: Zins- und Tilgungsplan Ostbank (Aufgabe 3)*

| Zeitpunkt | jährliche Tilgung | Schuldbetrag | Disagio/ Zinsen | Verfügbare Summe |
|---|---|---|---|---|
| 0 | 0,00 € | 50.000,00 € | 1.500,00 € | 48.500,00 € |
| 1 | 12.500,00 € | 37.500,00 € | 3.000,00 € | 36.375,00 € |
| 2 | 12.500,00 € | 25.000,00 € | 2.250,00 € | 24.250,00 € |
| 3 | 12.500,00 € | 12.500,00 € | 1.500,00 € | 12.125,00 € |
| 4 | 12.500,00 € | 0,00 € | 750,00 € | 0,00 € |
| Summe | 50.000,00 € | 125.000,00 € | 9.000,00 € | 121.250,00 € |
| (: 4) | | | 2.250,00 € | 30.312,50 € |

Neben den Zinsen ist bei der Ostbank auch das Disagio als durchschnittliche jährliche Kosten zu berücksichtigen. Die Summe aus Disagio und Zinsen beträgt über die Gesamtlaufzeit 9.000,00 €. Dividiert durch die Laufzeit ergeben sich durchschnittliche jährliche Kosten i. H. v. 3.000,00 €.
Das Angebot der Südbank ist relativ vorteilhaft, denn die durchschnittlichen jährlichen Kosten fallen um (3.000,00 € – 2.187,50 €) 812,50 € geringer aus.

b) Die durchschnittlichen jährlichen Kosten der Südbank sind geringer, also ist auch der Effektivzins geringer. Da bei der Südbank kein Disagio vorliegt, entsprechen sich Nominal- und Effektivzins. Der Effektivzins der Südbank beträgt somit 6 %.
Der Effektivzins der Ostbank ist auf Basis des unter a) erstellten Zins- und Tilgungsplans im nächsten Schritt zu ermitteln. Dazu sind die durchschnittlichen jährlichen Kosten mit dem Faktor 100 zu multiplizieren und durch die durchschnittliche Kreditsumme zu dividieren.

$$\text{Effektivzins in \%} = \frac{2{,}250{,}00\ €}{30.312{,}50\ €} \times 100 = \text{rd. } 7{,}42\ \%$$

Der Effektivzins beträgt danach rd. 7,42 %.
Alternativ ist es ebenfalls möglich den Effektivzins über die Formel

$$\text{Effektivzins} = \frac{\text{Nominalzins} + \dfrac{\text{Disagio}}{\text{Ø Laufzeit}}}{\text{Auszahlungskurs}} \times 100$$

zu ermitteln.

Zu beachten ist dabei, dass sich die durchschnittliche Laufzeit bei einem Ratenkredit als (n + 1) / 2 berechnet. Für die Ostbank ergibt sich eine durchschnittliche Laufzeit i. H. v. (4 + 1) / 2 = 2,5 Jahre.

$$\text{Effektivzins} = (6\ \% + 3\ \% / 2{,}5) / 97 \times 100 = \text{rd. } 7{,}42\ \%$$

Der Effektivzins beträgt 7,42 %.
Damit ist die Südbank relativ vorteilhaft, denn ihr Effektivzins ist mit 6 % deutlich geringer.
Zuletzt sei der Effektivzins noch als Kreditkosten × 200 / Auszahlungsbetrag × (n + 1) ermittelt: 9.000,00 € × 200 / 48.500,00 € × (4 + 1) = 180.000,00 € / 242.500,00 € = rd. 7,42 %
Auch über diese Vorgehensweise bestätigen sich die 7,42 % als Effektivzins.

**Lösung zu Aufgabe 4:**

a) Zunächst ist die Kreditsumme = Rückzahlungsbetrag zu berechnen.
Der Auszahlungsbetrag errechnet sich als:

| | |
|---|---|
| | Kreditsumme |
| – | 2 % Disagio |
| – | Bearbeitungsgebühren |
| = | Auszahlungsbetrag |

Dieser Weg muss nun rückwärts beschritten werden, da der Auszahlungsbetrag, die Bearbeitungsgebühren und das Disagio bekannt sind.
Schrittweise:

| | | | |
|---|---|---|---|
| | Auszahlungsbetrag | = | 486.890,88 € |
| + | Bearbeitungsgebühren | = | 3.109,12 € |
| = | 98 % der Kreditsumme | = | 490.000,00 € |

Von den 98 % muss nunmehr auf 100 % hochgerechnet werden, was 500.000 € entspricht.

$$\frac{490.000\ €}{98 \times 100} = 500.000\ €$$

b) Die Annuität wird berechnet (wie in Kap. 5.5 erklärt) als:

$$a = C_0 \times \frac{1}{RBF}$$

Wobei im vorliegenden Fall $C_0$ = 500.000 € ist, und der Rentenbarwertfaktor für fünf Jahre und 7 % ist 4,1002, also

$$a = 500.000\ € \times \frac{1}{4{,}1002} = 121.945{,}27\ €$$

Unter Anwendung des Annuitätenfaktors ergibt sich das gleiche Ergebnis:

$$500.000\text{ €} \times \frac{(1+0{,}07)^5 \times 0{,}07}{(1+0{,}07)^5 - 1} = 500.000\text{ €} \times 0{,}243890694 = 121.945{,}35\text{ €}$$

Die Differenz (121.945,35 € – 121.945,27 €) i. H. v. 0,07 € ergibt sich aus der Rundung des Annuitätenfaktors und ist daher zu vernachlässigen. Je umfangreicher die Rundung des Annuitätenfaktors ausfällt, desto ungenauer werden die Ergebnisse.

c) Der effektive Zins unterscheidet sich vom nominalen Zins zum einen, weil ein Disagio verlangt wird, zum anderen, weil zusätzlich noch eine Bearbeitungsgebühr anfällt. Das heißt, die Stadt muss jährlich 121.945,27 € zurückzahlen, erhält aber zu Beginn auf dem Konto nur 486.890,88 € gutgeschrieben. Dies ist einer der beiden Spezialfälle für die Ermittlung des internen Zinses; hier liegt der Fall einer einmaligen Einzahlung und konstanten jährlichen Rückzahlungen vor.
Nach der Erklärung in Kap. 5.3 errechnet sich der interne Zins in diesem speziellen Fall als:

$$\text{RBF} = \frac{\text{Auszahlungsbetrag}}{\text{Anniutät}} = \frac{486.890{,}88\text{ €}}{121.945{,}27\text{ €}} = 3{,}9927$$

Ein Blick in die Rentenbarwertfaktorentabelle in der Zeile „5 Jahre" zeigt uns bei 3,9926 einen Zins von 8 %; da der errechnete Wert nur 1/10.000 höher liegt, sind 8 % hinreichend genau.

d) Es handelt sich dann um ein gutes Geschäft, wenn die interne Verzinsung des Grundstückgeschäfts über dem effektiven Zins des Kreditgeschäfts liegt. In diesem Fall würde sich die Stadt Kapital zu einem bestimmten Zins leihen, um damit ein Geschäft zu finanzieren, was ohne eigenes Kapital einzusetzen mehr als den zu zahlenden Fremdkapitalzins abwirft.
Das Grundstückgeschäft ist durch eine Auszahlung und eine Einzahlung am Ende der Laufzeit gekennzeichnet. Für diesen Fall errechnet sich der interne Zins als:

$$\text{Abzf.} = \frac{A_0}{E_t} = \frac{486.890{,}88\text{ €}}{682.889{,}65\text{ €}} = 0{,}7130$$

Ein Blick in die Abzinsungsfaktorentabelle in der Zeile „5 Jahre" ergibt einen Zins von 7 %, d. h. um 7 % mit dem Grundstück zu verdienen, müssen 8 % an die Bank gezahlt werden.
Es handelt sich nicht um ein gutes Geschäft; es sollte nicht durchgeführt werden.

# 3. Investitionen, Investitionsarten und Notwendigkeit von Investitionsrechnungen

## 3.1 Investitionen und Investitionsarten

Bei Investitionen kann nach dem Investitionsobjekt in Real- und Finanzinvestitionen unterschieden werden. Realgüter können materieller oder immaterieller Art sein. Häufig findet dann eine weitere Unterscheidung statt in Anlagevermögen, was mittel- bis langfristig im Betrieb verbleiben soll, und Umlaufvermögen, was nur kurzfristig im Betrieb verbleibt bzw. laufend verbraucht und ersetzt wird. Auch Finanzinvestitionen können nach diesem Ansatz weiter untergliedert werden. Diese Unterscheidung findet sich auch in der Bilanzgliederung wieder.

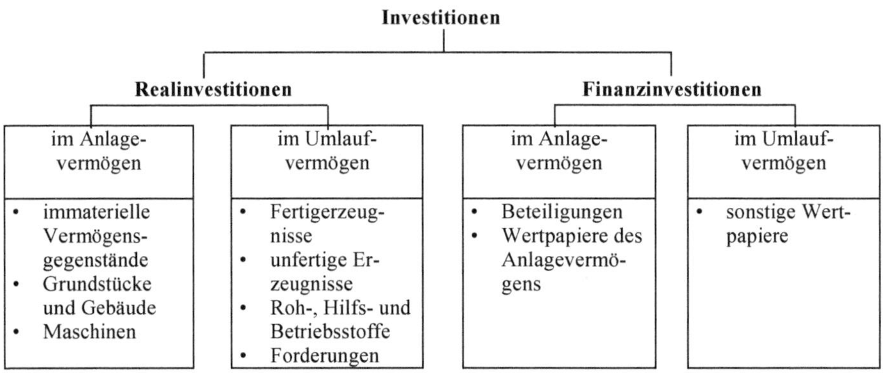


*Abbildung 3.1: Investitionsarten nach dem Investitionsobjekt*

Immaterielle Investitionen in Forschung, Werbung, Qualifizierung und Sozialleistungen schlagen sich nicht in einer Bilanz nieder und sind deshalb in der vorstehenden Abbildung nicht enthalten.

Realinvestitionen lassen sich noch nach ihrem Investitionsgrund in

- Ersatzinvestitionen,
- Erweiterungsinvestitionen,
- Rationalisierungsinvestitionen,
- Modernisierungsinvestitionen sowie
- Umstellungsinvestitionen

unterscheiden.

**Ersatzinvestitionen** sind dabei dadurch gekennzeichnet, dass ein wirtschaftlich oder technisch veraltetes Betriebsmittel durch ein neues gleicher Art und Güte ersetzt wird.

**Erweiterungsinvestitionen** ermöglichen eine quantitative Ausweitung der Produktionsmöglichkeiten.

**Rationalisierungsinvestitionen** werden vor allem deshalb getätigt, weil mit ihnen eine kostengünstigere Produktion verbunden ist. In vielen Fällen wird menschliche Arbeitskraft durch vermehrten Kapitaleinsatz ersetzt.

**Modernisierungsinvestitionen** zeichnen sich dadurch aus, dass die Produktion technisch dem Stand der Zeit angepasst wird. Teilweise werden derartige Investitionen auch durch Gesetzesvorschriften erzwungen; dabei ist beispielsweise an Filternachrüstungen zu denken, die durch Vorschriften vorgegeben werden.

**Umstellungsinvestitionen** werden durch bislang nicht gefertigte, neu in den Produktionsprozess aufgenommene Produkte verursacht.

Diese Arten von Investitionen treten meist nicht sauber voneinander getrennt, sondern kombiniert auf, d. h. meist ist eine Ersatzinvestition gleichzeitig eine Erweiterungsinvestition, weil das neue Betriebsmittel auch mehr produzieren kann als das alte.

## 3.2 Notwendigkeit von Investitionsrechnungen

Unternehmen stehen im Wettbewerb und müssen sich am Markt behaupten. Angebot und Nachfrage im marktwirtschaftlichen System sind nicht statisch, sondern dynamisch. Ständig werden neue Produkte oder Produktionsverfahren entwickelt, die dem betreffenden Unternehmen einen Wettbewerbsvorteil sichern, wodurch gegenüber den Wettbewerbern eine Produktinnovation oder einen Kostenvorteil erworben wird. Dies führt zu einem ständigen Ausleseprozess. Unwirtschaftliches Handeln oder falsche Entscheidungen führen, wenn sie gehäuft auftreten, zum Ausscheiden aus dem Wettbewerb.

Diese Existenzbedrohung gibt es für die öffentlichen Betriebe nicht. Die Kernverwaltung mit ihren in vielen Fällen nicht über den Markt abgewickelten Leistungen ist in ihrer Existenz nicht bedroht, sie finanziert sich über Zwangsabgaben. Mehrere fehlerhafte Investitionsentscheidungen führen zwar zu politischem Druck seitens der Wählerschaft, doch die Verwaltung an sich ist nicht gefährdet. Aus diesem Grund genügt es nicht, auf einen Selbstregulierungsmechanismus bei Investitionsmaßnahmen zu setzen, sondern es muss eine rechtliche Regelung her, welche die Verwaltung verpflichtet, vor Investitionen eine Wirtschaftlichkeitsbetrachtung durchzuführen.

§ 13 Abs. 1 KomHVO NRW schreibt demzufolge Folgendes vor:

> *„Bevor Investitionen oberhalb der vom Vertretungsorgan festgelegten Wertgrenzen beschlossen und im Haushaltsplan ausgewiesen werden, soll unter mehreren in Betracht kommenden Möglichkeiten durch einen Wirtschaftlichkeitsvergleich, mindestens durch einen Vergleich der Anschaffungs- oder Herstellungskosten nach § 34 Abs. 2 und 3 und der Folgekosten, die für die Kommune wirtschaftlichste Lösung ermittelt werden. Dabei ist die künftige Bevölkerungsentwicklung zu berücksichtigen."*

Interessant ist bei dieser Vorschrift, dass die Notwendigkeit erkannt wurde, einen Vergleich unter mehreren Alternativen unter Berücksichtigung von Folgekosten durchzuführen. Wie noch zu zeigen sein wird, kann eine einzelne Investitionsmaßnahme nicht per se beurteilt werden; es bedarf immer eines Vergleichs, entweder mit anderen Alternativen oder mit bestimmten Sollvorstellungen.

Inhaltlich gleiche Vorschriften sind in § 6 Abs. 2 HGrG; § 7 Abs. 2 BHO und LHO NRW zu finden:

> *„Für alle finanzwirksamen Maßnahmen sind angemessene Wirtschaftlichkeitsuntersuchungen durchzuführen."*

## 3.3 Merkmale und notwendige Informationen von Investitionen

Investitionen weisen folgende gemeinsame Merkmale auf:[16]

- Sie sind mit Erlösen[17] und Ausgaben verbunden,
- es erfolgen zunächst Ausgaben in Erwartung künftiger Netto-Erlöse (Periodenerlöse – Periodenausgaben) und
- sie haben längerfristige Folgewirkungen.

Im Mittelpunkt der folgenden Ausführungen stehen die Sachanlagen, doch gelten die angestellten Überlegungen sinngemäß auch für die anderen Investitionsarten.

Bevor über eine Investition entschieden wird, sind viele Informationen zusammenzutragen, beispielsweise

- über die gewünschte Kapazität,
- über die am Markt angebotenen Lösungsmöglichkeiten,
- über die möglichen Absatzchancen,
- über die zukünftigen Erlöse,
- über die aktuellen und potentiellen Konkurrenten,
- über die Kosten einzelner Alternativen und
- über Auswirkungen auf andere Betriebsteile.

Wie aus der knappen Aufzählung zu erkennen ist, besteht ein Problem bei einer Investitionsentscheidung darin, dass sie zukunftsgerichtet ist und bekanntermaßen die Zukunft nicht mit Sicherheit bekannt ist. Ein anderes Problem liegt darin, dass eine Investition nicht isoliert betrachtet werden darf, sondern Auswirkungen auf viele Bereiche eines Betriebes hat – sei es, dass Rohstoffvorräte erhöht werden müssen oder aber die bestehende Energieversorgung nicht ausreicht. In vielen Fällen muss noch bedacht werden, dass die möglicherweise erhöhte Produktionskapazität auch am Markt abgesetzt werden muss.

Einige dieser Informationen können quantifiziert werden und gehen in die **Investitionsrechnung** ein, die eine Investition vorbereitet. Nicht alle Einflüsse können so

16 Vgl. *Blohm/Lüder/Schäfer*, Investition: Schwachstellenanalyse des Investitionsbereichs und Investitionsrechnung, 10. Aufl., München 2012, S. 2.

17 Bei den statischen Investitionsrechnungsverfahren wird der Begriff „Erlöse" benutzt, denn da die Rechnungen zukunftsgerichtet sind, ist eine Unterscheidung in Einzahlungen und Einnahmen noch nicht möglich.

formuliert werden, dass sie Berücksichtigung in den Investitionsrechnungsverfahren finden. Sie müssen jedoch bei der **Investitionsentscheidung** einfließen. Damit ist deutlich, dass die Investitionsrechnung die Investitionsentscheidung nicht ersetzen kann.

**Alternative Fragestellungen**
Investitionsrechnungen können sowohl ex ante (vorher) als Planungsrechnungen als auch ex post (im Nachhinein) als Kontrollrechnung bereits erfolgter Investitionen eingesetzt werden. Gebräuchlich ist vor allem die Planungsfunktion. Die Kontrollrechnung wird in der Praxis vielfach vernachlässigt. Einen Überblick über die Vielzahl der Einsatzmöglichkeiten gibt folgende Übersicht.[18]

| **Funktionen der Wirtschaftlichkeitsrechnung** | **Funktionen der Unternehmensbewertung** |
|---|---|
| 1. Vorteilsbestimmung einer einzelnen Investition<br>2. Wahl zwischen sich technisch ausschließenden Investitionsalternativen<br>3. Rangfolgebestimmung von (um die Aufnahme in das Investitionsbudget) konkurrierenden Investitionsvorhaben und die Fixierung des Investitionsprogramms<br>4. Bestimmung der wirtschaftlichen Nutzungsdauer von Neuanlagen<br>5. Auslotung des Unsicherheitsspielraums | 1. Ermittlung des maximal zahlbaren Preises aus der Sicht des Käufers bzw. des minimal zu fordernden Preises aus Sicht des Verkäufers<br>2. Bestimmung eines Vermittlungswerts, der von den Parteien als „fairer“ Einigungspreis akzeptiert wird<br>3. Verwendung von Unternehmensbewertungsergebnissen als Argumentationshilfe zur Durchsetzung parteiischer Interessen<br>4. Ermittlung von Unternehmenswerten als Basis einer Besteuerung |

*Abbildung 3.2: Funktionen der Investitionsrechnung*

In diesem Buch wird sich auf die Funktionen der Wirtschaftlichkeitsrechnung konzentriert, da das die in der Praxis im allgemeinen Gebrauch häufiger vorkommende Anwendung ist. Gleichwohl finden sich in Kap. 9 Ausführungen zur Unternehmensbewertung, welche Bestandteil des Wahlpflichtfachs „Investition und Finanzierung“ im Studiengang „Verwaltungsbetriebswirtschaftslehre“ ist.

## 3.4 Überblick über die Investitionsrechnungsmethoden

In Theorie und Praxis wurden verschiedene Verfahren der Investitionsrechnung entwickelt. Im Folgenden werden nur die Grundzüge der Investitionsrechnungsmethoden dargestellt. Besonderer Wert wird auf ihre Einsatzmöglichkeit und Beurteilung gelegt.

18 Schierenbeck et al., a. a. O., S. 393.

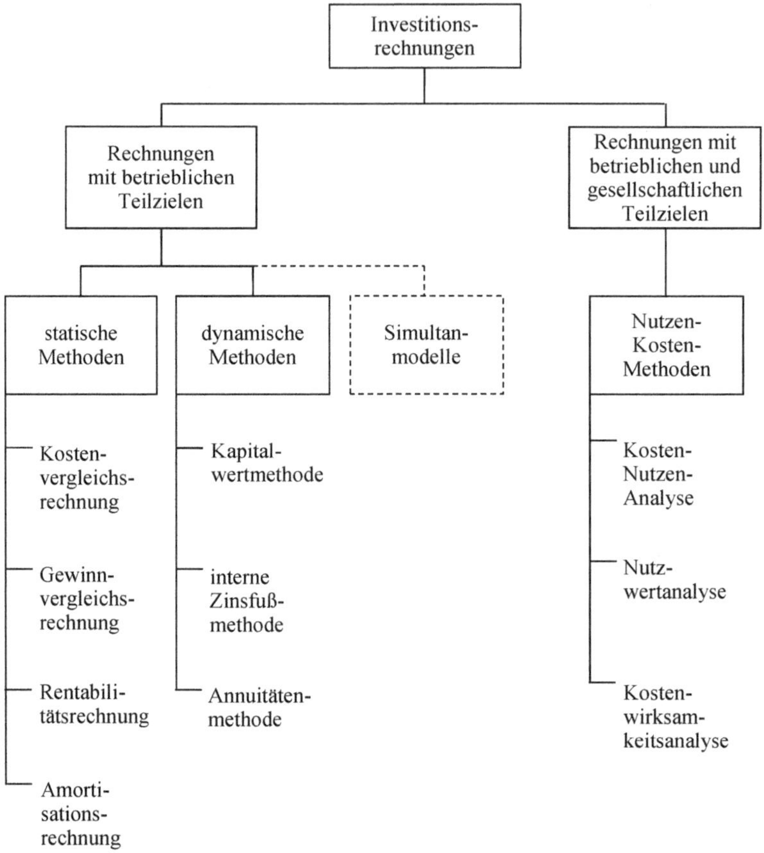


*Abbildung 3.3: Überblick über die Methoden der Investitionsrechnung*

Gemeinsam ist allen Investitionsrechnungsverfahren, dass sie zukunftsgerichtet sind, auf Annahmen aufbauen und mit Unsicherheit behaftet sind.

Investitions- und auch Finanzierungsrechnungen basieren auf der Annahme eines vollständigen Kapitalmarktes. Das heißt, der Investor kann jederzeit bei jedem beliebigen Kreditinstitut Geldmittel in beliebiger Höhe anlegen oder leihen. Die angebotenen Soll- (Kredit) und Haben-Zinssätze (Geldanlage) gelten für alle Marktteilnehmer gleichermaßen. Es erfolgt kein Rating von Investoren. Weiter kann jeder Marktteilnehmer beliebig produzieren und alle Produkte vollständig absetzen. Im Ergebnis kann jeder Zahlungsstrom gehandelt werden, d. h. Investition (Mittelverwendung, Geldmittelbindung) und Finanzierung (Mittelherkunft, Geldmittelverwendung) befinden sich zu jeder Zeit im Gleichgewicht. Dies wird als „pareto-optimal" bezeichnet.[19]

Die Verfahren, die allein die betrieblichen Teilziele berücksichtigen verengen die Betrachtungsweise auf die Gegebenheiten, die allein den Investor betreffen. Sie werden deshalb auch **einzelwirtschaftliche** Verfahren genannt.

Die **Statischen Verfahren** werden auch „Hilfsverfahren der Praxis" genannt. Sie werden als „statisch" bezeichnet, weil der Zeitpunkt des Anfalls von Kosten- oder Ertragsgrößen unberücksichtigt bleibt. Alle Kosten werden als gleichgewichtig betrachtet. Die Methoden beruhen auf Durchschnittskosten und sind Ein-Perioden-Verfahren.

**Dynamische Verfahren** (finanzmathematische Verfahren) wurden vor ca. 50 Jahren entwickelt. Sie gehen von Ein- und Auszahlungsströmen aus. Die Investition wird über ihre gesamte Nutzungsdauer oder über den Planungshorizont betrachtet.

**Simultanmodelle** übersteigen den Rahmen einer Einführung und sind in der kommunalen Praxis von untergeordneter Bedeutung. Sie berücksichtigen die Beziehungen zu anderen Betriebsbereichen, z. B. zum Finanzierungsbereich. Sie sind sehr komplex und werden deshalb hier nicht behandelt.

Die **Nutzen-Kosten-Methoden** gehen über eine einzelwirtschaftliche Betrachtung hinaus und berücksichtigen auch gesellschaftliche Ziele und Auswirkungen, für die in der Regel keine Marktpreise vorliegen. Als praktisches Beispiel sei die Errichtung einer Umgehungsstraße, die Errichtung einer Müllverbrennungsanlage oder die Suche nach einer Endlagerstätte für strahlenden Atommüll genannt. Ihr Problem liegt darin, dass viele Auswirkungen, die Investitionen ausstrahlen, nicht in Geldeinheiten ausgedrückt werden können, Näheres im dazugehörigen Kapitel.

19 Die wirtschaftliche Lage der Kommunen gestaltet sich unterschiedlich. Die Haushaltswirtschaft unterscheidet in echt ausgeglichene Haushalte sowie fiktiv ausgeglichene Haushalte, genehmigte Inanspruchnahmen der Allgemeinen Rücklage, weiterhin in Kommunen, die pflichtig ein Haushaltssicherungskonzept aufstellen müssen. Abhängig vom Haushaltsstatus, aber auch den festgelegten Höchstgrenzen der Investitions- und Liquiditätskredite in der Haushaltssatzung sowie der pro Kopf-Verschuldung und vielen anderer Faktoren werden Kommunen geratet. Nicht jedes Kreditinstitut gewährt jeder Kommune identische Kreditsummen, Laufzeiten und Zinssätze bzw. Kapitalkosten.

# 4. Statische Verfahren

## 4.1 Kostenvergleichsrechnung

### 4.1.1 Grundlagen

Die Entscheidung bei der Kostenvergleichsrechnung geschieht auf Basis von durchschnittlichen Kosten. Dabei werden alle Kosten berücksichtigt; es geht i. d. R. um Abschreibungen, kalkulatorische Zinsen, Personalkosten, Materialkosten, Energiekosten, Kosten der Instandhaltung sowie sonstige Kosten.[20]

Auswahlkriterium sind allein die Kosten; dabei handelt es sich um durchschnittliche jährliche Kosten bei vorgegebener Leistungsmenge oder durchschnittliche Stückkosten. Der Stückkostenvergleich kommt zum Zuge, wenn die Leistungsmengen der Auswahlalternativen nicht identisch sind, bspw. wenn ein Kopierer im Jahr viel mehr Kopien produzieren kann und soll als das Alternativmodell.

Letztlich wird also die Betrachtung reduziert auf einen Vergleich der durchschnittlichen Kosten, wobei diejenige Maßnahme zu bevorzugen ist, die die niedrigsten durchschnittlichen Kosten aufzuweisen hat.

Durchschnittliche Kosten Maßnahme 1 ⟷ Durchschnittliche Kosten Maßnahme 2 ⟷ … ⟷ Durchschnittliche Kosten Maßnahme n

*Abbildung 4.1: Kostenvergleich*

Alle übrigen Auswirkungen der unterschiedlichen Maßnahmen, die Absatzmöglichkeiten und auch die Qualität der erzeugten Leistungen werden als identisch unterstellt und spielen in der Kostenvergleichsrechnung keine Rolle.

Kostenvergleichsrechnungen finden bei zwei Problemstellungen Anwendung:

1. Auswahlproblem zwischen mindestens zwei Alternativen (neu gegen neu),
2. Ersatzproblem (alt gegen neu).

### 4.1.2 Auswahlproblem

Für das Auswahlproblem werden meist folgende Kostenarten je Alternative zusammengestellt und addiert, wobei die Aufstellung als Grundschema dienen kann:

- Abschreibungsbetrag,
- kalkulatorische Zinsen,
- Lohnkosten,
- Materialkosten,

20 Zu den einzelnen Kosten vgl. z. B. die Ausführungen in *Bröer/Mankel/Wagner*, Kommunale Kosten- und Leistungsrechnung, 1. Aufl., Wiesbaden 2023.

- Energiekosten,
- Instandhaltungskosten,
- sonstige Kosten
- Zuwendung/Zuschuss.

Ferner wird die Nutzungsdauer benötigt.

Der Abschreibungsbetrag wird vom Anschaffungswert des Vermögensgegenstandes abgeleitet, weil ein zukünftiger Wiederbeschaffungswert oder Wiederbeschaffungszeitwert zum Zeitpunkt der Entscheidung nicht vorhanden ist oder die Werte sich bei allen Alternativen gleich entwickeln.

Bei den kalkulatorischen Zinsen wird ein durchschnittlicher mittel- bis langfristiger Mischzins zwischen Soll- und Habenzins benutzt, weil zum Zeitpunkt der Entscheidung noch nicht bekannt ist, wie die Kapitalstruktur sein wird, bzw. weil sie sich im Verlauf der Nutzung auch ändern könnte.

Bei den anderen Kostenarten werden Jahresdurchschnittswerte benutzt, von denen ausgegangen wird, dass sie für den Verlauf der Nutzungsdauer verlässlich geschätzt werden.

Das Kostenvergleichsverfahren wird anhand eines einfachen Zahlenbeispiels erläutert.

***Beispiel:***

*Zur Beschaffung eines neuen Fahrzeugs für den Fahrzeugpool der Stadt soll zwischen zwei Fahrzeugen entschieden werden. Die Fahrzeuge sind hinsichtlich ihrer Beförderungsleistung identisch. Es wurden folgende Daten zusammengetragen und bereits für die Entscheidung aufbereitet:*

*Tabelle 4.1: Entscheidungsrelevante Daten für die Fahrzeugentscheidung*

| | **Kfz 1** | **Kfz 2** |
|---|---|---|
| Anschaffungswert in € | 36.000 | 48.000 |
| Leistungsmenge in km p. a. | 30.000 | 30.000 |
| Nutzungsdauer in Jahren | 6 | 6 |
| Treibstoffverbrauch l / 100 km | 10 | 8 |
| Kfz-Steuer p. a. in € | 300 | 330 |
| Versicherung p. a. in € | 800 | 760 |
| Reparatur p. a. in € | 800 | 600 |
| Sonstiges p. a. in € | 500 | 800 |
| Treibstoffpreis pro l in € | 1,60 | 1,30 |
| Kalkulationszins in % | 5 | 5 |

Aus Vereinfachungsgründen wird unterstellt, dass kein Veräußerungserlös oder keine Verschrottungskosten anfallen.

Die einzelnen Kostenkomponenten werden ermittelt und zusammengestellt:

| | |
|---|---|
| + | Abschreibung (Jahreswert) |
| + | Zinsen auf gebundenes Kapital (Jahreswert) |
| + | fixe Betriebskosten pro Jahr |
| + | variable Betriebskosten pro Jahr |
| = | durchschnittliche Kosten der Alternative pro Jahr |

Die Abschreibungen errechnen sich als Anschaffungswert geteilt durch die erwartete Nutzungsdauer.

$$\text{Jährlicher Abschreibungsbetrag} = \frac{\text{Anschaffungswert}}{\text{Nutzungsdauer}}$$

Für die beiden Fahrzeuge ergeben sich:

$$\text{Abschreibungsbetrag Kfz 1} = \frac{36.000\ €}{6\ \text{Jahre}} = 6.000\ €$$

$$\text{Abschreibungsbetrag Kfz 2} = \frac{48.000\ €}{6\ \text{Jahre}} = 8.000\ €$$

Da es sich um ein Verfahren mit jährlichen Durchschnittswerten handelt, werden nicht die Kosten für eine bestimmte Periode, also das zweite oder vierte Jahr, ermittelt, sondern für ein Durchschnittsjahr. Deshalb werden bei der Ermittlung der kalkulatorischen Zinsen nicht die Zinsen einer bestimmten Periode ermittelt, beruhend auf einer Verzinsung des Restwertes, sondern es wird die Durchschnittsmethode benutzt. Dabei wird eine kontinuierliche gleichmäßige Kapitalfreisetzung unterstellt.

Die Kapitalbindung verläuft dann folgendermaßen:

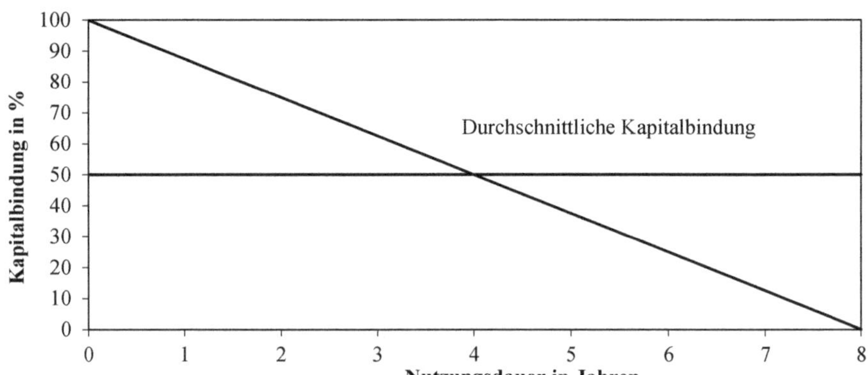


*Abbildung 4.2: Verlauf der Kapitalbindung*

Die kalkulatorischen Zinsen werden ermittelt als:

$$\text{Kalkulatorische Zinsen} = \frac{\text{Anschaffungswert}}{2} \times \text{Zins}$$

$$\text{Kalkulatorische Zinsen Kfz 1} = \frac{36.000\ €}{2} \times 5\ \% = 900\ €$$

$$\text{Kalkulatorische Zinsen Kfz 2} = \frac{48.000\ €}{2} \times 5\ \% = 1.200\ €$$

Als fixe Betriebskosten sind im Beispiel alle Kosten anzusehen, die nicht von der Jahresfahrleistung abhängig sind, mithin die Steuern, die Versicherung, die Reparaturen, sowie sonstige Kosten.

*Tabelle 4.2: Zusammenstellung von fixen Kosten in €*

| **Kosten in €** | **Kfz 1** | **Kfz 2** |
|---|---|---|
| Kfz-Steuer | 300 | 330 |
| Versicherung | 800 | 760 |
| Reparatur | 800 | 600 |
| Sonstiges | 500 | 800 |
| | | |
| Summe sonstige Fixkosten | 2.400 | 2.490 |

Die Treibstoffkosten, die variable Kosten sind, werden mittels einer kleinen Nebenrechnung ermittelt:

$$\text{Treibstoffkosten Kfz} = \frac{\text{Verbrauch je 100 km} \times \text{Preis je Liter} \times \text{Jahresfahrleistung}}{\text{100 km}}$$

$$\text{Treibstoffkosten Kfz 1} = \frac{10\ \text{l} \times 1{,}60\ €/\text{l} \times 30.000\ \text{km}}{100\ \text{km}} = 4.800\ €$$

$$\text{Treibstoffkosten Kfz 2} = \frac{8\ \text{l} \times 1{,}30\ €/\text{l} \times 30.000\ \text{km}}{100\ \text{km}} = 3.120\ €$$

Alle errechneten Werte werden übersichtlich zusammengestellt:

*Tabelle 4.3: Kostenvergleich zwischen zwei Kfz in €*

| Kosten in € | Kfz 1 | Kfz 2 |
|---|---|---|
| Abschreibungen | 6.000,00 | 8.000,00 |
| kalk. Zinsen | 900,00 | 1.200,00 |
| sonstige fixe Kosten | 2.400,00 | 2.490,00 |
| variable Kosten | 4.800,00 | 3.120,00 |
| **Summe der Kosten** | **14.100,00** | **14.810,00** |

Aus Kostengründen wird Kfz 1 bevorzugt, da die durchschnittlichen jährlichen Kosten nur 14.100 € gegenüber 14.810 € bei Kfz 2 betragen.

Anstelle des Vergleichs von durchschnittlichen Kosten pro Jahr können auch die durchschnittlichen Kosten pro Leistungseinheit, im vorliegenden Fall die Kosten je km verglichen werden. Dazu sind alle vorhergehenden Schritte durchzuführen und am Ende werden die Jahreskosten durch die Jahresleistung geteilt.

$$\text{Kosten je km} = \frac{\text{Jahreskosten in €}}{\text{Fahrleistung je km}}$$

$$\text{Kosten je Kfz 1} = \frac{14.100\text{ €}}{30.000\text{ km}} = 0{,}47\text{ €/km}$$

$$\text{Kosten je Kfz 2} = \frac{14.810\text{ €}}{30.000\text{ km}} = 0{,}4937\text{ €/km}$$

Auch hier ist Kfz 1 aus Kostengründen zu empfehlen, da es die niedrigeren Kosten je km aufweist. Dies war allerdings auch zu erwarten: Kfz 1 weist die niedrigeren Kosten je Jahr auf, und wenn die niedrigere Kostensumme von zwei durch die gleiche Jahresfahrleistung dividiert wird, bleibt sie die Günstigere. Mithin vermittelt die Berechnung der durchschnittlichen Stückkosten keine neuen Erkenntnisse gegenüber dem Vergleich der Jahreskosten. Anders sieht es aus, wenn von den Fahrzeugen unterschiedliche Jahresfahrleistungen erwartet werden, dann ist ein Vergleich auf Basis der durchschnittlichen Stückkosten notwendig.

**Modifikation um einen Liquidationserlös**

Das Verfahren des Kostenvergleichs soll in einem weiteren Schritt um die Berücksichtigung eines Liquidationserlöses (LE) oder Restverkaufswertes erweitert werden.

Liquidationserlöse oder Restverkaufswerte fallen am Ende der Nutzungsdauer an, wenn ein Vermögensgegenstand gebraucht verkauft werden kann. Die oben benutzten Daten werden um diesen Restverkaufswert, der zu Beginn der Nutzung auf das Ende der Nutzungsdauer geschätzt werden muss, erweitert. Für Kfz 1 wird ein Restverkaufswert von 1.200 € und für Kfz 2 von 4.200 € erwartet. Die entscheidungsrelevanten Daten sind in der folgenden Übersicht zusammengestellt:

*Tabelle 4.4: Entscheidungsrelevante Daten bei Berücksichtigung eines Liquidationserlöses*

| | **Kfz 1** | **Kfz 2** |
|---|---:|---:|
| Anschaffungswert in € | 36.000 | 48.000 |
| Leistungsmenge in km p. a. | 30.000 | 30.000 |
| Nutzungsdauer in Jahren | 6 | 6 |
| Treibstoffverbrauch l/100km | 10 | 8 |
| Kfz-Steuer p. a. in € | 300 | 330 |
| Versicherung p. a. in € | 800 | 760 |
| Reparatur p. a. in € | 800 | 600 |
| Sonstiges p. a. in € | 500 | 800 |
| Treibstoffpreis pro l in € | 1,60 | 1,30 |
| Kalkulationszins in % | 5 | 5 |
| Liquidationserlös in € | 1.200 | 4.200 |

Die Berücksichtigung eines Restverkaufswertes verändert die Abschreibung. Da eine Abschreibung der Werteverzehr bei einem langlebigen Wirtschaftsgut ist, muss berücksichtigt werden, dass nicht der gesamte Anschaffungswert verbraucht wird, wenn ein Restverkaufswert vorliegt. Vom Betreiber wird in der Nutzungsdauer nur die Differenz zwischen Anschaffungswert und Restverkaufswert verbraucht. Die folgende Abbildung verdeutlicht den Unterschied:

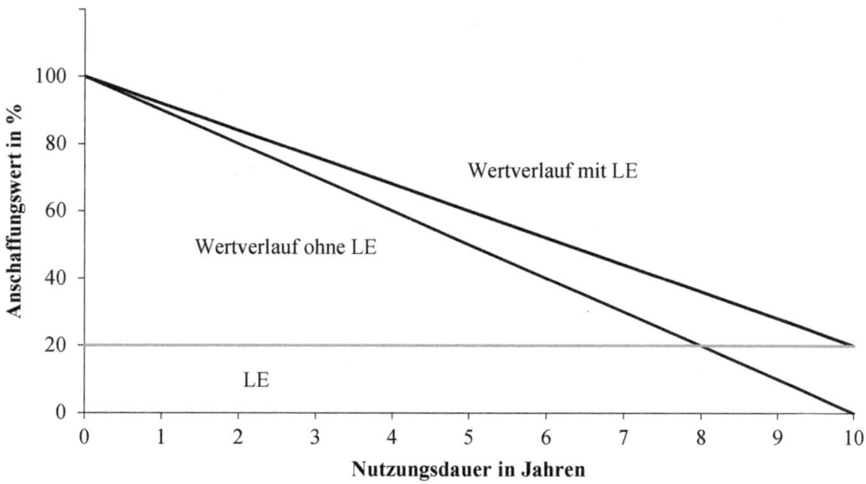


*Abbildung 4.3: Werteverzehr mit und ohne Liquidationserlös*

Wie zu erkennen ist, werden bei einer Abschreibung bis auf null 100 % des Anschaffungswert verbraucht, bei einer Abschreibung unter Berücksichtigung eines Liquidationserlöses (LE) von bspw. 20 % des Anschaffungswertes nur insgesamt 80 % des Wertes, was der Differenz zwischen Anschaffungswert und Liquidationserlös entspricht. Der Werteverzehr, d. h. die Abschreibungssumme, verringert sich. Dies muss sich selbstverständlich auch in der Berechnung der Abschreibung niederschlagen.

$$\text{Jährlicher Abschreibungsbetrag} = \frac{\text{Anschaffungswert} - \text{Liquidationserlös}}{\text{Nutzungsdauer}}$$

$$\text{Jährlicher Abschreibungsbetrag Kfz 1} = \frac{36.000\ € - 1.200\ €}{6} = 5.800\ €$$

$$\text{Jährlicher Abschreibungsbetrag Kfz 2} = \frac{48.000\ € - 4.200\ €}{6} = 7.300\ €$$

Aus der obigen Grafik ist auch zu entnehmen, dass die durchschnittliche Kapitalbindung höher liegt, wenn ein LE zu erwarten ist. Dies äußert sich darin, dass die Gerade, die den Verlauf der Kapitalbindung wiedergibt, bei Berücksichtigung eines LE oberhalb der Geraden ohne LE verläuft. Somit muss ein LE bei der Berechnung des gebundenen Kapitals berücksichtigt werden.

In der Grafik gut zu erkennen ist, dass während der gesamten Nutzungsdauer Kapital in Höhe des LE durchgängig gebunden ist, ein Sockelbetrag. Dieses Kapital muss verzinst werden.

Darüber hinaus ist die Hälfte zwischen Anschaffungswert und dem LE zu verzinsen, denn oberhalb des LE wird Kapital durch Abnutzung freigesetzt. Dies führt zu folgender Berechnung der kalkulatorischen Zinsen:

$$\text{Jährliche kalkulatorische Zinsen} = \left[\text{LE} + \frac{\text{Anschaffungswert} - \text{Liquidationserlös}}{2}\right] \times i$$

Die Berechnung der durchschnittlichen Kapitalbindung kann auch in Form der üblichen Durchschnittswertberechnung erfolgen, bei dem zum Anfangswert (AW) ein Endwert (LE) addiert und das Ergebnis dann durch 2 geteilt wird.

$$\text{Jährliche kalkulatorische Zinsen} = \frac{\text{Anschaffungswert} + \text{Liquidationserlös}}{2} \times i$$

Für den vorliegenden Fall errechnen sich:

$$\text{Jährliche kalkulatorische Zinsen Kfz 1} = \frac{36.000\ € + 1.200\ €}{2} \times 5\ \% = 930\ €$$

$$\text{Jährliche kalkulatorische Zinsen Kfz 2} = \frac{48.000\ € + 4.200\ €}{2} \times 5\ \% = 1.305\ €$$

Alle anderen Daten des Beispiels können von den vorhergehenden Ausführungen bei der Entscheidung ohne Liquidationserlös übernommen werden, so dass sich folgende Gegenüberstellung ergibt:

*Tabelle 4.5: Kostenvergleich zwischen zwei Kfz, jeweils unter Berücksichtigung eines LE*

| **Kosten in €** | **Kfz 1** | **Kfz 2** |
|---|---|---|
| Abschreibungen | 5.800,00 | 7.300,00 |
| kalk. Zinsen | 930,00 | 1.305,00 |
| sonstige fixe Kosten | 2.400,00 | 2.490,00 |
| variable Kosten | 4.800,00 | 3.120,00 |
| **Summe der Kosten** | **13.930,00** | **14.215,00** |

Aus Kostengründen ist Kfz 1 zu bevorzugen; es weist die jährlich niedrigeren Durchschnittskosten auf.

Bei der Analyse und im Vergleich zur Situation ohne Liquidationserlös ist zu erkennen, dass bei beiden Fahrzeugen die Abschreibungsbeträge gesunken sind, die kalkulatorischen Zinsen jedoch aufgrund der höheren durchschnittlichen Kapitalbindung gestiegen sind.

- **Ein Liquidationserlös verringert die Abschreibungssumme und verringert die jährlichen Abschreibungsbeträge.**
- **Ein Liquidationserlös erhöht das durchschnittlich gebundene Kapital und damit die jährlichen durchschnittlichen kalkulatorischen Zinsen.**

### 4.1.3 Kritische Menge

Bisher ist davon ausgegangen worden, dass die jährliche Leistungsmenge exakt bekannt ist. Da sich eine Investitionsentscheidung in die Zukunft erstreckt, sind aber alle zukünftigen Werte nur Schätzwerte. Deshalb soll die Annahme, die jährliche Leistungsmenge sei bekannt, nunmehr aufgegeben werden. Es soll die Leistungsmenge ermittelt werden, bei der die Günstigkeitsreihenfolge umschlägt, d. h. die Leistungsmenge – in diesem Beispiel die gefahrenen Kilometer –, bei der die durchschnittlichen jährlichen Kosten der beiden Alternativen gleich sind. Dies ist die Stelle der kritischen Menge.

Zunächst werden dazu die Kostengleichungen aufgestellt. Die allgemeine Form ist:

$$K_{ges} = K_f + k_v \times x$$

$K_{ges}$ = Gesamtkosten
$K_f$ = Fixkosten
$k_v$ = variable Kosten pro km
$x$ = Leistungsmenge

Für das oben bereits benutzte Beispiel inklusive LE der Kraftfahrzeuge ergeben sich folgende Werte.

*Tabelle 4.6: Vergleich der Fixkosten zwischen zwei Kfz, jeweils unter Berücksichtigung eines LE*

| **in €** | **Kfz 1** | **Kfz 2** |
|---|---:|---:|
| Abschreibungen | 5.800,00 | 7.300,00 |
| kalk. Zinsen | 930,00 | 1.305,00 |
| sonstige fixe Kosten | 2.400,00 | 2.490,00 |
| **Summe der fixen Kosten** | **9.130,00** | **11.095,00** |

Kfz 2 weist gegenüber Kfz 1 weitaus höhere Fixkosten auf.

Die variablen Kosten für 30.000 km im Jahr liegen vor. Daraus lassen sich durch Division der Kosten durch die Jahresfahrleistung variable Kosten je km errechnen. Sie betragen für die beiden Fahrzeuge:

*Tabelle 4.7: Variable Kosten je km für zwei Kfz*

| | **Kfz 1** | **Kfz 2** |
|---|---:|---:|
| variable Kosten in € | 0,16 | 0,104 |

Kfz 2 weist gegenüber Kfz 1 die geringeren variablen Kosten je km auf.

Die Situation ist somit dadurch gekennzeichnet, dass Kfz 1 die weitaus geringeren Fixkosten, Kfz 2 hingegen die weitaus geringeren variablen Kosten je km hat. Grafisch lässt sich die Situation wie folgt darstellen:

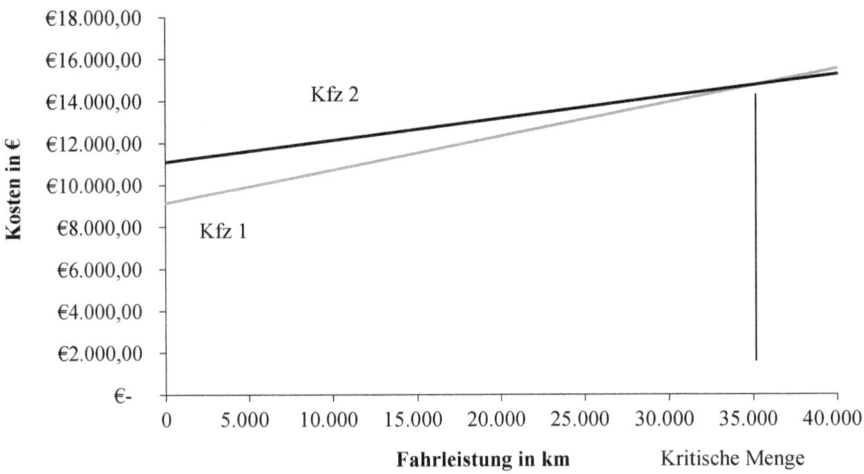


*Abbildung 4.4: Kritische Menge*

Wie aus der Grafik zu erkennen ist, ist die Kostensituation von Kfz 1 dadurch gekennzeichnet, dass es niedrigere Fixkosten gibt (= Abschnitt auf der Y-Achse) kombiniert mit höheren variablen Stückkosten, die sich in einem steileren Verlauf der Geraden gegenüber Kfz 2 ausdrücken. Dadurch kommt es bei ca. 35.000 km zu einem Schnittpunkt der Geraden, was Kostengleichheit bedeutet. Dieser Schnittpunkt soll nun analytisch berechnet werden.

Als Funktionen geschrieben ergeben sich:

Kfz 1: $K1_{ges} = 9.130{,}00\ € + 0{,}16\ €\ x$

Kfz 2: $K2_{ges} = 11.095{,}00\ € + 0{,}104\ €\ x$

Im kritischen Punkt sind die Kosten beider Kfz gleich, also können die beiden Kostenfunktionen gleichgesetzt werden:

$$K1_{ges} = K2_{ges}$$
$$9.130{,}00\ € + 0{,}16\ €\ x = 11.095{,}00\ € + 0{,}104\ €\ x$$

Diese Gleichung wird nach x aufgelöst.

$$\begin{aligned} 0{,}16\ €\ x - 0{,}104\ €\ x &= 11.095\ € - 9.130\ € \\ 0{,}056\ €\ x &= 1.965\ € \\ x &= 1.965\ € / 0{,}056\ € \\ x &= 35.089{,}29\ \text{km} \end{aligned}$$

Am Schnittpunkt der Geraden sind die Kosten der beiden Kfz gleich hoch. Bis zu diesem Punkt, also von 0 km bis zu 35.089,29 km pro Jahr, ist die Investition, hier Kfz 1, mit den niedrigeren Fixkosten die Günstigere. Rechts davon, also bei steigender Jahresfahrleistung, ist das Fahrzeug mit den niedrigeren variablen Kosten je km, also Kfz 2, das Günstigere.

Die vorletzte Zeile der Gleichungsauflösung lässt sich bei genauer Betrachtung interpretieren als Division des Unterschiedsbetrags der Fixkosten durch die Differenz der variablen Stückkosten. Es wird also die Frage beantwortet, bei welcher Menge der Vorteil bei den Fixkosten der einen Alternative durch den Nachteil bei den variablen Stückkosten aufgezehrt wird.

Die kritische Menge kann auch auf Basis der Stückkosten ermittelt werden. Bei der kritischen Menge sind die Stückkosten beider Alternativen gleich.

Die Stückkosten setzen sich aus den fixen Kosten je Stück und den variablen Kosten je Stück zusammen. Für die beiden Fahrzeuge ergeben sich folgende Ansätze:

Kfz 1: $k_{ges1} = k_{fix} + k_v$

Kfz 1: $k_{ges1} = \dfrac{K_{fix}}{x} + k_v$

Kfz 1: $k_{ges1} = \dfrac{9.130\ €}{x} + 0{,}16\ €$

Für Kfz 2 ergibt sich entsprechend:

$$\text{Kfz 2: } k_{ges2} = \frac{11.095\ €}{x} + 0{,}104\ €$$

Bei der kritischen Menge gilt nunmehr:

$$K_{ges1} = K_{ges2}$$

$$\frac{9.130\ €}{x} + 0{,}16\ € = \frac{11.095\ €}{x} + 0{,}104\ €$$

$$0{,}16\ € - 0{,}104\ € = \frac{11.095\ € - 9.130\ €}{x}$$

$$0{,}056\ €\ x = 1.965\ €$$
$$x = 35.089{,}29\ \text{km}$$

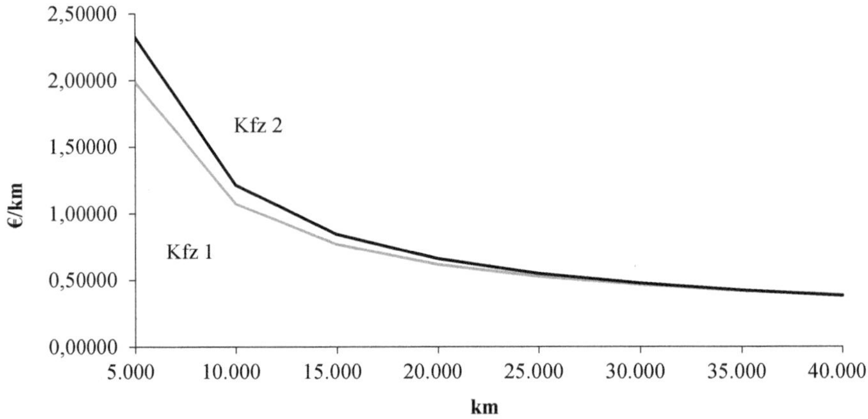


*Abbildung 4.5: Kritische Menge unter Verwendung der Stückkosten*

Wie aus der Grafik zu erkennen, hat zunächst Kfz 2 einen Kostennachteil, der mit steigender Fahrleistung pro Jahr geringer wird, bis bei 35.089 km bei beiden Fahrzeugen die Kosten je km identisch sind.

Die kritische Menge ist ein Beispiel, wie mit der unbekannten Zukunft umgegangen werden kann. Anstelle einer exakten vorgegebenen Leistungsmenge können Bereiche definiert werden, in denen eine bestimmte Investitionsalternative günstiger ist als eine andere. Dann muss nur noch abgewogen werden, ob die zu erwartende geforderte Leistungsmenge eher unter oder über der kritischen Menge liegen wird.

Kritische Werte können für alle entscheidenden Parameter ermittelt werden, z. B. ein kritischer Zins o. ä.

- **Die kritische Menge ermittelt den Punkt der Kostengleichheit von zwei Investitionsalternativen.**
- **Eine sinnvolle kritische Menge kommt nur dann zustande, wenn eine Investitionsalternative niedrigere Fixkosten mit höheren variablen Stückkosten kombiniert als die andere Alternative aufweist.**
- **Zur rechnerischen Ermittlung sind die Kostenfunktionen notwendig.**
- **Eine grafische Ermittlung ist ebenfalls möglich.**

### 4.1.4 Ersatzproblem

Bislang wurde die Entscheidungssituation „Alternative neu gegen Alternative neu" betrachtet. Die Kostenvergleichsrechnung ist allerdings auch auf eine Untersuchung der Kosten einer bestehenden Alternative gegen eine neue Alternative anwendbar; es geht dann um die Fragestellung, ob eine bestehende Alternative aus Kostengründen durch eine neue Investition ersetzt werden soll.

Entscheidungsgrundlage sind wie bislang die durchschnittlichen Kosten je Jahr. Bei der Altinvestition wird aber die Abschreibung durch aktuellere Werte ersetzt; dabei kann es um Wertschätzungen von einem Gebrauchtmarkt gehen, also um Werte, die vom Markt eingeholt werden. Die vor Jahren geplante und errechnete Abschreibung kann fehlerhaft sein. Zum Beispiel wurde unter Umständen kein Liquidationserlös geplant, zum Entscheidungszeitpunkt ist aber erkennbar, dass durchaus für die alte Investition ein Liquidationserlös möglich ist. Die Minderung in einem möglichen Verkaufspreis, der dadurch eintritt, dass die Investition ein weiteres Jahr betrieben wird, ist der bei der Altinvestition eintretende Wertverlust. Dieser wird anstelle einer Abschreibung im Kostenvergleich berücksichtigt.

Sofern eine Investition einen Liquidationserlös erwarten lässt, ist auch noch Kapital gebunden, das verzinst werden muss.

Auf das Fahrzeugbeispiel übertragen soll Kfz 1 mit einem Altfahrzeug verglichen werden. Von einem Gebrauchtwagenhändler wird das Altfahrzeug, das bereits fünf Jahre Dienst hinter sich hat, auf 1.800 € geschätzt. Er bietet an, es nach sechs Jahren Nutzung für 900 € anzukaufen. Da die Abgasreinigung des Altfahrzeugs nicht auf dem Stand der Zeit ist, müssen höhere Steuern als für das neue Fahrzeug bezahlt werden. Ebenso ist der Treibstoffverbrauch pro 100 km höher. Die Versicherung ist etwas günstiger als beim neuen Kfz 1, hingegen sind natürlich die Reparaturkosten je Jahr deutlich höher. Die benötigten Angaben sind in der folgenden Tabelle zusammengetragen.

*Tabelle 4.8: Entscheidungsrelevante Daten beim Ersatzvergleich*

| | **Kfz 1** | **Altfahrzeug** |
|---|---:|---:|
| Anschaffungswert in € | 36.000,00 | |
| Leistungsmenge in km p. a. | 30.000 | 30.000 |
| Nutzungsdauer in Jahren | 6 | 6 |
| Treibstoffverbrauch l/100km | 10 | 11 |
| Kfz-Steuer p. a. in € | 300,00 | 400,00 |
| Versicherung p. a. in € | 800,00 | 750,00 |
| Reparatur p. a. in € | 800,00 | 1.200,00 |
| sonstiges p. a. in € | 500,00 | 500,00 |
| Treibstoffpreis pro l in € | 1,60 | 1,60 |
| Kalkulationszins in % | 5 | 5 |
| Liquidationserlös in € | 1.200,00 | |
| Wert am Ende 5. Jahr in € | | 1.800,00 |
| Wert am Ende 6. Jahr in € | | 900,00 |

Beim Kfz 1 werden die für die Entscheidung notwendigen Daten wie bereits oben beschrieben errechnet.

Bei dem Altfahrzeug wird aus der Differenz des Wertes am Ende des fünften Jahres und am Ende des sechsten Jahres ein Wertverlust errechnet (1.800 € – 900 € = 900 €), der in die tabellarische Gegenüberstellung eingeht.

Wenn es um mehr als ein Jahr Restnutzungsdauer geht, wird der durchschnittliche jährliche Wertverlust berechnet als:

$$\text{Jährliche Werteverlust} = \frac{\text{LE zum Ersatzzeitpunkt-LE am Ende der Nutzungsdauer}}{\text{Restnutzungsdauer}}$$

Da noch Kapital gebunden ist, müssen auch kalkulatorische Zinsen berechnet werden. Dies geschieht nach der bekannten Formel, in die statt des Anschaffungswerts nunmehr der Wert am Ende des fünften Jahres und statt des LE der Wert am Ende des sechsten Jahres eingesetzt werden.

$$\text{Jährliche kalkulatorische Zinsen} = \frac{\text{Wert Ende 5. Jahr} + \text{Wert Ende 6. Jahr}}{2} \times i$$

$$\text{Jährliche kalkulatorische Zinsen} = \frac{1.800\ € + 900\ €}{2} \times 5\ \% = 67{,}50\ €$$

*Tabelle 4.9: Kostenvergleich beim Ersatzproblem*

| **Kosten in €** | **Kfz 1** | **Altfahrzeug** |
|---|---:|---:|
| Abschreibungen | 5.800,00 | |
| Wertverlust | | 900,00 |
| kalk. Zinsen | 930,00 | 67,50 |
| Sonstige fixe Kosten | 2.400,00 | 2.850,00 |
| variable Kosten | 4.800,00 | 5.280,00 |
| **Summe der Kosten** | **13.930,00** | **9.097,50** |

Wie zu erkennen, hat das Altfahrzeug im Vergleich zum neuen Kfz 1 zwar höhere sonstige Fixkosten und höhere variable Kosten. Dieser Nachteil wird jedoch durch den sehr geringen Wertverlust im Gegensatz zur Abschreibung des neuen Kfz 1 und durch die niedrigen kalkulatorischen Zinsen überkompensiert, so dass die jährlichen Kosten des Altfahrzeugs erheblich unter den jährlichen Durchschnittskosten des neuen Kfz 1 liegen.[21]

Das oben beschriebene Verfahren ist der allgemeine Fall. Sollte am Ende der Nutzungsdauer kein Liquidationserlös mehr erwartet werden, ändert sich die Rechenweise nur marginal. Die Vorgehensweise wird an einem Beispiel veranschaulicht.

***Beispiel:***
*Die vorhandene Schwimmbadtechnik im kommunalen Freibad muss erneuert werden. Zum Anschaffungszeitpunkt hat die Stadt dafür 100.000 € bezahlt. Heute könnte diese für noch 10.000 € veräußert werden. Der Leiter des Schwimmbads geht davon aus, dass die Altanlage noch vier Jahre genutzt werden kann. Dann würde allerdings kein Liquidationserlös mehr zu erzielen sein. Würde sie jetzt ersetzt, entfielen die jährlichen Wartungskosten i. H. v. 2.000 € und die jährlichen Kosten für Betriebsmittel i. H. v. 20.000 €. Die neue Anlage kostet heute 60.000 € und verfügt über eine Nutzungsdauer von zwölf Jahren. Die jährlichen Wartungskosten betragen 1.000 €, für Betriebsmittel sind 16.000 € jährlich aufzuwenden. Die Kommune setzt üblicherweise 5 % als Zinssatz an. Soll die Altanlage vor Ablauf der geplanten Nutzungsdauer ersetzt werden? Die Entscheidung soll mit einer statischen Methode begründet werden.*

Methode der Wahl ist der statische Kostenvergleich, denn Entscheidungskriterium in Ermangelung von Erlösen sind die jährlich anfallenden durchschnittlichen Kosten.

Die Berechnung der kalkulatorischen Abschreibungen und kalkulatorischen Zinsen der Neuanlage Schwimmbadtechnik errechnen sich wie in Kap. 4.1 dargestellt.

21 Das eben beschriebene Verfahren ist Bestandteil des Wahlpflichtfachs „Investition und Finanzierung" im Studiengang „Verwaltungsbetriebswirtschaftslehre". Im Grundlagenfach des Studiengangs „Verwaltungsbetriebswirtschaftslehre" sind die Klausuraufgaben zum Ersatzvergleich etwas anders ausgestaltet, wie im Beispiel folgt.

Der Sachverhalt benennt die historischen Anschaffungskosten der Altanlage i. H. v. 100.000 €. Auch die Restnutzungsdauer wird mit vier Jahren angegeben. Aus der Angabe der Gesamtnutzungsdauer der Neuanlage (zwölf Jahre) könnte nun der Rückschluss gefolgert werden, dass die historischen Anschaffungskosten i. H. v. 100.000 € durch die Nutzungsdauer der Neuanlage von zwölf Jahren zu dividieren ist und die zu berücksichtigenden kalkulatorischen Abschreibungen somit 8.333,33 € betragen. Dem ist jedoch nicht so!

Bei einem Ersatzvergleich tritt anstelle der historischen Anschaffungs-/Herstellungskosten der Wert des Liquidationserlöses heute. Dieser ist mit 10.000 € angegeben. Denn die Entscheidung, die in die Zukunft reicht, soll nicht durch historische (vielleicht überholte) Daten verzerrt werden, sondern soll auf aktuellen Werten basieren.

Auf eine Restnutzungsdauer von vier Jahren berechnet sich also eine kalkulatorische Abschreibung i. H. v. 10.000 €/4a = 2.500 € p. a.

Das heißt, beim Ersatzvergleich gilt für die Altanlage:

$$\text{(modifizierte) kalk. Abschreibung} = \frac{\text{LE heute}}{\text{RND}}$$

Mit den kalkulatorischen Zinsen verhält es sich entsprechend.

Anstelle der historischen Anschaffungs-/Herstellungskosten tritt auch hier der Liquidationserlös heute. Das durchschnittlich gebundene Kapital ermittelt sich im vorgenannten Beispiel als 10.000 €/2 = 5.000 €. Dieses ist nunmehr mit dem Zinssatz – hier: 5 % – zu multiplizieren:

$$5.000\ € \times 0{,}05 = 250\ €\ \text{p. a.}$$

Das heißt, beim Ersatzvergleich gilt für die Altanlage:

$$\text{Kalkulatorische Zinsen} = \frac{\text{LE heute}}{\text{RND/2}} \times \text{Zinssatz}$$

Zum Abschluss seien die Werte der Entscheidung tabellarisch zusammengestellt:

*Tabelle 4.10: Kostenvergleich beim Ersatzproblem*

| **Kosten in €** | **Neue Technik** | **Alte Technik** |
|---|---|---|
| Kalk. Abschreibungen | 5.000 | |
| Wertverlust pro Jahr als kalk. Abschreibung | | 2.500 |
| Kalk. Zinsen pro Jahr | 2.500 | 250 |
| Wartung p. a. | 1.000 | 2.000 |
| Betriebsmittel p. a. | 16.000 | 20.000 |
| **Summe der Kosten p. a. in €** | **24.500** | **24.750** |

Eine Entscheidung auf Basis der jährlich (voraussichtlich) anfallenden Kosten fällt zugunsten der neuen Technik, denn sie verursacht pro Jahr geringere Kosten als die Fortführung der alten Technik. Wie aus der Tabelle zu erkennen, beruht dies vor allem auf den geringeren jährlichen Kosten der Betriebsmittel und den geringeren jährlichen Wartungskosten der neuen Technik. Der Vorteil der alten Technik bei Abschreibungen und Zinsen kann den Nachteil bei den Kosten der Wartung und Betriebsmittel nicht kompensieren.

### 4.1.5 Unterschiedlich lange Nutzungsdauern

Unterschiedlich lange Nutzungsdauern stellen beim Kostenvergleichsverfahren kein Problem dar.

Angenommen sei, dass ein Fahrzeug drei Jahre lang genutzt werden soll, das Alternativfahrzeug vier Jahre. Theoretisch gesehen werden die Investitionsalternativen jeweils exakt wiederholt, bis das kleinste gemeinsame Vielfache an Nutzungsdauer zur Verfügung steht; im vorliegenden Fall werden somit vier Fahrzeuge mit jeweils dreijähriger Nutzungsdauer hintereinander gekauft und mit drei Fahrzeugen mit jeweils vierjähriger Nutzungsdauer verglichen.

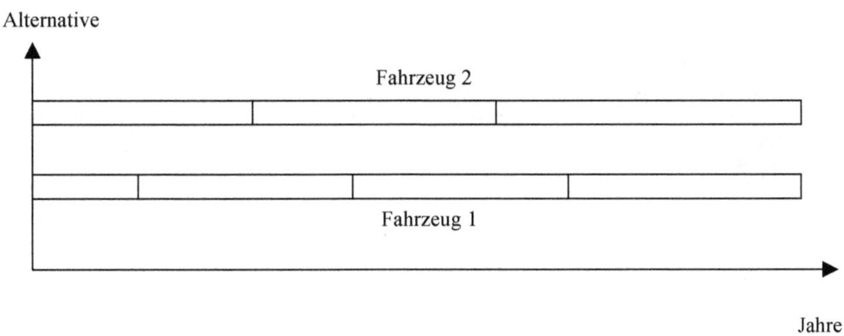


*Abbildung 4.6: Vergleich unterschiedlich langer Nutzungsdauern*

Es könnten alle Kosten für jedes Fahrzeug für zwölf Jahre ermittelt werden und dann durch 12 geteilt werden; das Ergebnis wären die Kosten eines durchschnittlichen Jahres. Dann genügte es auch, aus drei oder vier Jahren Nutzungsdauer die Kosten eines beliebigen durchschnittlichen Jahres zu berechnen.

### 4.1.6 Beurteilung des Verfahrens

Der besondere Reiz des Verfahrens der Kostenvergleichsrechnung liegt in seiner Einfachheit. Das Verfahren ist einfach und schnell anzuwenden. Bei unterschiedlichen jährlichen Leistungsmengen kann auf einen Stückkostenvergleich ausgewichen werden. Nicht berücksichtigt werden können qualitative Unterschiede der erzeugten Leistungen, im Fall der Kraftfahrzeuge gehen Zuverlässigkeit, Transportbequemlichkeit u. ä. nicht in die Betrachtung ein.

Ein gravierender Mangel der Kostenvergleichsrechnung besteht jedoch darin, dass ausschließlich Kosten betrachtet werden; die Absatzseite findet keine Beachtung. Ob überhaupt Gewinne erwirtschaftet werden und eine Verzinsung des eingesetzten Kapitals stattfindet, bleibt unberücksichtigt. Die Tatsache, dass eine Investition unter mehreren Alternativen die kostengünstigste ist, besagt nichts darüber, ob auch eine angemessene Verzinsung des eingesetzten Kapitals erreicht wird.

Weiterhin unberücksichtigt bleibt der zeitliche Anfall der Kosten. Es macht einen Unterschied, ob z. B. der Kaufpreis in Raten oder sofort gezahlt werden muss. Dieser Unterschied kommt erst in den dynamischen Investitionsrechnungsverfahren zum Tragen.

Auch ist unbefriedigend, dass nur mit Durchschnittswerten gerechnet werden kann. Es kann also z. B. nicht abgebildet werden, dass im Verlauf der Nutzung eines Investitionsgegenstandes die Reparaturkosten üblicherweise steigen. Ebenfalls kann nicht berücksichtigt werden, dass Kosten für Roh-, Hilfs- und Betriebsstoffe üblicherweise im Verlauf der Nutzung steigen.

**Anwendungsfälle der Kostenvergleichsrechnung:**

**Die Anwendung der Kostenvergleichsrechnung bietet sich an,**
- **wenn Qualitätsunterschiede (schneller, mehr, Werbeaufdruck usw.) ohne Bedeutung sind (d. h. die Investitionsalternativen müssen homogen sein),**
- **wenn es allein auf die Kosten ankommt und/oder**
- **wenn Vereinfachungen zulässig sind (Durchschnittswerte, kein Zeitaspekt, keine Zinseszinsen).**

## 4.2 Gewinnvergleichsrechnung

Die Kostenvergleichsrechnung versagt dann, wenn sich bei unterschiedlichen Investitionsalternativen auf der Absatzseite Unterschiede ergeben – sei es, dass bestimmte Produkte oder Leistungen aus qualitativen Gründen nur zu unterschiedlichen Preisen abgesetzt werden können, sei es, dass steigende Mengen nur zu niedrigeren Preisen am Markt untergebracht werden können. Diesen Mangel versucht die **Gewinnvergleichsrechnung** zu beheben, indem sie die Erlöse in die Betrachtung mit einbezieht. Im Prinzip handelt es sich um eine um Erlöse erweiterte Kostenvergleichsrechnung, in der als Auswahlkriterium nicht die niedrigsten Kosten, sondern der höchste Periodengewinn gewählt wird. Somit gelten die bei der Kostenvergleichsrechnung vorgebrachten Bedenken bezüglich zeitlicher Verteilung der Ausgaben und Erlösen und der Rentabilität weiterhin.

***Beispiel:***
*Zur Auswahl stehen zwei Maschinen, deren relevante Daten in folgender Tabelle zusammengestellt sind:*

*Tabelle 4.11: Daten von zwei Maschinen für die Gewinnvergleichsrechnung*

| | **Maschine 1** | **Maschine 2** |
|---|---:|---:|
| Anschaffungswert in € | 10.000,00 | 15.000,00 |
| variable Kosten in €/Stück | 0,85 | 0,90 |
| Kapazität pro Jahr in Stück | 100.000,00 | 100.000,00 |
| Verkaufspreis in €/Stück | 1,10 | 1,18 |
| Nutzungsdauer in Jahren | 2 | 2 |
| kalk. Zinssatz in % | 5 | 5 |

Die Verkaufspreise pro Stück werden mit den abzusetzenden Mengen multipliziert und ergeben die Erlöse in €. Die Kosten werden wie oben beschrieben berechnet. Es wird dann folgender Vergleich angestellt:

*Tabelle 4.12: Gewinnvergleich für zwei Maschinen*

| | **Maschine 1** | **Maschine 2** |
|---|---:|---:|
| Erlös in € | 110.000,00 | 118.000,00 |
| ./. Abschreibung in € | 5.000,00 | 7.500,00 |
| ./. kalk. Zinsen in € | 250,00 | 375,00 |
| ./. var. Kosten in € | 85.000,00 | 90.000,00 |
| **Ergebnis in €** | **19.750,00** | **20.125,00** |

Maschine 2 ist die bessere Alternative, da ihr durchschnittlicher Periodengewinn höher ist.

Ferner kann in Erweiterung der Aussage der Kostenvergleichsrechnung zusätzlich zu der **relativen** Vorteilhaftigkeit eine **absolute** Vorteilhaftigkeit festgestellt werden.

Absolute Vorteilhaftigkeit liegt vor, wenn ein Gewinn erwirtschaftet wird. Im Vergleich der Alternativen untereinander wird danach die relative Vorteilhaftigkeit festgestellt.

Im obigen Beispiel sind beide Alternativen absolut vorteilhaft, denn der Investor wird in beiden Fällen voraussichtlich einen Gewinn erzielen. Relativ vorteilhaft ist jedoch Maschine 2, denn diese wirft im Vergleich mit Maschine 1 den höheren Gewinn ab.

Auch in der Kommunalverwaltung ist die Gewinnvergleichsrechnung anwendbar in den Bereichen, wo Erlöse erzielt werden. Dies können z. B. Schwimmbäder sein, kommunale Skilifte oder Räumlichkeiten, die vermietet werden sollen.

Wie die Kostenvergleichsrechnung ist auch bei der Gewinnvergleichsrechnung die isolierte Beurteilung einer einzelnen Investition nicht möglich. Aussagen lassen sich nur im Vergleich mehrerer Investitionsalternativen machen. Es fehlt auch die Möglichkeit, die Vorteilhaftigkeit im Verhältnis zum eingesetzten Kapital zu beurteilen.

**Berücksichtigung einer Zuwendung/eines Zuschusses**

Bei kommunalen Investitionsentscheidungen ist oftmals eine Zuwendung – sei es vom Bund, Land oder der EU – zu berücksichtigen, deshalb wird die Behandlung einer Zuwendung hier beispielhaft beschrieben.

Bei der Zuwendung soll es sich um einen nicht rückzahlbaren und nicht zu verzinsenden Geldbetrag handeln, der zweckgebunden ist, d. h. er wird nur für einen bestimmten Zweck gezahlt und geht nicht in die allgemeinen Deckungsmittel ein. Die Berücksichtigung wird anhand der Methode des Gewinnvergleichs beschrieben, denn diese Methode passt gut zur modellhaft beschriebenen Entscheidungssituation.

***Beispiel:***
*Die betrachtete Gemeinde wird auf dem Dach der Schule eine Solaranlage installieren. Es wird mit einem Anschaffungswert von 60.000 € und einer Nutzungsdauer von drei Jahren geplant. Durch den selbst erzeugten Strom wird die jährlich an den Stromlieferanten zu entrichtende Summe um 27.000 € vermindert, bzw. der über den Eigenbedarf hinaus hergestellte Strom wird ins Verbundnetz eingespeist und generiert Erlöse in Höhe von 27.000 €. Damit die Anlage störungsfrei läuft, werden jährlich Instandhaltungsausgaben in Höhe von 10.000 € erwartet. Die vom Land zugesagte Zuwendung zur Förderung alternativer Energien beträgt 15.000 €. Üblicherweise rechnet die Stadt mit einem Kalkulationszins von 4 %.*

Es empfiehlt sich, zwei Rechnungen anzustellen:
1. ohne Zuwendung/Zuschuss,
2. mit Zuwendung/Zuschuss.

**Rechnung ohne Zuwendung**

Bei der Gewinnvergleichsrechnung ohne Zuschuss wird der durchschnittliche jährliche Gewinn ermittelt, indem von den jährlichen Erlösen die jährlichen Kosten abgezogen werden. Die Berechnung des jährlichen Abschreibungsbetrags und der kalkulatorischen Zinsen geschieht auf die übliche Weise.

$$\text{Abschreibung} = \frac{\text{AW}}{\text{ND}} = \frac{60.000\ €}{3\ \text{Jahre}} = 20.000\ € \text{ pro Jahr}$$

$$\text{kalkulatorische Zinsen} = \frac{\text{AW}}{2} \times i = \frac{60.000\ €}{2} \times 0{,}04 = 1.200\ € \text{ pro Jahr}$$

Zusammengestellt ergibt sich:

*Tabelle 4.13: Ermittlung durchschnittlicher Gewinn pro Jahr*

| | |
|---|---:|
| Jährliche Erlöse in € | 27.000 |
| – Abschreibung in € | 20.000 |
| – kalkulatorische Zinsen in € | 1.200 |
| – jährliche Ausgaben in € | 10.000 |
| = durchschnittlicher jährlicher Gewinn in € | –4.200 |

Üblicherweise ist ein negativer Gewinn, d. h. ein jährlicher Verlust, bei einer Investitionsentscheidung nicht erstrebenswert und absolut gesehen ungünstig.

Die Investition ist unter rein gewinnorientierten Gesichtspunkten nicht lohnenswert.

**Rechnung mit Zuwendung**

Wie bereits bekannt wird der jährliche durchschnittliche Gewinn ermittelt, indem von den jährlichen Erlösen die jährlichen Kosten abgezogen werden. Die Zuwendung wirkt sich auf den zu berücksichtigenden kalkulatorischen Abschreibungsbetrag und auf die zu berücksichtigenden kalkulatorischen Zinsen aus.[22]

Die Zuwendung vermindert den seitens der Gemeinde zu zahlenden Anschaffungswert. Sie muss nur noch die Differenz zwischen dem in Rechnung gestellten Anschaffungswert und der Zuwendung aufbringen. Deshalb ändert sich die Berechnung des Abschreibungsbetrags in:

$$\begin{matrix}\text{Kalkulatorische}\\ \text{Abschreibung}\end{matrix} = \frac{\text{AW} - \text{Zuwendung}}{\text{ND}} = \frac{60.000\ € - 15.000\ €}{3\ \text{Jahre}} = 15.000\ €\ \text{pro Jahr}$$

Die Gemeinde verbraucht selbst nur einen Wert von 45.000 €, den Rest erhält sie „geschenkt“. Zwar entstehen Ausgaben in Höhe von 60.000 €, doch treffen die Gemeinde selbst nur 45.000 €.

Die Berechnung der kalkulatorischen Zinsen muss auch verändert werden, denn das gebundene gemeindliche Kapital, das zu berücksichtigen ist, sinkt um den Betrag der Zuwendung. In Höhe der Zuwendung entgehen weder Zinserlöse noch müssen Zinsen gezahlt werden.

$$\text{kalk. Zinsen} = \frac{\text{AW} - \text{Zuwendung}}{2} \times i = \frac{60.000\ € - 15.000\ €}{2} \times 0{,}04$$

$$\text{kalk. Zinsen} = 900\ €$$

22 Die Berücksichtigung einer Zuwendung zu Kostenrechnungszwecken weicht von der hier für Investitionszwecken dargestellten Weise ab!

Alles in der üblichen Form zusammengestellt ergibt folgende Werte:

*Tabelle 4.14: Ermittlung durchschnittlicher jährlicher Gewinn*

| | |
|---|---:|
| Jährliche Erlöse | 27.000 € |
| – kalkulatorische Abschreibung | 15.000 € |
| – kalkulatorische Zinsen | 900 € |
| – jährliche Ausgaben | 10.000 € |
| = durchschnittlicher jährlicher Gewinn | 1.100 € |

Es ergibt sich ein durchschnittlicher jährlicher Gewinn in Höhe von 1.100 €; somit ist die Investition in Verbindung mit der Zuwendung unter wirtschaftlichen Gesichtspunkten für die Gemeinde (absolut) vorteilhaft.

Eine an sich nicht vorteilhafte Investition (siehe Rechnung ohne Zuwendung) wird durch die Gewährung einer Zuwendung für den Zuwendungsempfänger interessant.

Diese Denkweise steht hinter vielen staatlicherseits ausgelobten Zuwendungen, wie bspw. solchen zur Förderung von Solar-/Windenergie oder Elektromobilen.

- **Eine nicht rückzahlbare und unverzinsliche Zuwendung verringert die Abschreibungssumme und verringert die jährlichen kalkulatorischen Abschreibungsbeträge.**
- **Eine nicht rückzahlbare und unverzinsliche Zuwendung verringert das durchschnittlich gebundene Kapital und damit die jährlichen durchschnittlichen kalkulatorischen Zinsen.**

## 4.3 Übungsaufgaben

**Aufgabe 1**

Die Stadt steht vor der Aufgabe, für die Reinigung des Marktplatzes und anderer Flächen ein Kehrfahrzeug anzuschaffen. Zur Auswahl stehen zwei Fahrzeuge, die durch folgende Daten gekennzeichnet sind.

Ermitteln Sie, welches Kehrfahrzeug nach der Kostenvergleichsrechnung angeschafft werden sollte.

*Tabelle 4.15: Daten der beiden Kehrfahrzeuge*

| | **Kehrfahrzeug 1** | **Kehrfahrzeug 2** |
|---|---|---|
| Anschaffungswert | 30.000,00 € | 36.000,00 € |
| Nutzungsdauer | 6 Jahre | 6 Jahre |
| Kalkulationszins | 5 % | 5 % |
| Wartungskosten pro Jahr | 2.400,00 € | 2.800,00 € |
| variable Kosten | 0,13 €/m² | 0,12 €/m² |
| zu reinigende Fläche pro Jahr | 100.000 m² | 100.000 m² |
| LE am Ende der ND | 3.600,00 € | 4.200,00 € |

**Aufgabe 2**
Ermitteln Sie, ob es für die in Aufgabe 1 vorgestellten Kehrmaschinen eine „kritische Menge" gibt.

**Aufgabe 3**
Die Gemeinde G steht vor der Entscheidung, welches Müllfahrzeug sie beschaffen soll. Das Fahrzeug soll sechs Jahre lang benutzt werden, der kalkulatorische Zins wird mit 6 % von der Kämmerei vorgegeben. Das Müllfahrzeug soll voraussichtlich an 2.500 Stunden im Jahr eingesetzt werden.

Der Marktführer bietet ein Fahrzeug A zum Anschaffungswert von 48.000 € an. Am Ende der Nutzungszeit ist mit einem Verkaufserlös von 12.000 € zu rechnen. Jährliche fixe Kosten für Versicherung etc. betragen 400 €. Die variablen Kosten inkl. anteiliger Wartungskosten betragen für jede Betriebsstunde 2 €.

Als Alternative kommt Müllfahrzeug B in Betracht. Es kostet 37.000 € und würde vom Anbieter nach sechs Jahren für 10.000 € in Zahlung genommen. Versicherung etc. betragen 800 €. Das Fahrzeug müsste vom Hersteller gewartet werden. Unabhängig von den Einsatzstunden werden dafür pro Jahr 2.000 € vereinbart. Die variablen Kosten je Betriebsstunde betragen 1 €.

a) Für welche Alternative entscheiden Sie sich nach der Kostenvergleichsrechnung? Erläutern Sie die zu treffenden Annahmen.
b) Die Anzahl der Betriebsstunden wird als unsicher angesehen. Analysieren Sie Ihre Entscheidung mit Blick auf die geschätzten Betriebsstunden.

**Aufgabe 4**
Seit die Nachbargemeinde ein Spaßbad eröffnet hat, beobachtet die Stadt Wasserhausen, dass sich die Besucherzahl im eigenen Hallenbad auf einem niedrigeren Niveau als vorher eingependelt hat. Waren es vorher 66.000 Besucher im Jahr, so sind es nach Öffnung des Konkurrenzbades nur noch 50.000 Besucher. Jeder Besucher zahlt 5 € pro Eintritt. Zur Erhöhung der Attraktivität wird über den Bau einer Riesenrutsche nachgedacht. Die komplette Maßnahme verursacht voraussichtliche Ausgaben in Höhe

von 720.000 €. Für Energieverbrauch sowie kleinere Instandhaltungen werden pro Jahr 5.000 € erwartet. Die Nutzungsdauer wird auf zehn Jahre geschätzt.

Experten prognostizieren, dass nach Öffnung der Rutsche die Besucherzahl im Hallenbad Wasserhausens wieder auf das alte Niveau steigen wird. Der neue Eintrittspreis nach Öffnung der Riesenrutsche soll 10 % höher als vorher sein. Ohne Riesenrutsche soll der Eintrittspreis nicht verändert werden. Die Stadt rechnet mit einem kalkulatorischen Zins von 5 %.

Falls das Hallenbad wie bisher weiterbetrieben wird, entsteht jedes Jahr ein Ergebnis von –15.000 € für die Stadt Wasserhausen. Wenn es geschlossen wird, wird die Stadt für die nächsten zehn Jahre mit Kosten, die nicht abgebaut werden können, in Höhe von jährlich 50.000 € belastet.

Wägen Sie die drei Möglichkeiten (Riesenrutsche, Schließung, „Weiter wie bisher“) unter Berücksichtigung von Erlösen und Kosten, sofern sie den einzelnen Maßnahmen zuzuordnen sind, gegeneinander ab. Welche Maßnahme ist für die Stadt sinnvoll? Begründen Sie kurz Ihre Antwort.

**Lösung zu Aufgabe 1:**

Zur Lösung werden für beide Kehrfahrzeuge die Abschreibungen, die kalkulatorischen Zinsen, die sonstigen Fixkosten und die variablen Kosten für die gegebene Leistungsmenge benötigt.

Die Abschreibungen errechnen sich wie oben dargestellt unter Berücksichtigung des LE als:

$$\text{Jährlicher Abschreibungsbetrag} = \frac{\text{Anschaffungswert} - \text{Liquidationserlös}}{\text{Nutzungsdauer}}$$

Für Kehrfahrzeug 1:

$$\text{Jährlicher Abschreibungsbetrag} = \frac{30.000\text{ €} - 3.600\text{ €}}{6} = 4.400\text{ €}$$

Für Kehrfahrzeug 2:

$$\text{Jährlicher Abschreibungsbetrag} = \frac{36.000\text{ €} - 4.200\text{ €}}{6} = 5.300\text{ €}$$

Die kalkulatorischen Zinsen werden ermittelt als:

$$\text{Jährliche kalkulatorische Zinsen} = \frac{\text{Anschaffungswert} + \text{Liquidationserlös}}{2} \times i$$

Für Kehrfahrzeug 1:

$$\text{Jährliche kalkulatorische Zinsen} = \frac{30.000 \text{ €} + 3.600 \text{ €}}{2} \times 5\,\% = 840{,}00 \text{ €}$$

Für Kehrfahrzeug 2:

$$\text{Jährliche kalkulatorische Zinsen} = \frac{36.000 \text{ €} + 4.200 \text{ €}}{2} \times 5\,\% = 1.005{,}00 \text{ €}$$

An sonstigen Fixkosten fallen nur die Wartungskosten an.

Die variablen Kosten lassen sich anrechnen als:

Für Kehrfahrzeug 1:

$$\text{Jährliche variable Kosten} = 0{,}13 \text{ €} \times 100.000 \text{ m}^2 = 13.000{,}00 \text{ €}$$

Für Kehrfahrzeug 2:

$$\text{Jährliche variable Kosten} = 0{,}12 \text{ €} \times 100.000 \text{ m}^2 = 12.000{,}00 \text{ €}$$

Die ermittelten Werte werden wie üblich in der bekannten Übersicht zusammengestellt:

*Tabelle 4.16: Ergebnis des Kostenvergleichs aus Aufgabe 1*

| **Kosten in €** | **Kehrfahrzeug 1** | **Kehrfahrzeug 2** |
|---|---:|---:|
| Abschreibung | 4.400,00 € | 5.300,00 € |
| kalk. Zinsen | 840,00 € | 1.005,00 € |
| sonstige Fixkosten | 2.400,00 € | 2.800,00 € |
| var. Kosten | 13.000,00 € | 12.000,00 € |
| **Summe** | **20.640,00 €** | **21.105,00 €** |

Aus Kostengründen ist Kehrfahrzeug 1 vorzuziehen; es weist gegenüber Kehrfahrzeug 2 die niedrigeren jährlichen Durchschnittskosten auf.

**Lösung zu Aufgabe 2:**
Zunächst müssen die Kostenfunktionen aufgestellt werden. Dazu werden jeweils die Abschreibung, die kalkulatorischen Zinsen und die sonstigen Fixkosten zu Fixkosten zusammengefasst.

*Tabelle 4.17: Fixkosten aus Aufgabe 2*

| Kostenart | Kehrfahrzeug 1 | Kehrfahrzeug 2 |
|---|---|---|
| Abschreibung | 4.400,00 € | 5.300,00 € |
| Kalk. Zinsen | 840,00 € | 1005,00 € |
| Sonstige Fixkosten | 2.400,00 € | 2.800,00 € |
| **Fixkosten** | **7.640,00 €** | **9.105,00 €** |

Die variablen Stückkosten, d. h. Kosten je zu reinigendem m² können direkt als 0,13 € bzw. 0,12 € aus der Aufgabenstellung übernommen werden.

In die allgemeine Kostenfunktion der Form

$$K_{ges} = K_f + k_v \times x$$

können die ermittelten Werte eingesetzt werden. Es ergibt sich:

für Kehrfahrzeug 1 die Funktion

$$K_{ges1} = 7.640 \text{ €} + 0{,}13 \text{ €} \times x$$

und für Kehrfahrzeug 2 die Funktion

$$K_{ges2} = 9.105 \text{ €} + 0{,}12 \text{ €} \times x$$

Die beiden Funktionen werden gleichgesetzt und aufgelöst:

$$\begin{gathered} K_{ges1} = K_{ges2} \\ 7.640 \text{ €} + 0{,}13 \text{ €} \times x = 9.105 \text{ €} + 0{,}12 \text{ €} \times x \\ 0{,}13 \text{ €} \times x - 0{,}12 \text{ €} \times x = 9.105 \text{ €} - 7.640 \text{ €} \\ 0{,}01 \text{ €} \times x = 1.465 \\ x = 146.500 \end{gathered}$$

Wenn die zu reinigende Fläche exakt 146.500 m² beträgt, verursachen die beiden Kehrfahrzeuge gleiche Kosten. Wenn die zu reinigende Fläche größer ist, ist Kehrfahrzeug 2 das kostengünstigere, denn es verursacht die geringeren variablen Kosten. Bei einer zu reinigenden Fläche, die geringer als 146.500 m² ist, ist Kehrfahrzeug 1 vorzuziehen, denn es weist die geringeren Fixkosten auf.

**Wenn es um die kritische Menge geht, sind bei geringen geforderten Leistungsmengen pro Jahr die Alternativen mit den geringeren Fixkosten im Vorteil. Bei steigenden Leistungsmengen gewinnen die Alternativen mit geringen variablen Stückkosten einen Vorteil.**

**Lösung zu Aufgabe 3:**

Die Kostenvergleichsrechnung kann dann angewendet werden, wenn die Alternativen von gleichem Nutzen sind, d. h. es darf z. B. keine Bedienungsunterschiede bei den Fahrzeugen geben oder es darf nicht sein, dass eines der Fahrzeuge mit Werbung bestückt ist und das andere nicht.

Auch darf die Höhe des eingesetzten Kapitals sich nicht großartig unterscheiden, dies ist im vorliegenden Fall schon fraglich.

a) Das Ergebnis des rechnerischen Vergleichs ist folgender Tabelle zu entnehmen:

*Tabelle 4.18: Kostenvergleich zweier Müllfahrzeuge*

| **Kosten in €** | **Fahrzeug A** | **Fahrzeug B** |
|---|---|---|
| Abschreibung | 6.000 | 4.500 |
| kalk. Zinsen | 1.800 | 1.410 |
| sonst. Fixkosten | 400 | 2.800 |
| variable Kosten | 5.000 | 2.500 |
| $\mathbf{K_{ges}}$ | **13.200** | **11.210** |

Aus Kostengründen ist Fahrzeug B vorzuziehen.

b) Zunächst sind die beiden Kostengleichungen aufzustellen:

$K_{ges} = K_{fix} + k_v\ x$

Für A: $K_{ges} = 8.200 + 2x$

Für B: $K_{ges} = 8.710 + 1x$

Dann werden zur Ermittlung der kritischen Menge x die beiden Gleichungen gleichgesetzt:

$$8.200 + 2x = 8.710 + x$$

Nach Auflösung ergibt sich eine kritische Menge von 510 Stunden, was sich deutlich von den erwarteten 2.500 jährlichen Stunden unterscheidet.

Von Null bis 510 Stunden wäre Müllfahrzeug A das günstigere; bei 510 Stunden sind A und B kostenidentisch, danach ist Fahrzeug B das günstigere. Fahrzeug A hat bei der kleinen Leistungsmenge Vorteile, da es die geringeren Fixkosten aufweist.

**Lösung zu Aufgabe 4:**

Anzustellen ist im Prinzip ein Gewinnvergleich, wobei sich die Gewinne bzw. Ergebnisse für die Alternativen Schließung bzw. „Weiter wie bisher“ aus dem Text ableiten lassen.

Wenn das Hallenbad geschlossen wird, entfallen auf jeden Fall die Erlöse. Als Ergebnis bleibt für die nächsten zehn Jahre eine Belastung der Gemeinde in Höhe von 50.000 € pro Jahr; das können bspw. die Abschreibungen für das Gebäude, kalkulatorische Zinsen für gebundenes Kapital und eine notdürftige Heizung sein.

Wenn das Hallenbad weiter wie bisher betrieben wird, kommen 50.000 Besucher, die jeweils 5 € Eintritt zahlen. Somit entstehen Erlöse in Höhe von 250.000 €. Da der jährliche Verlust in Höhe von –15.000 € bekannt ist, lassen sich aus der Differenz zwischen Erlösen und Verlust Gesamtkosten in Höhe von 265.000 €[23] ermitteln.

Wenn die Riesenrutsche gebaut wird, kommen zusätzliche Besucher und der Eintrittspreis wird erhöht. Es errechnet sich ein Erlös in Höhe von

$$\text{Erlös} = \text{Besucher} \times \text{Eintrittspreis}$$
$$\text{Erlös} = 66.000 \times 5{,}50\text{ €} = 363.000\text{ €}$$

Mit der Riesenrutsche entstehen zusätzlich zu den bekannten Kosten des Schwimmbads in Höhe von 265.000 € noch Abschreibungen, kalkulatorische Zinsen und sonstige Fixkosten für die Riesenrutsche.

$$\text{Jährlicher Abschreibungsbetrag} = \frac{720.000\text{ €}}{10} = 72.000\text{ €}$$

$$\text{Kalkulatorische Zinsen} = \frac{720.000\text{ €}}{2} \times 5\ \% = 18.000\text{ €}$$

Die sonstigen Fixkosten können als 5.000 € dem Text entnommen werden.

Alle bislang gesammelten Werte werden in einer Tabelle übersichtlich zusammengestellt:

*Tabelle 4.19: Daten der Aufgabe 4*

| | **Schließung** | **„Weiter wie bisher"** | **Mit Riesenrutsche** | **Differenz zwischen „Weiter wie bisher" und Riesenrutsche** |
|---|---|---|---|---|
| Erlöse | | 250.000 € | 363.000 € | 113.000 € |
| Kosten des Schwimmbads | | 265.000 € | 265.000 € | |
| Abschreibung RR | | | 72.000 € | 72.000 € |
| Kalk. Zinsen RR | | | 18.000 € | 18.000 € |
| Sonstige Kosten RR | | | 5.000 € | 5.000 € |
| **Ergebnis** | **–50.000 €** | **–15.000 €** | **3.000 €** | **18.000 €** |

Wie in der letzten Zeile zu erkennen ist, schneidet die Alternative „Schließung" am schlechtesten ab. Sie verursacht für die nächsten zehn Jahre eine Belastung in Höhe von 50.000 € jährlich für die Gemeinde. Die Option „Weiter wie bisher" ist auch nicht empfehlenswert, denn verglichen mit der Situation nach Bau der Riesenrutsche (RR) stehen statt der Belastung in Höhe von 15.000 € jährlich mit RR ein jährliches Er-

23 Aus Vereinfachungsgründen wird nicht in fixe und variable Kosten unterschieden; es sei unterstellt, dass es nur geringe variable Kosten gibt, so dass sie nicht entscheidungsrelevant sind.

gebnis in Höhe von 3.000 € zur Verfügung. Die Spalte „Differenz zwischen ‚Weiter wie bisher' und Riesenrutsche" arbeitet die Unterschiede zwischen den Alternativen heraus und wird später noch benötigt.

## 4.4 Rentabilitätsverfahren

### 4.4.1 Beschreibung des Verfahrens

Der Mangel des Gewinnvergleichsverfahrens, dass keine Aussage über die Verzinsung des eingesetzten Kapitals gemacht wird, führt zum **Rentabilitätsverfahren**, manchmal auch als **„Return on investment ROI"** (Rückfluss des investierten Kapitals) bezeichnet. Dabei wird der durchschnittliche Gewinn dem durchschnittlich eingesetzten Kapital gegenübergestellt.

$$\text{Rentabilität in \%} = \frac{\text{durchschnittlicher Gewinn vor Zinsen}}{\text{durchschnittlich gebundenes Kapital}} \times 100$$

Beträgt beispielsweise der durchschnittliche Gewinn vor Zinsen 100 € und das durchschnittliche eingesetzte Kapital 1.000 €, so errechnet sich eine Rentabilität von 10 %. Dieser Wert gibt an, wie hoch sich das eingesetzte Kapital verzinst.

Die ermittelten Rentabilitäten mehrerer Investitionsalternativen werden miteinander verglichen. Eine einzelne Ziffer besagt nichts, die durchschnittliche Verzinsung wird erst im Vergleich aussagekräftig.

Mindestverzinsung <?> Rentabilität $_{\text{Alternative 1}}$ <?> ...... <?> Rentabilität $_{\text{Alternative n}}$

Aus der Menge der Investitionsalternativen ist diejenige die vorteilhafteste, die im Vergleich mit den anderen die höchste Rentabilität aufweist. Hinzu kommt eine Messung gegen einen vom Investor zu formulierenden Sollzins. Dies ist der Zins, den in seinen Augen eine Investition mindestens erbringen soll, um für ihn attraktiv zu sein. Liegt die ermittelte Rentabilität der Investitionsalternative über dem Sollzins, ist sie wirtschaftlich sinnvoll. Liegt die Rentabilität darunter, ist sie nicht sinnvoll.

***Beispiel:***
*Die Stadt W überlegt den Bau einer Tribüne mit überdachten Sitzplätzen für das Stadion. Es liegt nur ein Angebot vor. Dabei ist mit Bauausgaben in Höhe von 900.000 € zu rechnen. Die Nutzungsdauer wird auf sechs Jahre geschätzt. Durch den Bau werden über erhöhte Preise Mehrerlöse in Höhe von 300.000 € pro Jahr erwartet. Jährlich fallen noch 100.000 € für Folgekosten an. Die Stadt rechnet mit einem kalkulatorischen Zins von 6 %. Wie hoch ist die Rentabilität der Tribüne?*

*Tabelle 4.20: Ermittlung Gewinn vor Zinsen*

| | |
|---|---:|
| Mehrerlöse | 300.000 € |
| ./. Abschreibung | 150.000 € |
| ./. Folgekosten | 100.000 € |
| **Gewinn vor Zinsen** | **50.000 €** |

Im Vergleich zur Gewinnvergleichsrechnung fällt auf, dass die in die weitere Rechnung eingehende Größe „Gewinn vor Zinsen“ berechnet wird, ohne von den generierten Mehrerlösen kalkulatorische Zinsen abzuziehen. Dies geschieht, da die Verzinsung nicht vorgegeben ist, sondern erst ermittelt werden soll.

Als durchschnittlich gebundenes Kapital geht, wie gewohnt, der halbe Anschaffungswert in den Nenner der Berechnung ein.

Die Rentabilität errechnet sich dann als:

$$\text{Rentabilität} = \frac{50.000\ €}{450.000\ €} \times 100 = 11\ \%$$

Diese Rentabilität liegt über der zu fordernden Mindestrentabilität, die durch den Kalkulationszins von 6 % vorgegeben ist, also ist die Maßnahme sinnvoll.

> **Bei der Ermittlung der Rentabilität bleiben kalkulatorische Zinsen außen vor, denn die Verzinsung soll erst ermittelt werden.**

Im Bereich der öffentlichen Verwaltung ist der Gewinn üblicherweise keine Entscheidungsgröße. Vor allem bei Ersatzinvestitionen geht es oftmals darum, durch erhöhten Kapitaleinsatz Kosten zu sparen. Knapp gesagt geht es um eine Kostenersparnisrentabilität.

Als Beispiel sollen die bei vielen öffentlichen Verkehrsbetrieben üblichen Fahrkartenautomaten herangezogen werden. Durch den Verkauf über die Automaten wurden Arbeitskosten und Raumkosten der in der Vergangenheit üblichen Verkaufsstellen eingespart. Dazu sind die Errichtung und der Betrieb der Fahrkartenautomaten notwendig.

***Beispiel:***

*Es sei angenommen, dass ein Automat inklusive Errichtung 30.000 € koste, seine Lebensdauer werde auf vier Jahre geschätzt. Jedes Jahr fallen Instandhaltungs-, Energiekosten sowie Leerungskosten in Höhe von 12.500 € an. Durch den Automaten wird ein Arbeitsplatz, der pro Jahr Kosten in Höhe von 30.000 € verursacht, eingespart.*

Die Kostenersparnisrentabilität errechnet sich als:

$$\text{Rentabilität in \%} = \frac{\text{durchschnittliche Kostenersparnis vor Zinsen}}{\text{durchschnittlich gebundenes Kapital}} \times 100$$

Der Zähler des Bruches lässt sich ermitteln wie folgt:

*Tabelle 4.21: Ermittlung Kostenersparnis vor Zinsen*

| | |
|---|---:|
| Ersparte Kosten | 30.000 € |
| ./. Abschreibung | 7.500 € |
| ./. Instandhaltungs- und Energiekosten | 12.500 € |
| **Kostenersparnis vor Zinsen** | **10.000 €** |

Um jährlich 10.000 € zu sparen, muss Kapital eingesetzt werden. Die durchschnittliche Kapitalbindung beträgt die Hälfte des Anschaffungswerts, also 15.000 €. Somit ergibt sich eine Kostenersparnisrentabilität von:

$$\text{Rentabilität in \%} = \frac{10.000\ €}{15.000\ €} \times 100 = 67\ \%$$

Diese Rentabilität ist so hoch, dass es unnötig erscheint, eine gewünschte Mindestverzinsung vorzugeben, mithin ist der Ersatz von menschlicher Arbeitskraft durch Automaten aus rein wirtschaftlichen Gründen sinnvoll.

Auch bei der Rentabilitätsrechnung kann ein (sicher) erwarteter **Liquidationserlös** berücksichtigt werden.

Ausgegangen wird von der allgemein gültigen Berechnungsweise der Rentabilität:

$$\text{Rentabilität in \%} = \frac{\text{durchschnittlicher Gewinn vor Zinsen}}{\text{durchschnittlich gebundenes Kapital}} \times 100$$

Ein erwarteter Liquidationserlös erhöht, wie bereits bei der Kostenvergleichsrechnung gezeigt wurde, das durchschnittlich gebundene Kapital.

Folgendes einfaches Zahlenbeispiel soll die Rechenweise verdeutlichen:

***Beispiel:***
*Eine Maschine verursacht bei der Anschaffung 2.500 € Ausgaben. Ihre Nutzungsdauer wird auf fünf Jahre geschätzt. Danach wird sicher mit einem Restverkaufswert von 500 € gerechnet. Zusätzlich entstehen pro Jahr sonstige Fixkosten in Höhe von 200 €. Das was auf ihr produziert wird, bringt dem Betrieb jährliche Erlöse in Höhe von 2.000 €, wofür variable Kosten in Höhe von 700 € anfallen. Ermitteln Sie die Rentabilität.*

Für die Rentabilität wird, wie aus der Formel oben zu sehen ist, der durchschnittliche Gewinn vor Zinsen benötigt.

| Erlöse | 2.000 € |
|---|---:|
| – Abschreibung | 400 € |
| – Sonstige Fixkosten | 200 € |
| – Variable Kosten | 700 € |
| **= Gewinn vor Zinsen** | **700 €** |

Ferner wird das durchschnittlich gebundene Kapital benötigt, welches sich bekanntermaßen wie folgt berechnet:

$$\text{durchschnittlich gebundenes Kapital} = \frac{\text{Anschaffungswert} + \text{Liquidationserlös}}{2}$$

Für das vorliegende Beispiel:

$$\text{durchschnittlich gebundenes Kapital} = \frac{2.500\text{ €} + 500\text{ €}}{2} = 1.500\text{ €}$$

Beide Werte werden nunmehr in die Formel zur Berechnung der Rentabilität eingesetzt und ergeben:

$$\text{Rentabilität in \%} = \frac{700\text{ €}}{1.500\text{ €}} \times 100 = 46{,}67\text{ \%}$$

Dies ist eine sehr hohe Verzinsung des eingesetzten Kapitals, die sehr wahrscheinlich nicht durch eine andere Investition zu toppen ist.

### 4.4.2 Beurteilung des Rentabilitätsverfahrens

Wie bei der Kostenvergleichsrechnung und der Gewinnvergleichsrechnung liegt eine Schwäche des Verfahrens in der Betrachtung von Durchschnittswerten. Die zeitliche Verteilung von Erlös- und Ausgabeströmen spielt keine Rolle. Ein Vorteil gegenüber der Kostenvergleichsrechnung oder Gewinnvergleichsrechnung besteht darin, dass zur Verzinsung des eingesetzten Kapitals eine Aussage gemacht wird. Außerdem ist es mit diesem Verfahren möglich, eine einzelne Investitionsmaßnahme durch Vergleich mit der Sollverzinsung zu beurteilen.

Ein Nachteil bei der Rentabilitätsrechnung besteht darin, dass bei unterschiedlichem Kapitaleinsatz die Rentabilitäten nicht unmittelbar miteinander verglichen werden können. Es sei von folgender Entscheidungssituation ausgegangen:

*Tabelle 4.22: Gewinnvergleich für zwei Maschinen*

| | **Alternative 1** | **Alternative 2** |
|---|---|---|
| Durchschnittliche Kapitalbindung | 20.000 € | 12.000 € |
| Rentabilität | 10 % | 12 % |
| Gewinn vor Zinsen | 2.000 € | 1.440 € |

Alternative 2 liefert die höhere Rentabilität bei geringerem Kapitaleinsatz. Dies spricht zunächst einmal für die Alternative 2. Allerdings muss überlegt werden, was mit der Differenz zum Kapitaleinsatz von Alternative 1 geschehen soll. Wenn es für die Differenz in Höhe von 8.000 € keine Anlagemöglichkeit gibt, wirft die Alternative 2 nur einen Gewinn vor Zinsen in Höhe von 1.440 € ab, hingegen liefert der höhere Kapitaleinsatz bei Alternative 1 einen Gewinn vor Zinsen in Höhe von 2.000 €, was absolut gesehen unzweifelhaft mehr als 1.440 € ist. Gelingt es bei Alternative 2 die Differenz auch zu 12 % anzulegen, ist selbstverständlich Alternative 2 gegenüber Alternative 1 vorzuziehen.

Wenn nicht gesagt wird, was mit der Differenz geschehen soll, geht die einfache Form der Rentabilitätsrechnung davon aus, dass die Differenz ebenfalls zur ermittelten Verzinsung angelegt werden kann.

**Vorteile der Rentabilitätsrechnung:**
- Durch Messung (Vergleich) mit der geforderten Mindestverzinsung (Rentabilität) kann auch die Vorteilhaftigkeit einer einzelnen Investition beurteilt werden;
- sie beachtet auch die Erlösseite.

**Kritikpunkte der Rentabilitätsrechnung:**
- Es werden konstante Gewinn- und Kostenersparnisse im Zeitablauf unterstellt,
- es wird nur mit Durchschnittsgrößen gerechnet,
- es handelt sich um eine Ein-Perioden-Betrachtung und
- bei unterschiedlichem Kapitaleinsatz muss eine Aussage gemacht werden zur sog. „Differenzinvestition".

### 4.4.3 Übungsaufgaben

**Aufgabe 1**

Gegenüber der Hochschule befindet sich ein Kopierzentrum, das von den Studierenden gerne in Anspruch genommen wird. Der Betreiber überlegt, ob er neben den Kopien auch die Beflockung von T-Shirts anbieten soll. Dazu ist eine neue Maschine im Wert von 8.000 € notwendig. Sie hat laut Herstellerangaben eine Lebensdauer von fünf Jahren. Der Kopiershopbetreiber erwartet, dass er im Durchschnitt pro Woche sechs T-Shirts beflocken wird. Der Laden ist im Jahr an 50 Wochen geöffnet. Ein T-Shirt kostet ihn in der Beschaffung 2,50 €. An Energiekosten und Beflockungsmaterial rechnet er mit 1 € pro T-Shirt. Weitere Kosten können vernachlässigt werden. Der Verkaufspreis soll 10 € pro T-Shirt betragen. T-Shirts werden nur auf Auftrag gefertigt. Für die 8.000 € hat er eine alternative Anlagemöglichkeit für 4 %.

Soll er die Beflockungsmaschine beschaffen und die Beflockung in sein Sortiment aufnehmen?

**Aufgabe 2**

Ermitteln Sie die Rentabilität der Maßnahme Riesenrutsche aus Aufgabe 4 von Kap. 4.3.

**Aufgabe 3**

Im Rahmen der Diskussion über Energieeinsparungen wird der Vorschlag unterbreitet, in einigen Straßenbereichen die Straßenbeleuchtung durch Energiesparlampen zu ersetzen. Der Austausch der Lampen kostet alles in allem 40.000 €. Bei den Lampen wird mit einer Lebensdauer von fünf Jahren gerechnet. Die alten Lampen müssten im Rahmen der regelmäßigen Instandhaltung sowieso getauscht werden. Der Energieverbrauch der alten Lampen verursacht pro Jahr Kosten in Höhe von 80.000 €, die neuen Lampen werden nur noch 65.000 € pro Jahr verbrauchen. Die Stadt rechnet üblicherweise mit einem Zinssatz von 7 %.

Rentiert sich die Umstellung auf Energiesparlampen?

**Aufgabe 4**

Ein Investitionsobjekt verursacht Anschaffungsausgaben in Höhe von 100.000 €, es soll acht Jahre lang genutzt werden. Als Restverkaufserlös werden 5.000 € erwartet. Das Objekt hat eine Produktionskapazität von 15.000 Stück pro Jahr. Auf dem Markt lassen sich 8,50 € pro Stück erzielen. Bei dieser Produktionskapazität fallen 90.000 € an variablen Kosten an. Hinzu kommen jährliche sonstige Fixkosten für Versicherung u. ä. von 19.000 €. Der übliche Kalkulationszinssatz beträgt 10 %.

Ermitteln Sie die Rentabilität.

**Lösung zu Aufgabe 1:**

Zunächst ist die Menge der pro Jahr verkauften T-Shirts zu ermitteln. Wenn jede Woche sechs T-Shirts verkauft werden, so macht dies im Jahr 300 T-Shirts. Bei einem Verkaufspreis von 10,00 € pro Shirt ergibt sich ein Umsatz von 3.000 € pro Jahr. Dafür müssen 300 T-Shirts beschafft werden (von einer Lagerhaltung sei abgesehen). Diese 300 T-Shirts bedeuten Kosten in Höhe von 750 €. Bei der Beflockung werden Energie und Beflockungsmaterial insgesamt im Wert von 300 € verbraucht. Die Abschreibung der Beflockungsmaschine beträgt 1.600 €. Werden alle Informationen tabellarisch zusammengestellt, ergibt sich:

*Tabelle 4.23: Gewinn vor Zinsen für die Beflockungsmaschine*

| | |
|---|---|
| Umsatz | 3.000,00 € |
| ./. Abschreibung | 1.600,00 € |
| ./. Kosten T-Shirts | 750,00 € |
| ./. Energie u. a. | 300,00 € |
| **Gewinn vor Zinsen** | **350,00 €** |

Um diesen Gewinn zu erzielen muss investiert, d. h. Kapital eingesetzt und damit gebunden werden. Die durchschnittliche Kapitalbindung beträgt:

$$\text{durchschnittlich gebundenes Kapital} = \frac{\text{Anschaffungswert}}{2} = \frac{8.000\ €}{2} = 4.000\ €$$

Nunmehr werden Gewinn vor Zinsen und durchschnittlich gebundenes Kapital gegenüber gestellt:

$$\text{Rentabilität} = \frac{350\ €}{4.000\ €} \times 100 = 8{,}75\ \%$$

Verglichen mit der alternativen Anlagemöglichkeit von 4 % bietet die Beflockungsmaschine eine höhere Kapitalverzinsung. In die Überlegungen muss allerdings auch einfließen, welches Risiko mit der jeweiligen Investitionsalternative verbunden ist. Ist die Alternativanlage risikolos, bspw. bei einer Bank, ist zu überlegen, ob die Mehrverzinsung das erhöhte Risiko bei der Beflockungsmaschine abdeckt. Werden bspw. weniger als sechs T-Shirts je Woche verkauft, wird es schon knapp mit der Rentabilität.

**Lösung zu Aufgabe 2:**
Es wird ausdrücklich nach der „Rentabilität der Riesenrutsche“, nicht nach der Rentabilität des gesamten Schwimmbades gefragt. Aus diesem Grund wird auf die letzte Spalte von Tabelle 4.19 (Kap. 4.3) zurückgegriffen, die hier nochmals wiedergegeben wird:

*Tabelle 4.24: Daten der Aufgabe 4 aus Kap. 4.3*

| | **Differenz zwischen „Weiter wie bisher“ und Riesenrutsche** |
|---|---|
| Erlöse | 113.000 € |
| Kosten des Schwimmbads | |
| Abschreibung RR | 72.000 € |
| Kalk. Zinsen RR | 18.000 € |
| Sonstige Kosten RR | 5.000 € |
| **Ergebnis** | **18.000 €** |

In dieser Spalte sind alle Folgen der Maßnahme „Riesenrutsche" zusammengestellt. Gegenüber dem Schwimmbad ohne Riesenrutsche werden Mehrerlöse in Höhe von 113.000 € generiert, dafür fällt die Abschreibung für die Riesenrutsche, die kalkulatorischen Zinsen und die sonstigen Kosten der Riesenrutsche an.

Für die Rentabilitätsrechnung ist zunächst der Gewinn vor Zinsen zu berechnen:

*Tabelle 4.25: Aufbereitete Daten der Aufgabe 4 aus Kap. 4.3*

| | **Differenz zwischen „Weiter wie bisher" und Riesenrutsche** |
|---|---:|
| Erlöse | 113.000 € |
| Abschreibung RR | 72.000 € |
| Sonstige Kosten RR | 5.000 € |
| **Gewinn vor Zinsen** | **36.000 €** |

Um jährlich einen Gewinn vor Zinsen in Höhe von 36.000 € zu erhalten, muss die Riesenrutsche mit einem Kapitaleinsatz von 720.000 € gebaut werden. Das bedeutet eine durchschnittliche Kapitalbindung von 360.000 €. Für die Rentabilität ergibt sich folgende Rechnung:

$$\text{Rentabilität in \%} = \frac{36.000\ €}{360.000\ €} \times 100 = 10\ \%$$

Da (wie in der ursprünglichen Aufgabenstellung gesagt) die Stadt üblicherweise mit einem Kalkulationszins von 5 % rechnet, ist 10 % eine weit über diesem zu fordernden Mindestzins liegende Verzinsung, weshalb der Bau der Riesenrutsche als sinnvoll einzustufen ist.

**Lösung zu Aufgabe 3:**

Die Energieersparnis ergibt sich aus den alten Energiekosten abzüglich der neuen Energiekosten in Höhe von 15.000 € pro Jahr. Als Kostenersparnis errechnet sich:

| | |
|---|---:|
| Energieersparnis | 15.000,00 € |
| Abschreibung | 8.000,00 € |
| **Ersparnis vor Zinsen** | **7.000,00 €** |

Um eine Kostenersparnis in Höhe von 7.000 € zu erreichen, müssen die alten Lampen gegen neue getauscht werden, d. h. 40.000 € sind aufzuwenden, die mittlere Kapitalbindung beträgt 20.000 €, also ergibt sich eine Kostenersparnisrentabilität in Höhe von:

$$\text{Kostenersparnisrentabilität in \%} = \frac{7.000\ €}{20.000\ €} \times 100 = 35\ \%$$

35 % sind ein Mehrfaches dessen, was die Stadt üblicherweise als angemessen ansieht, somit ist der Ersatz der Lampen aus wirtschaftlicher Sicht sinnvoll.

**Lösung zu Aufgabe 4:**
Zunächst ist der Gewinn vor Zinsen zu ermitteln, dazu werden die jährlichen Erlöse, der jährliche Abschreibungsbetrag, die jährlichen Fixkosten und die jährlichen variablen Kosten benötigt. Von diesen Werten werden die jährlichen Fixkosten und die jährlichen variablen Kosten im Text bereits genannt. Außerdem wird davon ausgegangen, dass alles, was produziert, auch verkauft wird (keine Lagerhaltung!).

Die jährlichen Erlöse ergeben sich aus der Multiplikation von produzierter (= verkaufter) Menge × Erlös pro Stück = 15.000 Stück × 8,50 €/Stück = 127.500 €.

Die jährliche Abschreibung wird ermittelt als:

$$\text{Jährlicher Abschreibungsbetrag} = \frac{100.000\text{ €} - 5.000\text{ €}}{8\text{ Jahre}} = 11.875\text{ €}$$

Jetzt kann der Gewinn vor Zinsen berechnet werden:

| | |
|---|---|
| Erlöse | 127.500 € |
| – Abschreibung | 11.875 € |
| – Sonstige Fixkosten | 19.000 € |
| – Variable Kosten | 90.000 € |
| **= Gewinn vor Zinsen** | **6.625 €** |

Das gebundene Kapital ergibt sich aus:

$$\text{durchschnittlich gebundenes Kapital} = \frac{100.000\text{ €} + 5.000\text{ €}}{2} = 52.500\text{ €}$$

Die ermittelten Werte werden in die Formel für die Rentabilität eingesetzt und diese dann ausgerechnet.

$$\text{Rentabilität} = \frac{6.625\text{ €}}{52.500\text{ €}} \times 100 = 12{,}62\text{ \%}$$

Die Rentabilität der Investition ist mit 12,62 % höher als der übliche Kalkulationszinssatz von 10 %, von daher ist die Investitionsmaßnahme sinnvoll.

## 4.5 Amortisationsrechnung

### 4.5.1 Darstellung des Verfahrens

Als letztes der statischen Verfahren ist die **Amortisationsrechnung** (Pay-off-Periode, Pay-back-Periode, Wiedergewinnungszeit, Kapitalrückgewinnungszeit) zu nennen. Hierbei lautet die Fragestellung: Wann decken die Rückflüsse aus einer Investition die laufenden Betriebskosten und die Anschaffungsausgabe der Investition? Die Grundüberlegung für einen Investor ist hierbei, dass es für ihn günstig ist, wenn seine Anschaffungsauszahlungen schnell zurückverdient werden. Damit minimiert er auch die Unsicherheit, die mit weit in die Zukunft reichenden Investitionen verknüpft ist. Je näher etwas zum Entscheidungszeitpunkt liegt, desto präziser ist es vorherzusagen.

Die Amortisationszeit errechnet sich als:

$$\text{Amortisationszeit} = \frac{\text{Anschaffungswert}}{\text{durchschn. Gewinn vor Abschreibung}}$$

Zur Verdeutlichung diene ein Zahlenbeispiel.

***Beispiel:***
*Eine Maschine zur Herstellung von Strohhalmen verursache bis zur Inbetriebnahme Ausgaben in Höhe von 100.000 €. Darin sind auch das notwendige Fundament, die elektrischen Anschlüsse usw. enthalten. Ihre Lebensdauer wird auf zehn Jahre geschätzt. Die Produktionskapazität betrage 100.000 Packungen Strohhalme pro Jahr. Jedes Paket kann zu einem Preis von 0,50 € abgesetzt werden. Zur Herstellung eines Pakets müssen 0,31 € aufgewendet werden. Darin sind Energie, Rohstoffe und Personalkosten enthalten. Es ist noch nicht klar, wie die Maschine finanziert werden soll, deshalb wird mit einem Mischzins von 5 % gerechnet.*

Zunächst sind die durchschnittlichen Erlösüberschüsse ohne Abschreibung zu ermitteln. Sie ergeben sich als:

*Tabelle 4.26: Ermittlung des durchschnittlichen Gewinns vor Abschreibung*

| | |
|---|---:|
| Umsatz | 50.000,00 € |
| ./. kalk. Zinsen | 2.500,00 € |
| ./. Herstellkosten | 31.000,00 € |
| **Gewinn vor Abschreibung** | **16.500,00 €** |

Jedes Jahr stehen im Durchschnitt 16.500 € zur Verfügung, dabei sind die laufenden Produktionskosten bereits gedeckt. Diese 16.500 € können gedanklich zur Deckung der ursprünglichen Anschaffungsausgaben angerechnet werden. Die Frage ist nun, wann die kumulierten 16.500 € die anfangs ausgegebenen 100.000 € decken.

$$\text{Amortisationszeit} = \frac{\text{Anschaffungswert}}{\text{durchschn. Gewinn vor Abschreibung}}$$

$$\text{Amortisationszeit} = \frac{100.000\ €}{16.500\ €} = 6{,}1 \text{ Jahre}$$

Nach 6,1 Jahren werden voraussichtlich die Anschaffungsausgaben zurückverdient sein.

Zeichnerisch kann es wie in folgender Abbildung dargestellt werden.

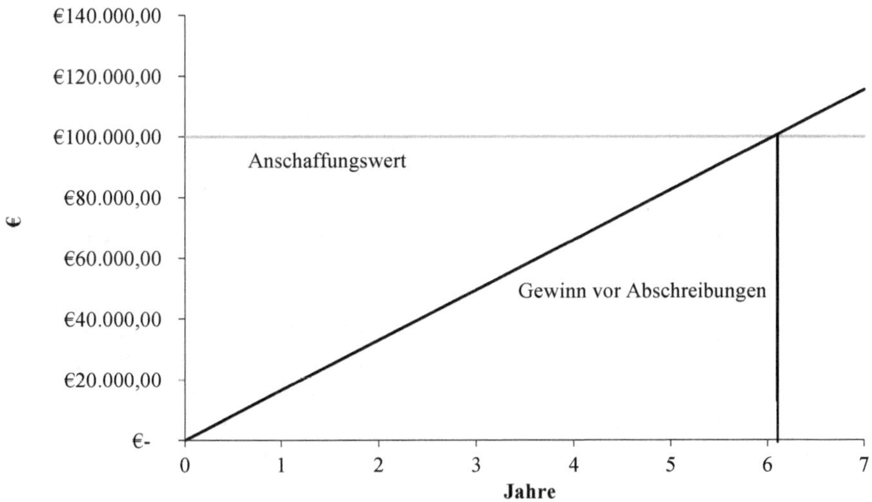


*Abbildung 4.7: Amortisationszeit*

Die Anschaffungsausgaben werden als Parallele zur X-Achse eingezeichnet, die kumulierten Erlösüberschüsse (Gewinne vor Abschreibungen) beginnen im Ursprung und steigen konstant jedes Jahr weiter. Die Steigung wird durch die jährlich hinzukommenden Einnahmeüberschüsse (Gewinne vor Abschreibungen) bestimmt. Nach gut sechs Jahren schneidet die Gerade der Erlösüberschüsse (kumulierten Gewinne vor Abschreibungen) die Gerade bei 100.000 €; dies ist der Amortisationszeitpunkt.

Sollte, in Abweichung von obiger Ermittlung, von einer Art Gewinn- und Verlustrechnung für die Strohhalmmaschine ausgegangen werden, so müssen die vorher abgezogenen Abschreibungen addiert werden, um auf die um die Abschreibung bereinigten Erlösüberschüsse zu kommen. Zur Demonstration hier das Zahlenbeispiel, ausgehend von einer GuV.

*Tabelle 4.27: Gewinn- und Verlustrechnung*

| | |
|---|---:|
| Umsatz | 50.000,00 € |
| ./. Abschreibung | 10.000,00 € |
| ./. kalk. Zinsen | 2.500,00 € |
| ./. Herstellkosten | 31.000,00 € |
| **Gewinn** | **6.500,00 €** |

Die Größe „Gewinn" kann nicht verwendet werden, da eine Größe ohne Abschreibung notwendig ist. Da vorher die Abschreibung abgezogen wurde, muss sie zur Ermittlung einer Überschussgröße ohne Abschreibung wieder zurückgedreht werden, also sie muss zum Gewinn addiert werden.

*Tabelle 4.28: Ermittlung Erlösüberschüsse*

| | |
|---|---:|
| Gewinn | 6.500,00 € |
| Abschreibung | 10.000,00 € |
| **Erlösüberschüsse ohne Abschreibung** | **16.500,00 €** |

Bei dem dargestellten Beispiel handelt es sich um die Variante des Durchschnittsverfahrens, bei dem zur Ermittlung der Amortisationszeit die Anschaffungsausgaben durch den Durchschnitt der jährlichen Erlösüberschüsse dividiert werden.

Sollten die jährlichen Rückflüsse stark schwanken, so dass die Benutzung eines Durchschnittswerts nicht gerechtfertigt erscheint, so empfiehlt sich zur Ermittlung des Amortisationszeitpunktes die Verwendung des **kumulativen Verfahrens**. Es gelten weiterhin die gemachten Aussagen für die Strohhalmmaschine. In Abweichung zum obigen Beispiel sei aber nunmehr davon ausgegangen, dass die Absatzzahlen nicht konstant sind, sondern sich erst langsam im Verlauf der Zeit aufbauen.

Wie aus der Tabelle zu sehen, sei angenommen, dass die Absatzmenge ständig steige. Nach der Markteinführung kommt der Absatz langsam in Schwung und steigt immer weiter. Damit steigt auch der Umsatz, der sich aus der Multiplikation der abgesetzten Menge mit dem Verkaufspreis von 0,50 € ergibt. Die Kosten bestehen zum einen aus den kalkulatorischen Zinsen. Sie werden (wie bekannt) als halber Anschaffungswert mal Prozentsatz berechnet. Das sind jedes Jahr 2.500 €. Zum anderen kommen die variablen Kosten, die von der produzierten Menge, die gleich der abgesetzten Menge ist, abhängen, hinzu. Oben waren Kosten in Höhe von 0,31 € je Stück angesetzt. Die Erlösüberschüsse ergeben sich als Differenz zwischen Umsatz und Kosten; sie enthalten keine Abschreibung. In der letzten Spalte werden die Erlösüberschüsse kumuliert. Es ist zu erkennen, dass zwischen dem Ende des fünften Jahres und dem Ende des sechsten Jahres die kumulierten Erlösüberschüsse die ursprünglichen Anschaffungsausgaben von 100.000 € überschreiten. Hier liegt der Amortisationspunkt. Die Zeitspanne zwischen Beginn der Investition und dem Amortisationspunkt ist die Amortisationszeit.

*Tabelle 4.29: Erlösüberschüsse bei ständig steigender Absatzmenge*

| Jahr | Absatzmenge | Umsatz | Kosten ohne Abschreibung | Erlösüberschüsse | kumuliert |
|---|---|---|---|---|---|
| 1 | 60.000 | 30.000,00 € | 21.100,00 € | 8.900,00 € | 8.900,00 € |
| 2 | 80.000 | 40.000,00 € | 27.300,00 € | 12.700,00 € | 21.600,00 € |
| 3 | 110.000 | 55.000,00 € | 36.600,00 € | 18.400,00 € | 40.000,00 € |
| 4 | 140.000 | 70.000,00 € | 45.900,00 € | 24.100,00 € | 64.100,00 € |
| 5 | 170.000 | 85.000,00 € | 55.200,00 € | 29.800,00 € | 93.900,00 € |
| 6 | 200.000 | 100.000,00 € | 64.500,00 € | 35.500,00 € | 129.400,00 € |
| 7 | 220.000 | 110.000,00 € | 70.700,00 € | 39.300,00 € | 168.700,00 € |

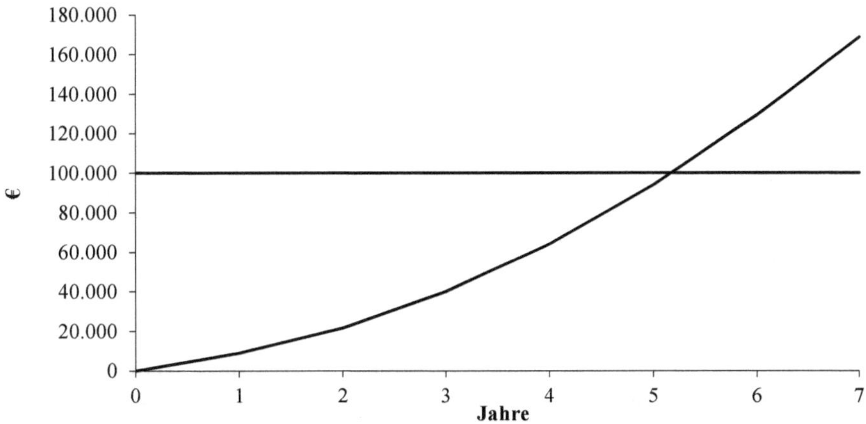


*Abbildung 4.8: Amortisationszeit bei steigenden Erlösüberschüssen*

### 4.5.2 Modifikation um einen Liquidationserlös

Das in Kap. 4.5.1 benutzte Beispiel der Strohhalmmaschine soll um einen (sicher) erwarteten Veräußerungserlös, auch als „Liquidationserlös" bezeichnet, erweitert werden. Es gelten weiterhin die Daten, die hier der besseren Übersicht halber in einer Tabelle zusammengestellt werden:

*Tabelle 4.30: Daten der Strohhalmmaschine*

| | |
|---|---|
| Anschaffungsausgaben | 10.000 € |
| Nutzungsdauer | 10 Jahre |
| Kapazität je Jahr | 100.000 Pakete |
| Verkaufspreis je Paket | 0,50 € |
| Variable Kosten je Paket | 0,31 € |
| Kalkulationszins | 5 % |

Als Liquidationserlös werden nach Ablauf der zehn Jahre Nutzungsdauer 2.000 € erwartet.

Bei der Ermittlung des jährlichen durchschnittlichen Gewinns müssen die durch den Liquidationserlös veränderte Kostenart, kalkulatorische Zinsen, berücksichtigt werden. Sie ermitteln sich wie in Kap. 4.1 beschrieben.

$$\text{Jährliche kalkulatorische Zinsen} = \frac{\text{Anschaffungswert} + \text{Liquidationserlös}}{2} \times i$$

$$\text{Jährliche kalkulatorische Zinsen} = \frac{100.000\ € + 2.000\ €}{2} \times 0{,}05 = 2.550\ €$$

Der durchschnittlich zur Verfügung stehende Gewinn vor Abschreibung ergibt sich somit als:

*Tabelle 4.31: Ermittlung des durchschnittlichen Gewinns vor Abschreibung mit Liquidationserlös*

| | |
|---|---:|
| Umsatz | 50.000,00 € |
| ./. kalk. Zinsen | 2.550,00 € |
| ./. Herstellkosten | 31.000,00 € |
| **Gewinn vor Abschreibung** | **16.450,00 €** |

Jedes Jahr stehen 16.450 € zur Tilgung der Anschaffungsausgaben bereit.

Die Formel zur Berechnung der Amortisationszeit wird um den Liquidationserlös modifiziert zu:

$$\text{Amortisationszeit} = \frac{\text{Anschaffungswert} - \text{Liquidationserlös}}{\text{durchschn. Gewinn vor Abschreibung}}$$

$$\text{Amortisationszeit} = \frac{100.000\ € - 2.000\ €}{16.450\ €} = 5{,}957\ \text{Jahre}$$

Dass dies richtig ist, lässt sich anhand einer ausführlicheren Berechnung mittels Kumulationsmethode überprüfen.

Es werden die kumulierten Gewinne vor Abschreibung dargestellt. Die Tabelle wird um die Spalte „Differenz zu den ursprünglichen Anschaffungsausgaben“ ergänzt. In dieser Spalte wird die Differenz zwischen kumulierten Gewinnen vor Abschreibung und den ursprünglichen Anschaffungsausgaben ausgewiesen. Bei einem Wert von 0 ist die Investition amortisiert.

*Tabelle 4.32: Kumulationsrechnung*

| **Jahr** | **Kumulierte Gewinne vor Abschreibung in €** | **Differenz zum ursprünglichen Anschaffungswert in €** |
|---|---|---|
| 1 | 16.450 | 83.550 |
| 2 | 32.900 | 67.100 |
| 3 | 49.350 | 50.650 |
| 4 | 65.800 | 34.200 |
| 5 | 82.250 | 17.750 |
| 6 | 98.700 | 1.300 |

Aus der Tabelle ist zu erkennen, dass am Ende des sechsten Jahres noch eine Differenz von 1.300 € zu den ursprünglichen Anschaffungsausgaben von 100.000 € offen sind. Da aber ein Liquidationserlös in Höhe von 2.000 € erwartet wird, würde dies zu einer Überdeckung der Anschaffungsausgaben in Höhe von 700 € führen.

Am Ende des fünften Jahres fehlen noch 17.750 € bis zur Amortisation. Davon werden 2.000 € durch den Liquidationserlös gedeckt, somit verbleiben noch 15.750 €. In einem gesamten Jahr laufen aber 16.450 € zurück. Dies bedeutet, dass kein ganzes Jahr mehr nötig ist, sondern ein Jahresanteil.

Unterstellt, dass die Erlöse und die Produktion gleichmäßig über ein Jahr verteilt ist, kann der notwendige Jahresanteil als

$$\text{Jahresanteil} = \frac{15.750\ €}{16.450\ €} = 0{,}957 \text{ Jahre}$$

ermittelt werden.

Insgesamt ergibt sich dasselbe Ergebnis wie aus der Formel, nämlich eine Amortisationszeit von 5,957 Jahren.

Es muss allerdings kritisch angemerkt werden, dass die Höhe des Liquidationserlöses

1. ungewiss ist und
2. mit steigender Nutzungsdauer sinken wird, so dass für jedes Nutzungsjahr ein anderer fallender Liquidationserlös geschätzt werden müsste.

Von daher ist von einem Ansatz eines Liquidationserlöses in der Praxis abzusehen, es sei denn, er ist bei Beginn der Investition bereits vertraglich vereinbart.

### 4.5.3 Beurteilung des Amortisationsverfahrens

Das Amortisationsverfahren mit Durchschnittswerten ist dann geeignet, wenn die jährlichen Erlösüberschüsse wenig schwanken und relativ konstant sind. Bei stark schwankenden Erlösüberschüsse ist das kumulative Verfahren besser geeignet. Zwar ist es kein Ein-Perioden-Verfahren wie die bereits beschriebenen Verfahren, doch beachtet es nicht die unterschiedliche Wertigkeit von Zahlungen zu unterschiedlichen Zeitpunkten; dies machen erst die dynamischen Verfahren.

Das Amortisationsverfahren beendet seine Betrachtungen im Amortisationszeitpunkt, ob danach der Verdienst auf null fällt oder erst recht steigt, ist nicht Gegenstand des Verfahrens.

Die Amortisationsrechnung kann als ein Verfahren zur Risikoeinschätzung charakterisiert werden. Es ist die Investition vorzuziehen, die die kürzeste Amortisationszeit aufweist bzw. die eine Amortisationszeit hat, die kürzer als eine vom Investor formulierte Maximalgrenze ist. Ob danach noch für den Investor ein Gewinn verbleibt, ist nicht Fragestellung der Methode.

**Entscheidungskriterium ist die Amortisationsdauer.**

- **Es spielt keine Rolle, wie sich der Gewinn nach dem Amortisationszeitpunkt entwickelt.**
- **Das Amortisationsverfahren ist ein Verfahren zur Risikovermeidung.**

### 4.5.4 Übungsaufgaben

**Aufgabe 1**[24]

Bei der gebührenfinanzierten Einrichtung „Abwasserbeseitigung" wird der Ausbau der Kläranlage mit 20.000.000 € veranschlagt. Es wird mit einer Nutzungsdauer von 20 Jahren gerechnet. Ein Restwert wird voraussichtlich danach nicht mehr zu erzielen sein. An Gebührenerlösen werden in den Jahren 1 bis 4 jährlich 1.000.000 €, in den Jahren 5 bis 10 jährlich 1.500.000 € und ab dem elften Jahr jährlich 2.000.000 € erwartet. Die jährlich zu berücksichtigenden kalk. Zinsen, die von den Gebührenerlösen noch abzuziehen sind, betragen 5 % des gebundenen Kapitals. Andere Kosten sind zu vernachlässigen.

Ermitteln Sie die Amortisationszeit

a) nach dem Durchschnittsverfahren,
b) nach dem Kumulationsverfahren.

**Aufgabe 2**

Ermitteln Sie die Amortisationszeit der Maßnahme „Riesenrutsche" aus Aufgabe 4 aus Kap. 4.3. Nehmen Sie Stellung zur ermittelten Amortisationszeit, wenn Sie wissen, dass der Stadt aus Gründen der Risikominimierung an einer schnellen Amortisation ihrer Investitionen gelegen ist.

24 In Anlehnung an ein Beispiel in *Dreyhaupt//Erkes/Friedl*, 60 Fälle und Lösungen zur kommunalen Kosten- und Wirtschaftlichkeitsrechnung, Kerpen 1994, S. 146 ff.

**Lösung zu Aufgabe 1a:**
Der Durchschnitt der Gebührenerlöse errechnet sich wie folgt.

Zunächst sind die kalk. Zinsen zu berechnen. Dies geschieht wie bereits bekannt:

$$\text{kalk. Zinsen} = \frac{\text{Anschaffungswert}}{2} \times 5\,\% = \frac{20.000.000\ €}{2} \times 5\,\% = 500.000\ €$$

Bei Berücksichtigung der kalkulatorischen Zinsen ergibt sich folgende Tabelle mit den um die kalk. Zinsen bereinigten Rückflüssen:

*Tabelle 4.33: Bereinigte Rückflüsse bei der Kläranlage*

| Jahr | Gebührenerlöse | Kalk. Zinsen | Bereinigte Rückflüsse |
|---|---|---|---|
| 1 | 1.000.000,00 € | 500.000,00 € | 500.000,00 € |
| 2 | 1.000.000,00 € | 500.000,00 € | 500.000,00 € |
| 3 | 1.000.000,00 € | 500.000,00 € | 500.000,00 € |
| 4 | 1.000.000,00 € | 500.000,00 € | 500.000,00 € |
| 5 | 1.500.000,00 € | 500.000,00 € | 1.000.000,00 € |
| 6 | 1.500.000,00 € | 500.000,00 € | 1.000.000,00 € |
| 7 | 1.500.000,00 € | 500.000,00 € | 1.000.000,00 € |
| 8 | 1.500.000,00 € | 500.000,00 € | 1.000.000,00 € |
| 9 | 1.500.000,00 € | 500.000,00 € | 1.000.000,00 € |
| 10 | 1.500.000,00 € | 500.000,00 € | 1.000.000,00 € |
| 11 | 2.000.000,00 € | 500.000,00 € | 1.500.000,00 € |
| 12 | 2.000.000,00 € | 500.000,00 € | 1.500.000,00 € |
| 13 | 2.000.000,00 € | 500.000,00 € | 1.500.000,00 € |
| 14 | 2.000.000,00 € | 500.000,00 € | 1.500.000,00 € |
| 15 | 2.000.000,00 € | 500.000,00 € | 1.500.000,00 € |
| 16 | 2.000.000,00 € | 500.000,00 € | 1.500.000,00 € |
| 17 | 2.000.000,00 € | 500.000,00 € | 1.500.000,00 € |
| 18 | 2.000.000,00 € | 500.000,00 € | 1.500.000,00 € |
| 19 | 2.000.000,00 € | 500.000,00 € | 1.500.000,00 € |
| 20 | 2.000.000,00 € | 500.000,00 € | 1.500.000,00 € |

Wird die Spalte „Bereinigte Rückflüsse“ summiert, ergibt sich die Summe aller Rückflüsse in 20 Jahren. Nach Division durch 20 wird ein jährlicher Durchschnitt berechnet.

$$\text{Durchschnitt der Rückflüsse} = \frac{\text{Summe der bereinigten Rückflüsse}}{\text{20 Jahre}}$$

$$= \frac{23.000.000\ €}{\text{20 Jahre}} = 1.150.000\ € \text{ pro Jahr}$$

Dieser Durchschnitt wird in die Formel für die Ermittlung der Amortisationszeit eingesetzt:

$$\text{Amortisationszeit} = \frac{\text{Anschaffungswert}}{\text{durchschn. Gewinn vor Abschreibung}}$$

$$\text{Amortisationszeit} = \frac{20.000.000\ €}{1.150.000\ €} = 17{,}391\ \text{Jahre}$$

Bei einer Nutzungsdauer von 20 Jahren liegt der Amortisationszeitpunkt zwar innerhalb der Nutzungsdauer, aber relativ gesehen dauert es recht lange, bis die Anschaffungsausgaben zurückverdient werden.

**Lösung zu Aufgabe 1b:**
Zur Lösung kann auf die für 1a in Tabelle 4.33 zusammengestellten bereinigten Rückflüsse zurückgegriffen werden. Sie müssen nur fortlaufend kumuliert werden.

Es ergibt sich folgende Tabelle:

*Tabelle 4.34: kumulierte Rückflüsse für Kumulationsverfahren*

| Jahr | Bereinigte Rückflüsse | Kumulierte Rückflüsse |
|---|---:|---:|
| 1 | 500.000,00 € | 500.000,00 € |
| 2 | 500.000,00 € | 1.000.000,00 € |
| 3 | 500.000,00 € | 1.500.000,00 € |
| 4 | 500.000,00 € | 2.000.000,00 € |
| 5 | 1.000.000,00 € | 3.000.000,00 € |
| 6 | 1.000.000,00 € | 4.000.000,00 € |
| 7 | 1.000.000,00 € | 5.000.000,00 € |
| 8 | 1.000.000,00 € | 6.000.000,00 € |
| 9 | 1.000.000,00 € | 7.000.000,00 € |
| 10 | 1.000.000,00 € | 8.000.000,00 € |
| 11 | 1.500.000,00 € | 9.500.000,00 € |
| 12 | 1.500.000,00 € | 11.000.000,00 € |
| 13 | 1.500.000,00 € | 12.500.000,00 € |
| 14 | 1.500.000,00 € | 14.000.000,00 € |
| 15 | 1.500.000,00 € | 15.500.000,00 € |
| 16 | 1.500.000,00 € | 17.000.000,00 € |
| 17 | 1.500.000,00 € | 18.500.000,00 € |
| 18 | 1.500.000,00 € | 20.000.000,00 € |
| 19 | 1.500.000,00 € | 21.500.000,00 € |
| 20 | 1.500.000,00 € | 23.000.000,00 € |

Aus der Tabelle kann abgelesen werden, dass am Ende des 18. Jahres die Anschaffungsausgaben in Höhe von 20 Mio. € zurückgeflossen sind.

**Lösung zu Aufgabe 2:**
Zur Lösung kann auf Tabelle 4.19 zurückgegriffen werden, wobei nur die Spalte Differenz zwischen „Weiter wie bisher“ und Riesenrutsche interessiert.

*Tabelle 4.35: Daten der Aufgabe 4 aus Kap. 4.3*

| | **„Weiter wie bisher“** | **Mit Riesenrutsche** | **Differenz zwischen „Weiter wie bisher“ und Riesenrutsche** |
|---|---|---|---|
| Erlöse | 250.000 € | 363.000 € | 113.000 € |
| Kosten des Schwimmbads | 265.000 € | 265.000 € | |
| Abschreibung RR | | 72.000 € | 72.000 € |
| Kalk. Zinsen RR | | 18.000 € | 18.000 € |
| Sonstige Kosten RR | | 5.000 € | 5.000 € |
| **Gewinn vor Abschreibungen** | **–15.000 €** | **3.000 €** | **18.000 €** |

In der Spalte Differenz zwischen „Weiter wie bisher“ und Riesenrutsche sind jedoch auch die Abschreibungen der Riesenrutsche berücksichtigt, welche bei der Amortisationsrechnung unberücksichtigt bleiben, deshalb wird die Spalte so aufbereitet, wie sie benötigt wird.

*Tabelle 4.36: Daten für die Amortisationszeit der Riesenrutsche*

| | **Differenz zwischen „Weiter wie bisher“ und Riesenrutsche** |
|---|---|
| Erlöse | 113.000 € |
| ./.Kalk. Zinsen RR | 18.000 € |
| ./. Sonstige Kosten RR | 5.000 € |
| **Gewinn vor Abschreibungen** | **90.000 €** |

Von den Mehrerlösen, die dadurch entstehen, dass die Riesenrutsche gebaut wird, müssen die kalkulatorischen Zinsen und die sonstigen Kosten bestritten werden. Danach bleiben jährlich 90.000 € als Rückfluss des Anschaffungswerts übrig. Die Anschaffungsausgabe in Höhe von 720.000 € ist also nach acht Jahren zurückgeflossen. Bei einer geschätzten Nutzungsdauer von zehn Jahren kann nicht von einem „schnellen“ Rückfluss gesprochen werden.

# 5. Dynamische Verfahren

## 5.1 Grundlagen

Bisher ist unterstellt worden, dass es keine Rolle spielt, ob Auszahlungen oder Einzahlungen[25] heute oder erst in der Zukunft anfallen. Es ist aber ein Unterschied, ob 1.000 € heute zur Verfügung stehen oder erst in zwei Jahren. Diese Behauptung soll mit Hilfe eines Zahlenbeispiels verdeutlicht werden.

> ***Beispiel:***
> *Es sei möglich, heute 1.000 € zu erhalten oder erst in zwei Jahren. Die Kaufkraft bleibe gleich, es herrscht keine Inflation, d. h. es kann für 1.000 € in zwei Jahren real das gleiche gekauft werden wie heute.*

Die beiden Werte müssen zu einem beliebigen Zeitpunkt vergleichbar gemacht werden, denn wegen ihres unterschiedlichen **Zeitwerts** sind sie nicht direkt miteinander vergleichbar. Grafisch lässt sich die Situation folgendermaßen darstellen.

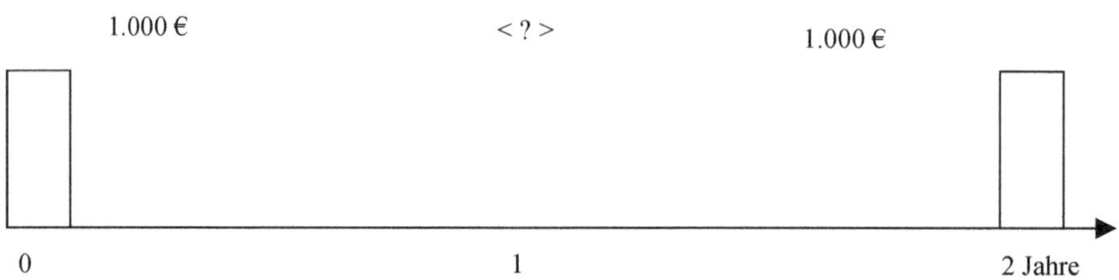


*Abbildung 5.1: 1.000 € heute vergleichbar mit 1.000 € in zwei Jahren?*

Der Vorgang des Vergleichbarmachens geschieht über die Zinsrechnung. Um die 1.000 € heute mit den 1.000 € in zwei Jahren zu vergleichen, müssen zwei Jahre überbrückt werden. In diesen zwei Jahren können die aktuellen 1.000 € zinsbringend angelegt werden, d. h. im Zeitraum von zwei Jahren können sie Zinsen ansammeln. Es sei möglich, die heutigen 1.000 € zu 6 % pro Jahr anzulegen, dann stehen nach einem Jahr 1.060 € und nach zwei Jahren 1.123,60 € zur Verfügung.

25 Die dynamischen Verfahren basieren auf Zahlungsströmen, deshalb werden ab hier wieder die Begriffe „Aus-“ und „Einzahlungen“ benutzt, wobei „Einzahlung“ dem Begriff „Erlös“ bei den statischen Verfahren entspricht.

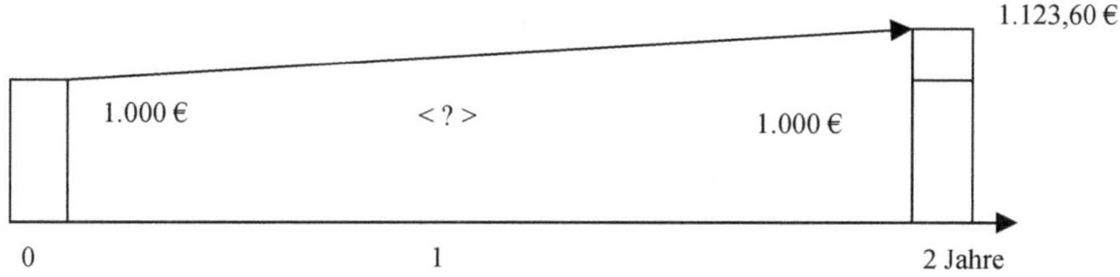


*Abbildung 5.2: 1.000 € heute sind nicht vergleichbar mit 1.000 € in zwei Jahren*

Es leuchtet ein, dass mit 1.123,60 € mehr gekauft werden kann als mit 1.000 €. Somit ist nachgewiesen, dass die Zeit einen Einfluss auf den Geldwert hat, selbst wenn keine Inflation herrscht.

Rechnerisch sind die heutigen 1.000 € zwei Jahre mit 6 % aufzuzinsen, um einen Vergleichswert zum selben Zeitpunkt zu haben. Dies geschieht in Schritten wie folgt:

Wert von 1.000 € nach einem Jahr = 1.000 € + 6 % Zinsen von 1.000 €
Wert von 1.000 € nach einem Jahr = 1.000 € + 0,6 × 1.000 €
Wert von 1.000 € nach einem Jahr = 1.060 €
Wert von 1.000 € nach zwei Jahren = 1.060 € + 6 % Zinsen von 1.060 €
Wert von 1.000 € nach zwei Jahren = 1.060 € + 0,06 × 1.060 €
Wert von 1.000 € nach zwei Jahren = 1.123,60 €

Statt in mehreren Schritten zu rechnen, kann der Vorgang zusammengefasst werden:

$$\text{Wert von 1.000 € nach zwei Jahren} = 1.000\text{ €} \times (1 + 0{,}06)^2$$

Der Multiplikator $(1 + 0{,}06)^2$ wird als „Aufzinsungsfaktor“ bezeichnet, und es lässt sich folgende allgemeine Form erkennen:

$$\text{Aufzinsungsfaktor} = (1 + i)^n$$

wobei i = Zinssatz in % und n = Laufzeit.

Für die Aufzinsungsfaktoren gibt es Tabellen.[26]

Allgemein lässt sich beim Aufzinsen Folgendes formulieren:

**Endwert in n Jahren = Anfangswert × $(1 + i)^n$**

26 Tabellen befinden sich im Anhang.

Zu Übungszwecken soll kurz überlegt werden, wie viel heutige 7.500 € in vier Jahren sind, wenn sie kontinuierlich mit 3 % verzinst werden und kein Geld zwischendurch abgehoben wird.

$$\text{Endwert in n Jahren} = \text{Anfangswert} \times (1+ i)^n$$
$$\text{Endwert in 4 Jahren} = 7.500\ € \times (1 + 0{,}03)^4$$
$$\text{Endwert in 4 Jahren} = 7.500 \times 1{,}1255$$
$$\text{Endwert in 4 Jahren} = 8.441{,}25\ €$$

Die Fragestellung kann auch umgekehrt werden; dazu wird auf das Ausgangsbeispiel mit den 1.000 € zurückgegriffen. Oben sind die heutigen 1.000 € zwei Jahre in die Zukunft aufgezinst worden, zu Vergleichszwecken hätten auch die zukünftigen 1.000 € auf den heutigen Entscheidungstag abgezinst werden können. Dazu wird auf die eben hergeleitete allgemeine Formel

$$\text{Endwert in n Jahren} = \text{Anfangswert} \times (1 + i)^n$$

zurückgegriffen und sie umgestellt:

$$1.000\ € = \text{Anfangswert} \times (1 + 0{,}06)^2$$

$$1.000\ € \times \frac{1}{(1 + 0{,}06)^2} = \text{Anfangswert}$$

$$1.000\ € \times \frac{1}{1{,}1236} = \text{Anfangswert}$$

$$1.000\ € \times\ 0{,}8900 = \text{Anfangswert}$$
$$890{,}00\ € = \text{Anfangswert}$$

Die Interpretation ist, dass 1.000 € in zwei Jahren einem heutigen Wert von 890 € entspricht, wenn 6 % Zinsen unterstellt werden. Durch den Vorgang des **Abzinsens** werden zukünftige Werte auf den Entscheidungszeitpunkt für Vergleichszwecke heruntergerechnet. Die ermittelten Werte heißen **„Barwerte“**.

In der zweiten Zeile der Herleitung ist zu erkennen, dass durch das Umstellen in der Gleichung mit dem Kehrwert des Aufzinsungsfaktors multipliziert wird. Dieser Kehrwert heißt **„Abzinsungsfaktor“**, für den es Tabellen gibt, welche sich ebenfalls im Anhang befinden.

Allgemein ist der Abzinsungsfaktor:

$$\text{Abzinsungsfaktor} = \frac{1}{(1 + i)^n} \text{ oder } (1 + i)^{-n}$$

Auch hierzu noch ein kleines Zahlenbeispiel:

***Beispiel:***
*Welche Alternative ist günstiger – Alternative 1, heute 5.000 € zu erhalten, oder Alternative 2, in sechs Jahren 7.350 €, wenn die Möglichkeit besteht, Geld zu 6,5 % anzulegen?*

Der in der Zukunft liegende Wert von 7.350 € muss zu Vergleichszwecken auf den heutigen Entscheidungszeitpunkt abgezinst werden. Der Abzinsungsfaktor für sechs Jahre und 6,5 % beträgt 0,6853.

$$\text{Barwert} = 7.350\ € \times 0{,}6853 = 5.036{,}96\ €$$

Das Ergebnis von 5.036,96 € wird mit dem Angebot von 5.000 € sofortiger Zahlung verglichen und stellt sich als besser heraus. Also ist es besser, auf die 7.350 € sechs Jahre zu warten als heute 5.000 € anzunehmen.

Mittels Zinsrechnung können somit Zahlungen, die zu unterschiedlichen Zeitpunkten anfallen, zu einem bestimmten Zeitpunkt vergleichbar gemacht werden.

Kennzeichen und Gemeinsamkeit aller dynamischen Verfahren ist, dass sie auf Zahlungsströmen aufbauen. Kalkulatorische Kosten (Abschreibungen oder Zinsen) dürfen nicht berechnet werden, da die Anschaffungsausgaben bereits berücksichtigt werden. Die Zinsen auf das gebundene Kapital sind im Abzinsungsfaktor enthalten.

## 5.2 Kapitalwertmethode

Die eben angestellten Überlegungen werden in der Kapitalwertmethode, die die gebräuchlichste der dynamischen Verfahren ist, angewendet.

Diese abstrakte Darstellung gewinnt an Klarheit, wenn sie an einem konkreten Beispiel demonstriert wird.

***Beispiel:***
*Ein Unternehmer überlegt sich, eine Maschine, die 10.000 € in der Anschaffung kostet, zu kaufen. Auf der Maschine stellt er Produkte her, die er verkauft, dadurch nimmt er jährlich 9.000 € ein. Bei der Produktion werden Energie, Rohstoffe und Arbeitskraft verbraucht, wofür jährlich 5.000 € zu zahlen sind. Es ist davon auszugehen, dass die Maschine fünf Jahre lang betrieben wird. Eine alternative Kapitalanlage ist zu 6 % möglich.*

Aus Vereinfachungsgründen wird nur in Jahresabschnitten gedacht und geplant, d. h. die Ein- und Auszahlungen, mit Ausnahme des Anschaffungswerts, sind jeweils zum Jahresende anzusetzen. Ein unterjähriger Ansatz ist möglich, aber unüblich. Zudem stehen üblicherweise nur Jahreszinstabellen zur Verfügung.

Der Ablauf der Investition wird entweder an einem Zeitstrahl abgetragen oder in einer Tabelle dargestellt. Einzahlungen werden als positive Werte, Auszahlungen als negative Werte eingetragen.

Periode 0 ist der Investitionszeitpunkt. In ihm fließen die Anschaffungsausgaben ab. Jedes Jahr fließen 9.000 € zu und 5.000 € ab, sie sind als Einzahlungen bzw. Auszahlungen mit den entsprechenden Vorzeichen eingetragen.

Innerhalb einer Periode – in der Tabelle senkrecht – dürfen Zahlungen gegeneinander verrechnet werden. In jeder Periode werden die 9.000 € Einzahlungen gegen die 5.000 € Auszahlungen aufgerechnet; es verbleibt jedes Jahr ein Einzahlungsüberschuss (EÜ) von 4.000 € übrig. In der Periode 0 liegen keine Einzahlungen vor, deshalb gibt es einen negativen Einzahlungsüberschuss von 10.000 €, also eine Auszahlung.

*Tabelle 5.1: Ermittlung der Summe der Barwerte*

| Ende der Periode | 0 | 1 | 2 | 3 | 4 | 5 |
|---|---|---|---|---|---|---|
| Einzahlungen | | 9.000 € | 9.000 € | 9.000 € | 9.000 € | 9.000 € |
| Auszahlungen | –10.000 € | –5.000 € | –5.000 € | –5.000 € | –5.000 € | –5.000 € |
| EÜ | –10.000 € | 4.000 € | 4.000 € | 4.000 € | 4.000 € | 4.000 € |
| Abzinsungsfaktor | 1,0 | 0,9434 | 0,8900 | 0,8396 | 0,7921 | 0,7473 |
| Barwert EÜ | –10.000 € | 3.774 € | 3.560 € | 3.358 € | 3.168 € | 2.989 € |

Summe der Barwerte 6.850 €

Die Einzahlungsüberschüsse der einzelnen Jahre dürfen nunmehr nicht einfach addiert werden, denn sie fallen zu unterschiedlichen Zeitpunkten an, das ist im Kapitel über die Grundlagen der dynamischen Verfahren erläutert worden. Die Werte der einzelnen Jahre müssen auf den Entscheidungszeitpunkt, die Periode 0, abgezinst werden. Zum Beispiel müssen die Werte des Jahres 1, die am Ende des Jahres anfallen, um ein Jahr auf den Jahresanfang abgezinst werden. In der Tabelle gibt es eine Zeile mit der Bezeichnung „Abzinsungsfaktor". In dieser Zeile sind die Abzinsungsfaktoren für 6 % und die jeweiligen Jahre eingetragen.

Wie bereits erläutert errechnen sich die einzelnen Abzinsungsfaktoren als:

$$\text{Abzinsungsfaktor} = \frac{1}{(1+i)^n}$$

Beispielsweise ergibt sich der Abzinsungsfaktor für die Periode 1 als

$$\text{Abzinsungsfaktor} = \frac{1}{(1+0{,}06)^1} = \frac{1}{1{,}06^1} = \frac{1}{1{,}06} = 0{,}9434$$

Entsprechend werden die weiteren Abzinsungsfaktoren berechnet oder aus einer Tabelle abgelesen. Üblicherweise wird mit vier Nachkommastellen gearbeitet.

Durch Multiplikation der einzelnen jährlichen Überschüsse mit dem jeweiligen Abzinsungsfaktor werden die Werte abgezinst, d. h. die Jahreswerte werden auf den Zeitpunkt 0 bezogen und vergleichbar gemacht. Diese Werte finden sich in der Zeile „Barwert EÜ“.

Da die Barwerte zeitlich auf 0 bezogen sind, haben sie alle zeitliche Vergleichbarkeit und können ohne weitere Probleme addiert werden. Für die Tabelle bedeutet dies eine Zeilensumme, die durch die Pfeile angedeutet ist. Als Summe ergibt sich der Kapitalwert der Investition, im vorliegenden Beispiel 6.850 €.

Allgemein:

**Kapitalwert = –Anschaffungsauszahlung + Summe der abgezinsten Einzahlungsüberschüsse**

Für das obige Zahlenbeispiel lässt sich die Berechnung des Kapitalwerts auch schreiben als:

$$\text{Kapitalwert} = \text{EÜ}_0 \times \text{Abz.f.}_0 + \text{EÜ}_1 \times \text{Abz.f.}_1 + \text{EÜ}_2 \times \text{Abz.f.}_2 + \text{EÜ}_3 \times \text{Abz.f.}_3 + \text{EÜ}_4 \times \text{Abz.f.}_4 + \text{EÜ}_5 \times \text{Abz.f.}_5$$

Oder in allgemeiner mathematischer Schreibweise:

$$C_0 = \sum_{t=0}^{n} (E_t - A_t)\,(1 + i)^{-t}$$

Es bedeuten:

$C_0$ = Kapitalwert

$E_t$ = Einzahlungen am Ende der Periode t

$A_t$ = Auszahlungen am Ende der Periode t

i = Kalkulationszinsfuß

t = Periode

n = Nutzungsdauer der Investition

Sofern bei einer Investition Einzahlungen und Auszahlungen vorliegen, können als Kapitalwert drei Situationen entstehen:

| | |
|---|---|
| Positiver Kapitalwert | $C_0 > 0$ |
| Kapitalwert gleich null | $C_0 = 0$ |
| Kapitalwert kleiner null | $C_0 < 0$ |

Ergibt sich ein positiver Kapitalwert, liegt die Verzinsung des Kapitals über dem gewählten Kalkulationszinsfuß, die Investition ist somit sinnvoll.

Ergibt sich ein Kapitalwert von null, wird gerade mal die Minimalverzinsung in Höhe des Kalkulationszinsfußes erreicht.

Liegt der Kapitalwert unter null, so ist die Investition nicht sinnvoll, da die Verzinsung des Kapitals unter dem Kalkulationszinsfuß liegt.

*Tabelle 5.2: Übersicht der Interpretation des Kapitalwerts*

| | | |
|---|---|---|
| Positiver Kapitalwert | $C_0 > 0$ | Investition ist sinnvoll, absolute Vorteilhaftigkeit, die Investition verzinst sich höher als der Kalkulationszins |
| Kapitalwert gleich null | $C_0 = 0$ | Investition verzinst sich zum Kalkulationszins |
| Kapitalwert kleiner null | $C_0 < 0$ | Investition verzinst sich weniger als der Kalkulationszinsfuß |

Auswahlkriterium unter mehreren Investitionsalternativen bei der Kapitalwertmethode ist die Höhe des Kapitalwerts, d. h. aus einer Menge an Investitionsalternativen wird diejenige ausgewählt, die den höchsten Kapitalwert aufweist.

Liegen mehrere Investitionsalternativen vor, wird die relative Vorteilhaftigkeit durch Vergleich der ermittelten Kapitalwerte ermittelt. Die Investitionsalternative mit dem höchsten Kapitalwert ist die relativ vorteilhafteste.

Diese Aussagen gelten natürlich nicht, wenn nur Auszahlungen vorliegen, die in die Rechnung mit einem negativen Vorzeichen eingehen. Dann kann sich nichts anderes als ein negativer Kapitalwert ergeben, der allerdings nicht wie oben interpretiert werden darf.

Das oben benutzte Zahlenbeispiel eröffnet die Besprechung einer Besonderheit, die zu einer Arbeitseinsparung führt.

Wenn der Rechenvorgang ausführlich dargestellt wird, so wurde gerechnet:

$$\text{Kapitalwert} = -10.000\,€ \times 1 + 4.000\,€ \times 1{,}06^{-1} + 4.000\,€ \times 1{,}06^{-2} + 4.000\,€ \times 1{,}06^{-3} + 4.000\,€ \times 1{,}06^{-4} + 4.000\,€ \times 1{,}06^{-5}$$

$$\text{Kapitalwert} = -10.000\,€ \times 1 + 4.000\,€ \times 0{,}9434 + 4.000\,€ \times 0{,}8900 + 4.000\,€ \times 0{,}8396 + 4.000\,€ \times 0{,}7921 + 4.000\,€ \times 0{,}7473$$

In dieser Zeile als auch in der Tabelle ist zu erkennen, dass die Überschüsse von 4.000 € jedes Jahr vorkommen. In der Rechenzeile können die immer wieder auftretenden 4.000 € ausgeklammert werden. Die Zeile verändert sich zu:

$$\text{Kapitalwert} = -10.000\,€ \times 1 + 4.000\,€ \times (0{,}9434 + 0{,}8900 + 0{,}8396 + 0{,}7921 + 0{,}7473)$$

Es ist zu erkennen, dass die konstant auftretenden 4.000 € mit der Summe der Abzinsungsfaktoren multipliziert wird.

$$\text{Kapitalwert} = -10.000\,€ \times 1 + 4.000\,€ \times 4{,}2124$$
$$\text{Kapitalwert} = 6.850\,€$$

Die Summe von Abzinsungsfaktoren für einen bestimmten Zeitraum und einen bestimmten Zins heißt „Rentenbarwertfaktor“. Der Rentenbarwertfaktor für fünf Jahre und 6 % im vorliegenden Zahlenbeispiel beträgt 4,2124. Er ersetzt im Beispiel die fünfmalige Multiplikation von 4.000 € mit fünf verschiedenen Abzinsungsfaktoren durch einen Rechenvorgang.

Für die Rentenbarwertfaktoren gibt es Tabellen, so dass sich eine erhebliche Arbeitserleichterung ergibt. Diese befinden sich im Anhang.

**Wenn ein Zahlungsbetrag in konstanter Höhe und ohne zeitliche Unterbrechung vorhanden ist, kann statt mehrmaliger Multiplikation des Betrages mit Abzinsungsfaktoren mit einem Rentenbarwertfaktor gerechnet werden. Der Rentenbarwertfaktor, kurz „RBF“, ist durch die Zeitdauer und den Kalkulationszins bestimmt. Er liegt in Tabellenform vor.**

Es soll noch erwähnt werden, dass im Zuge der Ausstattung der Büros mit PCs, die mit Tabellenkalkulationsprogrammen versehen sind, in der Praxis niemand mehr Investitionsrechnung mit einem Taschenrechner, sondern mit einem Tabellenkalkulationsprogramm betreibt. Entweder werden die Rechenformeln in die Tabelle eingebracht oder es werden die in vielen Fällen vorhandenen mathematischen Funktionen benutzt.[27] Die mit Investitionsrechnung verbundene Rechenarbeit wird so erheblich reduziert. Auch ist es möglich, auf einfache Art und Weise unterschiedliche Szenarien durchzurechnen. Die Arbeit mit Abzinsungs- oder Rentenbarwertfaktorentabellen wird in Zukunft genauso nachlassen wie es für die Arbeit mit Logarithmentafeln bereits geschehen ist.

**Kapitalwertmethode mit Zuwendung**

Auch bei der Kapitalwertmethode soll eine Zuwendung berücksichtigt werden. Es gelten die Angaben aus dem Kapitel „Gewinnvergleichsrechnung“ (Kap. 4.2) mit Zuschuss. Sie werden hier nochmals wiederholt.

***Beispiel:***
*Die betrachtete Gemeinde trägt sich mit dem Gedanken, auf dem Dach der Schule eine Solaranlage zu installieren. Es wird mit einem Anschaffungswert von 60.000 € und einer Nutzungsdauer von drei Jahren geplant. Durch den selbst erzeugten Strom wird die jährlich an den Stromlieferanten zu entrichtende Summe um 27.000 € vermindert, bzw. der über den Eigenbedarf hinaus hergestellte Strom wird ins Verbundnetz eingespeist und generiert Einzahlungen in Höhe von 27.000 €. Damit die Anlage störungsfrei läuft, werden jährlich Instandhaltungsausgaben in Höhe von 10.000 € erwartet. Die vom Land zugesagte Zuwendung zur Förderung alternativer Energien beträgt 15.000 €. Diese wird zu Beginn der Maßnahme an die Gemeinde ausgezahlt. Üblicherweise rechnet die Stadt mit einem Kalkulationszins von 4 %.*

27 Vgl. *Odenthal*, Investitionsrechnung mit Hilfe moderner Tabellenkalkulationssoftware, DVP 10/00 S. 387-389.

*Tabelle 5.3: Zusammenstellung der vorhandenen Ausgangsinformationen*

| | |
|---|---:|
| Anschaffungsauszahlung | 60.000 € |
| Zuwendung | 15.000 € |
| Jährliche Einzahlungen | 27.000 € |
| Jährliche Auszahlungen | 10.000 € |
| Nutzungsdauer | 3 Jahre |
| Zinssatz | 4 % |

Es gelten die üblichen Vereinfachungen, also alle Ein- und Auszahlungen sind zum jeweiligen Jahresende anzusetzen, Anschaffungsausgabe und Zuwendung erfolgen im Entscheidungszeitpunkt, d. h. in Periode 0.

Einzahlungen haben ein positives Vorzeichen, Auszahlungen ein negatives.
Wie beim beispielhaften Vorgehen mit der Gewinnvergleichsrechnung werden zwei Rechnungen durchgeführt, um den Einfluss der Zuwendung deutlich zu machen.

*Tabelle 5.4: Rechnung ohne Zuwendung*

| t | 0 | 1 | 2 | 3 |
|---|---:|---:|---:|---:|
| Einzahlungen | | 27.000,00 € | 27.000,00 € | 27.000,00 € |
| Auszahlungen | –60.000,00 € | –10.000,00 € | –10.000,00 € | –10.000,00 € |
| EÜ | –60.000,00 € | 17.000,00 € | 17.000,00 € | 17.000,00 € |
| Abzf. | 1,0000 | 0,9615 | 0,9246 | 0,8890 |
| Barwert | –60.000,00 € | 16.345,50 € | 15.718,20 € | 15.113,00 € |

Der Kapitalwert beträgt –12.823,30 €, die Investition ist somit wirtschaftlich gesehen nicht vorteilhaft.

*Tabelle 5.5: Rechnung mit Zuwendung*

| t | 0 | 1 | 2 | 3 |
|---|---:|---:|---:|---:|
| Einzahlungen | 15.000,00 € | 27.000,00 € | 27.000,00 € | 27.000,00 € |
| Auszahlungen | –60.000,00 € | –10.000,00 € | –10.000,00 € | –10.000,00 € |
| EÜ | –45.000,00 € | 17.000,00 € | 17.000,00 € | 17.000,00 € |
| Abzf. | 1,0000 | 0,9615 | 0,9246 | 0,8890 |
| Barwert | –45.000,00 € | 16.345,50 € | 15.718,20 € | 15.113,00 € |

Die Zuwendung wird im Zeitpunkt des Erwerbs berücksichtigt, d. h. als Einzahlung in $t_0$.

Der Kapitalwert beträgt bei Berücksichtigung der Zuwendung 2.176,70 €. Da er positiv ist, ist die Investition unter wirtschaftlichen Gesichtspunkten vorteilhaft.

Beim Vergleich der beiden Ergebnisse fällt auf, dass die Differenz zwischen dem Kapitalwert ohne Zuwendung und dem Kapitalwert mit Zuwendung exakt dem Zuwendungsbetrag entspricht.

**Würdigung der Kapitalwertmethode**

Folgende Probleme sind mit der Kapitalwertmethode verbunden:

- Für die Kapitalwertmethode ist die exakte **Vorausschätzung** der Einzahlungen und Auszahlungen hinsichtlich Höhe und Zeitpunkt nötig. Je weiter die Zahlungen in der Zukunft liegen, desto unsicherer ist ihre Vorausschätzung.
- Die Höhe des **Kalkulationszinsfußes**: Was wird genommen – Marktzinssatz? Mischzinssatz? Alternativenanlagen? Es wird auf die Überlegungen zur Höhe des Zinssatzes bei den statischen Methoden verwiesen.
- Eine Lösungsmöglichkeit ist die Sensitivitätsanalyse, bei der untersucht wird, wie die Investitionsalternativen auf unterschiedliche Zinsen reagieren. Es kann der Zins ermittelt werden, bei dem der Kapitalwert negativ wird.

Werden zwei Investitionen, die entweder nicht die gleiche Laufzeit oder nicht den gleichen Kapitaleinsatz aufweisen oder sich in beidem unterscheiden, miteinander verglichen, ist die Behandlung der **Differenzinvestitionen** der Zeit nach und der Höhe nach schwierig. Unproblematisch ist nur der Vergleich von Investitionsalternativen, die die gleiche Laufzeit und den gleichen Kapitaleinsatz aufweisen.

Problemkreis Differenzen im Kapitaleinsatz **und in der Laufzeit**

Im ersten Fall soll davon ausgegangen werden, dass eine Entscheidung zwischen zwei Investitionsalternativen gefordert ist, wobei die eine einen Kapitaleinsatz von 100.000 € erfordert, die andere nur 50.000 €. Für beide gilt eine Laufzeit von fünf Jahren.

Zur Verdeutlichung eine Grafik:

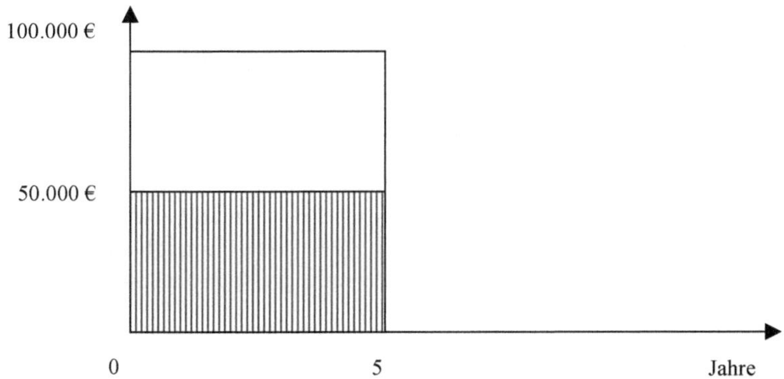


*Abbildung 5.3: Differenz beim eingesetzten Kapital*

Natürlich muss erwartet werden, dass bei einem Kapitaleinsatz des doppelten Kapitals auch der Kapitalwert doppelt so hoch ist wie bei der Alternative mit dem Kapitaleinsatz, der nur halb so hoch ist. Um Vergleichbarkeit zu erzielen, könnte die Investitionsalternative mit dem niedrigeren Kapitaleinsatz doppelt realisiert werden, dann entstünde auch der doppelte Kapitalwert im Vergleich zur Situation, bei der die Investitionsalternative nur einmal realisiert wird.

Wird nichts über die Einsatzmöglichkeit der Kapitaldifferenz gesagt oder angenommen und geht darüber nichts in die Kalkulation ein, unterstellt die Kapitalwertmethode, dass die Differenz zum Kalkulationszins angelegt werden kann. In diesem Fall wird die Differenz zum Kalkulationszins aufgezinst und dann wieder abgezinst, d. h. sie wird einfach weggelassen.

Dazu ein einfaches Zahlenbeispiel:

***Beispiel:***

*Für zwei Investitionsalternativen liegen folgende Daten vor: Investition 1 erfordert eine Anschaffungsauszahlung in Höhe von 50.000 €. Die Laufzeit beträgt fünf Jahre. Sie liefert jedes Jahr durch den Verkauf der produzierten Stücke Erlöse in Höhe von 14.000 €, dabei fallen Betriebsauszahlungen in Höhe von 2.000 € an. Der errechnete Kapitalwert beträgt 548,80 €. Der Kalkulationszins beträgt 6 %.*

*Tabelle 5.6: Kapitalwert von Investition 1*

| Periode | 0 | 1 | 2 | 3 | 4 | 5 |
|---|---|---|---|---|---|---|
| Einzahlungen | | 14.000,00 € | 14.000,00 € | 14.000,00 € | 14.000,00 € | 14.000,00 € |
| Auszahlungen | –50.000,00 € | –2.000,00 € | –2.000,00 € | –2.000,00 € | –2.000,00 € | –2.000,00 € |
| EÜ | –50.000,00 € | 12.000,00 € | 12.000,00 € | 12.000,00 € | 12.000,00 € | 12.000,00 € |
| Abzinsungsf. | 1,0000 | 0,9434 | 0,8900 | 0,8396 | 0,7921 | 0,7473 |
| Barwerte | –50.000,00 € | 11.320,80 € | 10.680,00 € | 10.075,20 € | 9.505,20 € | 8.967,60 € |
| **Kapitalwert** | **548,80 €** | | | | | |

Investition 2 ist teurer, zur Anschaffung werden 75.000 € benötigt. Dafür kann mehr produziert und verkauft werden, so dass jährlich Erlöse in Höhe von 21.000 € in das Unternehmen fließen; es sind aber auch jährlich Betriebsauszahlungen wegen der höheren Produktion in Höhe von 3.000 € notwendig. Nach Kalkulation beträgt der Kapitalwert 823,20 €.

*Tabelle 5.7: Kapitalwert von Investition 2*

| Periode | 0 | 1 | 2 | 3 | 4 | 5 |
|---|---|---|---|---|---|---|
| Einzahlungen | | 21.000,00 € | 21.000,00 € | 21.000,00 € | 21.000,00 € | 21.000,00 € |
| Auszahlungen | –75.000,00 € | –3.000,00 € | –3.000,00 € | –3.000,00 € | –3.000,00 € | –3.000,00 € |
| EÜ | –75.000,00 € | 18.000,00 € | 18.000,00 € | 18.000,00 € | 18.000,00 € | 18.000,00 € |
| Abzinsungsf. | 1,0000 | 0,9434 | 0,8900 | 0,8396 | 0,7921 | 0,7473 |
| Barwerte | –75.000,00 € | 16.981,20 € | 16.020,00 € | 15.112,80 € | 14.257,80 € | 13.451,40 € |
| **Kapitalwert** | **823,20 €** | | | | | |

Wird allein nach dem Kapitalwert entschieden, wird Investition 2 bevorzugt; sie liefert den höheren Kapitalwert. Ohne weitere Angaben wird unterstellt, dass die Differenz von 25.000 € in den Kapitaleinsätzen zum Kalkulationszins angelegt wird.

Eröffnet sich jedoch eine Möglichkeit, die Kapitaldifferenz von 25.000 € zu 6,5 % bei einer Bank anzulegen mit Rückzahlung am Ende der Laufzeit, so muss Investition 1 plus diese Anlagemöglichkeit durchgerechnet werden. Zum Kapitalwert von Investition 1 kommt noch der Kapitalwert der 25.000 € in Höhe von 527,65 € hinzu. In diesem Beispiel wird angenommen, dass die Zinsen nur auf die Geldanlage i. H. v. 25.000 € gewährt werden. Entsprechend werden die Zinsen nicht verzinst. Das heißt, es erfolgt keine Zinseszinsbetrachtung.

*Tabelle 5.8: Kapitalwert der Differenzinvestition in Höhe von 25.000 € bei 6,5 % Verzinsung*

| Periode | 0 | 1 | 2 | 3 | 4 | 5 |
|---|---|---|---|---|---|---|
| Einzahlungen | | 1.625,00 € | 1.625,00 € | 1.625,00 € | 1.625,00 € | 26.625,00 € |
| Auszahlungen | –25.000,00 € | | | | | |
| EÜ | –25.000,00 € | 1.625,00 € | 1.625,00 € | 1.625,00 € | 1.625,00 € | 26.625,00 € |
| Abzinsungsf. | 1,0000 | 0,9434 | 0,8900 | 0,8396 | 0,7921 | 0,7473 |
| Barwerte | –25.000,00 € | 1.533,03 € | 1.446,25 € | 1.364,35 € | 1.287,16 € | 19.896,86 € |
| **Kapitalwert** | **527,65 €** | | | | | |

Damit die Investitionsalternative 1 mit der Investitionsalternative 2, die einen höheren Kapitaleinsatz aufweist, verglichen werden kann, muss die Investitionsalternative 1 mit der Differenzinvestition zusammen betrachtet werden. Für das Gesamtpaket mit einem Gesamtkapitaleinsatz von 75.000 € – Investition 1 mit 50.000 € plus Differenzanlage von 25.000 € – ergibt sich ein Gesamtkapitalwert von 548,80 € (für Investition 1) plus 527,65 € (für die Differenzinvestition) gleich 1.076,45 €, was mehr ist als der Kapitalwert von Investition 2. Bei dieser vollständig, auch im Kapitaleinsatz vergleichbar beschriebenen Entscheidungssituation ist die Kombination von Investition 1 plus Differenzinvestition zu bevorzugen.

Ähnlich sieht es aus, wenn zwar der Kapitaleinsatz in beiden Fällen gleich ist, die Laufzeit jedoch unterschiedlich lang ist.

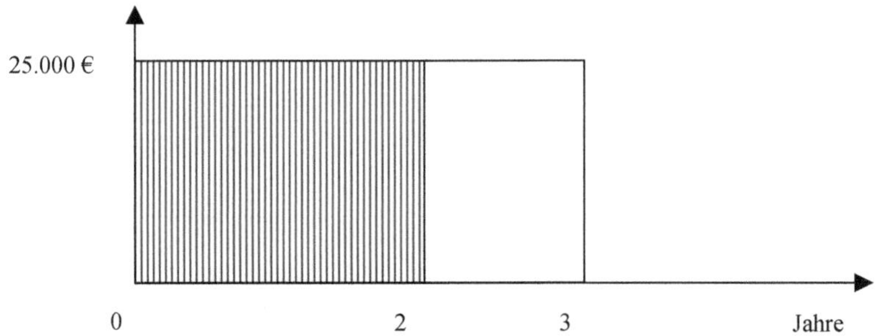


*Abbildung 5.4: Gleicher Kapitaleinsatz aber unterschiedliche Laufzeit*

Das Zahlenbeispiel gelte bei einem Kalkulationszins von 6 %:

*Tabelle 5.9: Zusammenstellung der Investitionsalternativen*

| | Investition 1 | Investition 2 |
|---|---|---|
| Anschaffungsauszahlung | 25.000 € | 25.000 € |
| Laufzeit | 2 Jahre | 3 Jahre |
| Einzahlungen Periode 1 | 20.600 € | 15.500 € |
| Auszahlungen Periode 1 | 3.000 € | 3.000 € |
| Einzahlungen Periode 2 | 20.600 € | 15.500 € |
| Auszahlungen Periode 2 | 3.000 € | 3.000 € |
| Einzahlungen Periode 3 | | 15.500 € |
| Auszahlungen Periode 3 | | 3.000 € |

Für die Investition 1 errechnet sich ein Kapitalwert von 7.267,84 €.

*Tabelle 5.10: Kapitalwert für Investition 1 mit zwei Jahren Laufzeit*

| Periode | 0 | 1 | 2 |
|---|---|---|---|
| Einzahlungen | | 20.600,00 € | 20.600,00 € |
| Auszahlungen | –25.000,00 € | –3.000,00 € | –3.000,00 € |
| EÜ | –25.000,00 € | 17.600,00 € | 17.600,00 € |
| Abzinsungsf. | 1,0000 | 0,9434 | 0,8900 |
| Barwerte | –25.000,00 € | 16.603,84 € | 15.664,00 € |
| **Kapitalwert** | **7.267,84 €** | | |

Für die länger laufende Investition 2 wird bei gleichem Kapitaleinsatz ein höherer Kapitalwert erwartet, und in der Tat ergibt sich 8.412,50 €.

*Tabelle 5.11: Kapitalwert für Investition 2 mit drei Jahren Laufzeit*

| Periode | 0 | 1 | 2 | 3 |
|---|---|---|---|---|
| Einzahlungen | | 15.500,00 € | 15.500,00 € | 15.500,00 € |
| Auszahlungen | –25.000,00 € | –3.000,00 € | –3.000,00 € | –3.000,00 € |
| EÜ | –25.000,00 € | 12.500,00 € | 12.500,00 € | 12.500,00 € |
| Abzinsungsf. | 1,0000 | 0,9434 | 0,8900 | 0,8396 |
| Barwerte | –25.000,00 € | 11.792,50 € | 11.125,00 € | 10.495,00 € |
| **Kapitalwert** | **8.412,50 €** | | | |

Nach dem Entscheidungskriterium des Kapitalwerts ist Investition 2 aufgrund des höheren Kapitalwerts vorzuziehen. Gelingt es jedoch, bei Investition 1 die 25.000 € Differenzinvestition ein weiteres Jahr zu 6,5 % anzulegen, ändert sich die Betrachtung. Der Kapitalwert der Investition 1 plus die Ergänzungsinvestition von einem Jahr ergibt einen Kapitalwert von 8.632,19 €, was mehr ist als der Kapitalwert von Investition 2.

*Tabelle 5.12: Kapitalwert Investition 1 plus Anlage von 25.000 € zu 6,5 % für ein Jahr*

| Periode | 0 | 1 | 2 | 3 |
|---|---|---|---|---|
| Einzahlungen | | 20.600,00 € | 20.600,00 € | 1.625,00 € |
| Auszahlungen | –25.000,00 € | –3.000,00 € | –3.000,00 € | |
| EÜ | –25.000,00 € | 17.600,00 € | 17.600,00 € | 1.625,00 € |
| Abzinsungsf. | 1,0000 | 0,9434 | 0,8900 | 0,8396 |
| Barwerte | –25.000,00 € | 16.603,84 € | 15.664,00 € | 1.364,35 € |
| **Kapitalwert** | **8.632,19 €** | | | |

**Werden keine weiteren Angaben zu einer Differenzinvestition während der Laufzeit gemacht, unterstellt die Kapitalwertmethode, diese Differenz sei zum Kalkulationszins angelegt. Damit ist sie nicht entscheidungsrelevant.**
**Gilt für die Differenzinvestition ein anderer Zinssatz, muss sie mit in die Kapitalwertbetrachtung eingehen.**

Schwierig wird die Situation, wenn weder eingesetztes Kapital noch die Laufzeiten übereinstimmen.

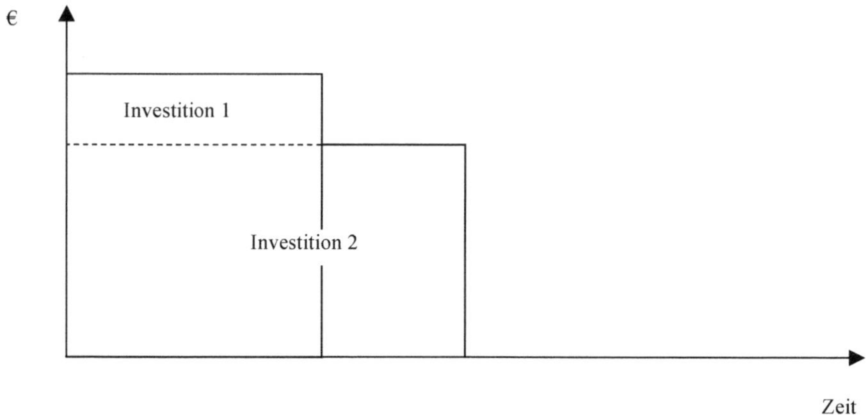


*Abbildung 5.5: Differenzen beim eingesetzten Kapital und bei der Laufzeit*

Im dargestellten Fall weist die Investition 1 eine kürzere Laufzeit bei höherem Kapitaleinsatz als Investition 2 auf. Dann müssen mehrere Differenzinvestitionen berücksichtigt werden.

**Vertiefung**[28]

Im Teilmodul „Wirtschaftlichkeitsrechnung" wird die Kapitalwertmethode ausschließlich für Investitionen betrachtet und berechnet, die einmalig durchgeführt werden.

Die Kapitalwertmethode soll um zwei Fallkonstellationen erweitert werden. Bei der ersten wird von der Bildung identischer Investitionsketten ausgegangen. Diese ist Bestandteil des Grundlagenmoduls „Investition und Finanzierung". Im zweiten Fall liegt die Annahme einer unendlichen Investitionskette zugrunde. Diese ist Bestandteil des Wahlpflichtmoduls „Investition und Finanzierung."

**Kapitalwertmethode bei identischen Investitionsketten**

Um die Vorgehensweise der Berechnung identischer Investitionsketten darzustellen, wird ein Beispiel herangezogen.

Es stehen zwei Investitionsalternativen 1 und 2 zur Auswahl. Diese stellen sich wie in der Tabelle abgebildet dar.

28 Die nachfolgenden Ausführungen richten sich an Studierende des Grundlagenmoduls und Wahlpflichtfachs „Investition und Finanzierung" im Studiengang „Verwaltungsbetriebswirtschaftslehre".

*Tabelle 5.13: Zusammenstellung der Investitionsalternativen 1 und 2*

| | **Investition 1** | **Investition 2** |
|---|---|---|
| Anschaffungswert | 50.000 € | 75.000 € |
| Erlöse p. a. | 14.000 € | 21.000 € |
| Betriebsauszahlungen p. a. | 2.000 € | 3.000 € |
| EZÜ (Erlöse- Kosten) | 12.000 € | 18.000 € |
| Laufzeit | 5 Jahre | 6 Jahre |
| Kalkulationszins | 6 % | 6 % |

Die Berechnung des Kapitalwerts bei einmaliger Durchführung erfolgt dabei wie in Kap. 5.2 dargestellt.

*Tabelle 5.14: Ermittlung des Kapitalwerts Investition 1*

| **Jahr** | **0** | **1** | **2** | **3** | **4** | **5** |
|---|---|---|---|---|---|---|
| EZÜ | –50.000,00 € | 12.000 € | 12.000 € | 12.000 € | 12.000 € | 12.000 € |
| Abzin-sungs-faktor | 1,0000 | 0,9434 | 0,8900 | 0,8396 | 0,7921 | 0,7473 |
| Barwert | –50.000,00 € | 11.320,80 € | 10.680,00 € | 10.075,20 € | 9.505,20 € | 8.967,60 € |
| **Kapital-wert** | **548,80 €** | | | | | |

*Tabelle 5.15: Ermittlung des Kapitalwerts Investition 2*

| **Jahr** | **0** | **1** | **2** | **3** | **4** | **5** | **6** |
|---|---|---|---|---|---|---|---|
| EZÜ | –75.000,00 € | 18.000 € | 18.000 € | 18.000 € | 18.000 € | 18.000 € | 18.000 € |
| Abzin-sungsf. | 1,0000 | 0,9434 | 0,8900 | 0,8396 | 0,7921 | 0,7473 | 0,7050 |
| Barwert | –75.000,00 € | 16.981,20 € | 16.020,00 € | 15.112,80 € | 14.257,80 € | 13.451,40 € | 12.690,00 € |
| **Kapital-wert** | **823,20 €** | | | | | | |

Bei einmaliger Durchführung sind beide Investitionen absolut vorteilhaft, weil sie positive Kapitalwerte aufweisen. Jedoch ist Investition 2 relativ vorteilhaft, weil ihr Kapitalwert höher ist als der von Investition 1.

Wird nun davon ausgegangen, dass die Investitionen – analog zu den statischen Methoden – jederzeit zu den gleichen unveränderten Konditionen, d. h. zu identischen Anschaffungskosten, die keinen Preissteigerungen unterliegen und zu unveränderten Einzahlungsüberschüssen durchgeführt werden können, ist die vereinfachend dargestellte Berechnung der Wiederholung(en) simpel.

Sollen die Investitionen z. B. vergleichbar gemacht werden, indem nicht der Kapitalwert bei einmaliger Durchführung entscheidend ist, sondern der Kapitalwert, der sich für eine identische Laufzeit ergibt, als Entscheidungskriterium fungieren, ist zunächst das kleinste gemeinsame Vielfache der Nutzungsdauern zu ermitteln. Dieses beträgt: 5 Jahre multipliziert mit 6 Jahren gleich 30 Jahre.

Innerhalb eines Betrachtungszeitraums von 30 Jahren wird Investition 1 sechsmal und Investition 2 fünfmal wiederholt. Die Berechnung kann nunmehr auf einen Zeitraum von 30 Jahren durchgeführt werden, indem in eine Tabelle für eine Nutzungsdauer von 30 Jahren identische Einzahlungsüberschüsse eingetragen werden, die mit den jeweiligen Abzinsungsfaktoren diskontiert werden. Dabei ist zu beachten, dass die Neuinvestition der Investitionskette 1 jeweils zu jedem fünften Jahresende, also nach fünf Jahren, nach zehn Jahren, nach 15 Jahren, nach 20 Jahren, nach 25 Jahren erfolgt und die jeweilige Anschaffungsausgabe mit den entsprechenden Abzinsungsfaktoren zu diskontieren ist. Bei der Investitionskette 2 erfolgt die Neuinvestition zu jedem sechsten Jahresende, also nach sechs Jahren, 12 Jahren, 18 Jahren und 24 Jahren. Diese Vorgehensweise ist recht aufwendig. Daher wird hier die Alternative dargestellt. Dabei wird der Kapitalwert der jeweiligen Investition bei einmaliger Durchführung (Investition 1 umfasst dabei eine Laufzeit von fünf Jahren, Investition 2 von sechs Jahren) mit der Anzahl der Wiederholungen multipliziert. Für das vorliegende Beispiel stellen sich die Kapitalwerte auf eine Laufzeit von 30 Jahren vereinfachend wie folgt dar:
Investition 1: 548,80 € × 6 = 3.292,80 €
Investition 2: 823,20 € × 5 = 4.119,00 €

Rechnerisch richtig ist folgende Betrachtung:

Investition 1: 548,80 € × 1 + 548,80 € × 0,7473 + 548,80 € × 0,5584 + 548,80 € × 0,4173 + 548,80 € × 0,3118 + 548,80 € × 0,2330
= 548,80 € + 410,12 € + 306,45 € + 229,01 € + 171,12 € + 127,87 €
= 1.793,37 €

Investition 2: 823,20 € + 823,20 € × 0,7050 + 823,20 € × 0,4970 + 823,20 € × 0,3503 + 823,20 € × 0,2470
= 823,20 € + 580,36 € + 409,13 € + 288,37 € + 203,33 €
= 2.304,39 €

Im Ergebnis ist festzuhalten, dass beide Alternativen absolut vorteilhaft sind. Bei unterschiedlicher Anzahl der Wiederholungen und gleicher Laufzeit bleibt Investition 2 relativ vorteilhaft, da ihr Kapitalwert höher als der Kapitalwert von Investition 1 ist.

In diesem Beispiel ist es egal, ob der Kapitalwert bei einmaliger, mehrmaliger oder unendlicher Laufzeit betrachtet wird, Investition 2 bleibt relativ vorteilhaft.

Dies muss nicht bei jedem Vergleich von Alternativen der Fall sein, wie das nachfolgende Beispiel bestätigt. Die Informationen zu den Investitionsalternativen 1 und 2 sind in der nachfolgenden Tabelle zusammengetragen.

*Tabelle 5.16: Zusammenstellung Investitionsalternativen 1 und 2*

| | **Investition 1** | **Investition 2** |
|---|---:|---:|
| Anschaffungswert | 25.000 € | 25.000 € |
| Erlöse p. a. | 20.600 € | 15.500 € |
| Betriebsauszahlungen p. a. | 3.000 € | 3.000 € |
| EZÜ (Einzahlungen – Auszahlungen) | 17.600 € | 12.500 € |
| Laufzeit | 2 Jahre | 3 Jahre |
| Kalkulationszins | 6 % | 6 % |

Beide Alternativen weisen die gleichen Anschaffungsausgaben aus, unterscheiden sich aber hinsichtlich der jährlichen Einzahlungsüberschüsse und ihrer Nutzungsdauern. Die Kapitalwerte bei einmaliger Durchführung werden in den nachfolgenden Tabellen berechnet:

*Tabelle 5.17: Ermittlung des Kapitalwerts Investition 1*

| **Jahr** | **0** | **1** | **2** |
|---|---:|---:|---:|
| EZÜ | –25.000,00 € | 17.600,00 € | 17.600,00 € |
| Abzinsungsfaktor | 1,0000 | 0,9434 | 0,8900 |
| Barwert | –25.000,00 € | 16.603,84 € | 15.664,00 € |
| **Kapitalwert** | **7.267,84 €** | | |

*Tabelle 5.18: Ermittlung des Kapitalwerts Investition 2*

| **Jahr** | **0** | **1** | **2** | **3** |
|---|---:|---:|---:|---:|
| EZÜ | –25.000,00 € | 12.500,00 € | 12.500,00 € | 12.500,00 € |
| Abzinsungsfaktor | 1,0000 | 0,9434 | 0,8900 | 0,8396 |
| Barwert | –25.000,00 € | 11.792,50 € | 11.125,00 € | 10.495,00 € |
| **Kapitalwert** | **8.412,50 €** | | | |

Beide Alternativen weisen positive Kapitalwerte auf und sind daher absolut vorteilhaft. Aufgrund des höheren Kapitalwerts ist Investition 2 relativ vorteilhaft.

Ist nun ein Vergleich der Alternativen über den Zeitraum des kleinsten gemeinsamen Vielfachen der Nutzungsdauern gewollt, wiederholt sich Investition 1 innerhalb einer Laufzeit von sechs Jahren (2 Jahre × 3 Jahre) dreimal, während sich Investition 2 zweimal wiederholt.

Der Kapitalwert auf eine Laufzeit von sechs Jahren berechnet sich wie folgt:
Investition 1: 7.267,84 € × 3 = 21.803,52 €
Investition 2: 8.412,50 € × 2 = 16.825,00 €.

Während bei einmaliger Durchführung Investition 2 relativ vorteilhaft ist, ist auf eine Laufzeit von sechs Jahren betrachtet Investition 1 zu wählen, weil ihr Kapitalwert höher ausfällt.

Die mathematisch richtige, nicht vereinfachende Berechnung sieht hingegen wie folgt aus: Sie wird am vorgenannten Beispiel (Tabelle 3.53 und 3.54) verdeutlicht.

Investition 1: 7.267,84 € × 1 + 7.267,84 € × 0,8900 + 7.267,84 € × 0,7921
= 7.267,84 € + 6.468,38 € + 5.756,86 €
= 19.493,08 €

Investition 2: 8.412,50 € × 1 + 8.412,50 € × 0,8396
= 8.412,50 € +7.063,14 €
= 15.475,64 €

Bei einmaliger Durchführung beträgt der Abzinsungsfaktor 1. Der Abzinsungsfaktor im weiteren Verlauf der Investitionskette hängt davon ab, zu welchem Zeitpunkt sich die jeweilige Investition wiederholt. In dem gewählten Beispiel verfügt Investition 1 über eine Nutzungsdauer von zwei Jahren und Investition 2 von drei Jahren. Das heißt, Investition 1 wird am Ende des Jahres 2 und 4 wiederholt, während sich Investition 2 am Ende des Jahres 3 wiederholt.

Alternativ kann die Berechnung auch über den gesamten Zeitraum (hier: sechs Jahre) vorgenommen werden:

*Tabelle 5.19: Ermittlung des Kapitalwerts Investition 1*

| **Jahr** | **0** | **1** | **2** | **3** | **4** | **5** | **6** |
|---|---|---|---|---|---|---|---|
| EZÜ | –25.000,00 € | 17.600,00 € | 17.600,00 € | 17.600,00 € | 17.600,00 € | 17.600,00 € | 17.600,00 € |
| Wiederholung | | | –25.000,00 € | | –25.000,00 € | | |
| Abzinsungsfaktor | 1,0000 | 0,9434 | 0,8900 | 0,8396 | 0,7921 | 0,7473 | 0,7050 |
| Barwert EZÜ | –25.000,00 € | 16.603,84 € | 15.664,00 € | 14.776,96 € | 13.940,96 € | 13.152,48 € | 12.408,00 € |
| Barwert Anschaffungsausgabe Wiederholung | | | –22.250,00 € | | –19.802,50 € | | |
| **Kapitalwert je Wiederholung** | | | **7.267,84 €** | | **6.497,92 €** | | **5.757,98 €** |
| **Kapitalwert gesamt** | | | | | | | **19.523,74 €** |

*Tabelle 5.20: Ermittlung des Kapitalwerts Investition 2*

| **Jahr** | **0** | **1** | **2** | **3** | **4** | **5** | **6** |
|---|---|---|---|---|---|---|---|
| EZÜ | –25.000,00 € | 12.500,00 € | 12.500,00 € | 12.500,00 € | 12.500,00 € | 12.500,00 € | 12.500,00 € |
| Wiederholung | | | | –25.000,00 € | | | |
| Abzinsungsfaktor | 1,0000 | 0,9434 | 0,8900 | 0,8396 | 0,7921 | 0,7473 | 0,7050 |
| Barwert EZÜ | –25.000,00€ | 11.792,50 € | 11.125,00 € | 10.495,00 € | 9.901,25 € | 9.341,25 € | 8.812,50 € |
| Barwert Anschaffungsausgabe Wiederholung | | | | –20.990,00 € | | | |
| **Kapitalwert je Wiederholung** | | | | **8.412,50 €** | | | **7.065,00 €** |
| **Kapitalwert gesamt** | | | | | | | **15.477,50 €** |

Die Abweichung zu den zuvor berechneten Kapitalwerten der Investitionsketten 1 und 2 resultiert daraus, dass die Berechnung über die gesamte Laufzeit – trotz Rundung der Abzinsungsfaktoren auf vier Nachkommastellen – genauer ist als die Berechnung ausgehend vom Kapitalwert bei einmaliger Durchführung, multipliziert jeweils mit dem Abzinsungsfaktor zum Ende der Jahre, in denen die Wiederholung erfolgt.

**Kapitalwertmethode bei unendlicher Nutzungsdauer**

Soll nunmehr die unendliche Investitionskette für die beiden vorgenannten Investitionsalternativen ermittelt werden, ist anzunehmen, dass der Investor weder die Zahlungsreihen der nachfolgenden Investitionen, noch die Endzeitpunkte der nachfolgenden Investitionsreihen kennt.

Er behilft sich folglich mit der Annahme der unendlichen Investitionskette.

Der **Kapitalwert** einer solchen **unendlichen** Investitionskette beträgt:[29]

$$C_0^K(N) = C_0(N) \times \frac{AUF^N}{AUF^N - 1}$$

Es bedeuten:

| | |
|---|---|
| $C_0^K(N)$ | Kapitalwert einer Investitionskette, mit einer Nutzungsdauer von N Perioden der einzelnen Investitionen der Kette |
| $C_0(N)$ | Kapitalwert der Erstinvestition mit einer Nutzungsdauer von N Perioden |
| $AUF^N$ | Aufzinsungsfaktor für N Perioden |

29 Vgl. Müller, Investitionsrechnung und Investitionscontrolling, 2. Aufl., Berlin 2014, S. 363.

Für Investition 1[30] ermittelt sich ein Kapitalwert der unendlichen Investitionskette i. H. v.:

$$\text{Kapitalwert bei unendlicher Nutzungsdauer} = 548{,}80\ € \times \frac{1{,}06^5}{1{,}06^5 - 1}$$

$$= 548{,}80\ € \times \frac{1{,}338225578}{0{,}338225578}$$

$$= 548{,}80\ € \times 3{,}956606669$$
$$= 2.171{,}39\ €$$

Für Investition 2 ermittelt sich der Kapitalwert bei unendlicher Investitionskette wie folgt:

$$\text{Kapitalwert bei unendlicher Nutzungsdauer} = 823{,}20\ € \times \frac{1{,}06^6}{1{,}06^6 - 1}$$

$$= 823{,}20\ € \times \frac{1{,}418519112}{0{,}418519112}$$

$$= 823{,}20\ € \times 3{,}389377143$$
$$= 2.790{,}14\ €$$

Beide Investitionen sind absolut vorteilhaft, da sie jeweils einen positiven Kapitalwert aufweisen, jedoch ist Investition 2 relativ vorteilhafter, da sie im Vergleich der beiden Investitionsalternativen den höheren Kapitalwert aufweist.

Wie zur Betrachtung bei identischen Investitionsketten bereits ausgeführt existieren auch Fälle, in denen sich die relative Vorteilhaftigkeit gegenüber der einmaligen Durchführung umkehrt. Das zweite Beispiel benutzt dazu die Investitionsalternativen 1 und 2 von S. 105 deren Anschaffungswerte sich entsprechen, die Einzahlungsüberschüsse und Nutzungsdauern aber variieren. Bei einmaliger Durchführung weist Investition 1 einen Kapitalwert i. H. v. 7.267,84 € und Investition 2 i. H. v. 8.412,50 € auf.[31]

Der Kapitalwert unter Annahme einer unendlichen Investitionskette beträgt für Investition 1:

$$\text{Kapitalwert bei unendlicher Nutzungsdauer} = 7.267{,}84\ € \times \frac{1{,}06^2}{1{,}06^2 - 1}$$

$$=7.267{,}84\ € \times \frac{1{,}1236}{0{,}1236}$$

$$= 7.267{,}84\ € \times 9{,}090614887$$
$$= 66.069{,}13\ €$$

30 Es wird für die Darstellung der Rechentechnik auf die Zahlen des Ausgangsbeispiels von S. 105 zurückgegriffen.

31 Zahlen von S. 109, Tabelle 5.19 und S. 108, Tabelle 5.20.

Der Kapitalwert unter Annahme einer unendlichen Investitionskette beträgt für Investition 2:

$$\text{Kapitalwert bei unendlicher Nutzungsdauer} = 8.412{,}50\ € \times \frac{1{,}06^3}{1{,}06^3 - 1}$$

$$= 8.412{,}50\ € \times \frac{1{,}191016}{0{,}191016}$$

$$= 8.412{,}50\ € \times 6{,}235163547$$
$$= 52.453{,}31\ €$$

In diesem Beispiel kehrt sich die relative Vorteilhaftigkeit um. Der Kapitalwert der Investitionsalternative 1 ist höher als der von Investitionsalternative 2. Beide sind jedoch absolut vorteilhaft, weil sie jeweils einen positiven Kapitalwert aufweisen.

Zwar ist nicht davon auszugehen, dass sich Anschaffungs- und Unterhaltungskosten über eine unendliche Nutzungsdauern nicht ändern; gleichwohl ist insbesondere bei langlebigen Vermögensgegenständen wie Entwässerungs- und Abwasserbeseitigungsanlagen (umgangssprachlich „Kanäle“ usw.), Straßen, Brücken und anderem Infrastrukturvermögen von einer unendlichen Nutzungsdauer auszugehen. Diese werden schon seit Menschengedenken genutzt, und es wird immer entsprechender Bedarf bestehen.

## 5.3 Methode des internen Zinsfußes

Bei der **Methode des internen Zinsfußes** wird nicht von einem vorgegebenen Zinsfuß ausgegangen, sondern es wird der Zins ermittelt, bei dem der Kapitalwert einer Investition null wird. Bei diesem Zinsfuß sind die Barwerte aller Einzahlungen und Auszahlungen gleich groß. Mathematisch lässt sich die Methode des internen Zinsfußes folgendermaßen ausdrücken:

$$\sum_{t=0}^{n} (E_t - A_t)\,(1 + i)^{-t} = 0$$

Es bedeuten:

$E_t$ = Einzahlungen am Ende der Periode t

$A_t$ = Auszahlungen am Ende der Periode t

i = interner Zinsfuß

t = Periode

n = Nutzungsdauer der Investition

Ein Vergleich mit der Kapitalwertmethode lässt erkennen, dass der Grundansatz identisch ist. Die Methode des internen Zinsfußes unterscheidet sich von der Kapitalwertmethode dahingehend, dass bei der Kapitalwertmethode der Kalkulationszins vorgegeben wird, wohingegen bei der Methode des internen Zinsfußes der Zins gesucht wird, bei dem der Kapitalwert null wird. Die obige Gleichung muss natürlich nach i aufgelöst werden. In der Praxis wird dies durch geeignete technikgestützte Rechenprogramme ermöglicht.[32]

**Zwei Spezialfälle können einfach gelöst werden:**
1. der Fall einer Auszahlung und einer Einzahlung und
2. der Fall einer Auszahlung und mehrerer konstanter Einzahlungen.

**1. Fall: Eine Auszahlung und eine Einzahlung**

Um zu verdeutlichen, dass es sich bei der Methode des internen Zinses nur um eine Abwandlung des allgemeinen Ansatzes handelt, wie er für alle dynamischen Verfahren gültig ist, wird auf den Spezialfall einer Auszahlung zu Beginn und einer Einzahlung am Ende der Investitionslaufzeit zurückgegriffen. Dann kann von der für den Kapitalwert gültigen Ausgangsformel

$$C_0 = \sum_{t=0}^{n} (E_t - A_t)\,(1 + i)^{-t}$$

oder, vereinfacht ausgedrückt,

$$C_0 = A_0 + \text{Abzf}_t.\ E_t$$

$C_0$ = Kapitalwert
$A_0$ = Anschaffungsauswert
$E_t$ = Einzahlung im Zeitpunkt t
t = Periode
Abzf. = Abzinsungsfaktor

ausgegangen werden. Dabei soll $C_0$ gleich null sein, und der interne Zins, der im Abzinsungsfaktor enthalten ist, wird gesucht. Die Formel kann also umgestellt werden:

$$0 = A_0 + \text{Abzf.}\ E_t$$

$$\text{Abzf.} = \frac{-A_0}{E_t}$$

Ein Zahlenbeispiel soll die Rechnungsweise verdeutlichen. Im Entscheidungszeitpunkt werden 10.000 € ausgezahlt, nach zwei Jahren kommen 12.100 € zurück.

32 Vgl. *Odenthal*, Investitionsrechnung, a. a. O.

*Tabelle 5.21: Interner Zins mit einer Auszahlung und einer Einzahlung*

| | |
|---|---:|
| Auszahlung | –10.000 € |
| Einzahlung | 12.100 € |
| Perioden | 2 |

Nach obigem Ansatz errechnet sich der interne Zins als:

$$\text{Abzf.} = \frac{-(-10.000\ €)}{12.100\ €}$$

$$\text{Abzf.} = 0{,}8264$$

Ein Blick in die Abzinsungstabelle führt bei einer Laufzeit von zwei Jahren zu einem Zinssatz von 10 %.

Der interne Zins einer Maßnahme allein ist nicht aussagefähig, es bedarf immer eines Vergleichs:

**erw. Mindestverzinsung <?> int. Zins Alternative 1 <?> int. Zins Alternative 2**

Das Entscheidungskriterium ist die Höhe des internen Zinses. Eine Maßnahme, die einen internen Zins aufweist, der über der erwarteten Mindestverzinsung liegt, ist vorteilhaft. Aus der Menge der Alternativen, die dieses erste Kriterium erfüllen, wird diejenige ausgewählt, die den höchsten internen Zins aufweist.

**2. Fall: Mehrmaliger, gleich hoher Betrag bei den jährlichen Einzahlungsüberschüssen**

Die zweite Variante der Ermittlung des internen Zinses geht von einer Auszahlung und mehreren, aber konstanten Rückflüssen/Einzahlungsüberschüssen aus.

| | | |
|---|---|---|
| Situation: | Anschaffungswert: | 50.000 € |
| | konstante Einzahlungsüberschüsse: | 11.870 € |
| | Dauer: | 5 Jahre |

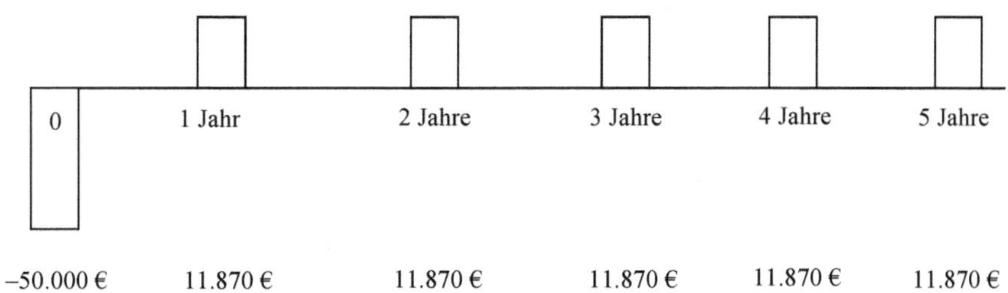


*Abbildung 5.6: Interne Zinsberechnung bei einer einmaligen Auszahlung und mehreren konstanten Einzahlungsüberschüssen*

Da die 11.870 € ein konstanter Betrag sind, kann mit dem Rentenbarwertfaktor gerechnet werden.

Kapitalwert = –50.000 € + 11.870 € × $RBF_{(5\ Jahre,\ Zins\ =\ ?)}$

Der interne Zins führt dazu, dass der Kapitalwert gleich null wird.

0 = –50.000 € + 11.870 € × $RBF_{(5\ Jahre,\ Zins\ =\ ?)}$

50.000 € = + 11.870 € × $RBF_{(5\ Jahre,\ Zins\ =\ ?)}$

50.000 € / 11.870 € = $RBF_{(5\ Jahre,\ Zins\ =\ ?)}$

4,2123 = 6 % bei 5 Jahren (s. Tabelle Rentenbarwertfaktoren)

Die Verzinsung liegt somit knapp über 6 %.

**3. Fall: Allgemeiner Fall mehrerer unterschiedlich hoher jährlicher Einzahlungsüberschüsse**

Der allgemeine Fall einer anfänglichen Auszahlung und mehrerer unterschiedlicher zukünftiger Einzahlungsüberschüsse ist schwieriger zu lösen. Die Lösung kann entweder über ein grafisches Verfahren oder rechnerisch durch Interpolation zwischen zwei Tabellenwerten geschehen. Zunächst sei die grafische Variante vorgestellt.

Dazu sei von einer Investition ausgegangen, die durch eine Auszahlung in Höhe von 50.000 € für eine Laufzeit von fünf Jahren gekennzeichnet ist. Als jährliche Einzahlungsüberschüsse werden folgende Werte erwartet:

| Jahr | EÜ |
|---|---|
| 1 | 20.000 € |
| 2 | 20.000 € |
| 3 | 12.500 € |
| 4 | 5.000 € |
| 5 | 2.500 € |

Ein derartiger Verlauf kann erwartet werden, wenn ein Produkt im Laufe seines Produktlebenszyklus für die Kunden immer uninteressanter wird bzw. die Konkurrenz nachzieht und auf dem Markt auftritt.

Im ersten Schritt wird ein Kapitalwert unter Verwendung eines Kalkulationszinssatzes von 8 % errechnet. Er beträgt 963,00 €. Also muss die Verzinsung dieser Investitionsalternative über 8 % liegen, denn der Kapitalwert ist größer als null.

*Tabelle 5.22: Erster Kapitalwert mit 8 %*

| | 0 | 1 | 2 | 3 | 4 | 5 |
|---|---|---|---|---|---|---|
| Einzahlungsüberschuss | –50.000,00 € | 20.000,00 € | 20.000,00 € | 12.500,00 € | 5.000,00 € | 2.500,00 € |
| Abzinsungsfaktor | 1,0000 | 0,9259 | 0,8573 | 0,7938 | 0,7350 | 0,6806 |
| Barwert | –50.000,00 € | 18.518,00 € | 17.146,00 € | 9.922,50 € | 3.675,00 € | 1.701,50 € |
| **Kapitalwert** | **963,00 €** | | | | | |

Da der Kapitalwert positiv ist, muss der Zinssatz erhöht werden, um einen kleineren Kapitalwert zu erreichen. Der zweite Durchlauf wird mit 10 % gerechnet und ergibt einen Kapitalwert von – 931,50 €.

*Tabelle 5.23: Zweiter Kapitalwert mit 10 %*

| | 0 | 1 | 2 | 3 | 4 | 5 |
|---|---|---|---|---|---|---|
| Einzahlungsüberschuss | –50.000,00 € | 20.000,00 € | 20.000,00 € | 12.500,00 € | 5.000,00 € | 2.500,00 € |
| Abzinsungsfaktor | 1,0000 | 0,9091 | 0,8264 | 0,7513 | 0,6830 | 0,6209 |
| Barwert | –50.000,00 € | 18.182,00 € | 16.528,00 € | 9.391,25 € | 3.415,00 € | 1.552,25 € |
| **Kapitalwert** | **–931,50 €** | | | | | |

Somit muss die interne Verzinsung zwischen 8 % und 10 % liegen, denn es liegt bei 8 % ein positiver Kapitalwert und bei 10 % ein negativer vor. Zufällig liegen die Werte beinahe symmetrisch zu null, so dass in erster Näherung vermutet werden darf, dass der tatsächliche Wert bei 9 % liegen wird.

Für die Grafik werden die ermittelten Kapitalwert-Zins-Kombinationen eingetragen und dann die beiden Punkte mit einer Geraden verbunden. Dort wo die Gerade die Y-Achse schneidet, also bei einem Kapitalwert von null, kann auf der Y-Achse der interne Zins abgelesen werden.

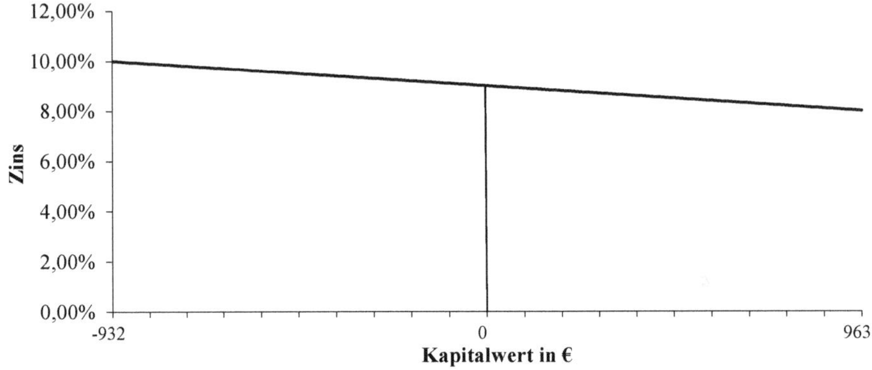


*Abbildung 5.7: Grafische Lösung bei zwei Kapitalwerten*

Die Lösung ist auch rechnerisch möglich.

Dazu werden in folgende Formel die ermittelten Werte eingesetzt:

$$\text{Interner Zins} = \text{Zinssatz mit positivem Kapitalwert} - \text{Positiver Kapitalwert} \times \frac{\text{Zinssatz mit negativem Kapitalwert} - \text{Zinssatz mit positivem Kapitalwert}}{\text{Negativer Kapitalwert} - \text{Positiver Kapitalwert}}$$

Für das gewählte Zahlenbeispiel ergibt sich Folgendes:

$$\text{interner Zins} = 8\,\% - 963\,€ \times \frac{10\,\% - 8\,\%}{-932\,€ - 963\,€}$$

$$\text{interner Zins} = 9\,\%$$

Der mittels finanzmathematischer Funktion in einem Tabellenkalkulationsprogramm ermittelte Wert beträgt 9,001 %. Somit sind die grafische als auch die rechnerische Genauigkeit als ausreichend anzusehen. Werden Zinssätze gewählt, die zu Kapitalwerten führen, die weit von null abweichen, werden die grafisch oder durch Interpolation ermittelten internen Zinssätze ungenauer.

**Interpolationslösung in mehreren Schritten**

Anstelle einer Anwendung der obigen Formel kann das Problem auch in mehreren einzelnen Schritten gelöst werden. Im Prinzip wird inhaltlich das Gleiche gemacht wie oben dargestellt.

Es bleibe bei den obigen Zahlen, d. h.:
Investitionssumme: 50.000 €
Nutzungsdauer: 5 Jahre

| Jahr | EÜ |
|---|---|
| 1 | 20.000 € |
| 2 | 20.000 € |
| 3 | 12.500 € |
| 4 | 5.000 € |
| 5 | 2.500 € |

**1. Schritt: Ermittlung von zwei Kapitalwerten**
Ermittlung von zwei Kapitalwerten, die möglichst symmetrisch zu null liegen. Es muss ein positiver und ein negativer Kapitalwert ermittelt werden.

Siehe dazu die Vorgehensweise weiter oben.

1. Kapitalwert bei 8 %: 963,00 €
2. Kapitalwert bei 10 %: –931,50 €

**2. Schritt: Ermittlung der Gesamtdifferenz der Kapitalwerte**

Differenz der Kapitalwerte = positiver Kapitalwert + absoluter negativer Kapitalwert

$$1.894{,}50\ € = 963{,}00\ € + 931{,}50\ €$$

**3. Schritt: Ermittlung der Differenz zwischen einem Kapitalwert und null**
Ausgehend vom positiven Kapitalwert i. H. v. 963,00 € ist die Differenz zum Wert null 963,00 €.

Bei einer gesamten Differenz i. H. v. 1.894,50 € machen 963,00 € relativ aus:

$$\text{rel. Differenz} = \frac{963{,}00\ €}{1.894{,}50\ €} \times 100$$

$$\text{rel. Differenz} = 50{,}83\ \%$$

**4. Schritt: Gewichtung der Differenz der Zinssätze mit der rel. Differenz der Kapitalwertdifferenz zu Null aus Schritt 3**
In Schritt 3 wurde ermittelt, dass der Kapitalwert von Null 50,83 % der Differenz der wertmäßigen Kapitalwerte vom positiven Kapitalwert entfernt liegt. Diese Erkenntnis muss nun auf die Zinssätze übertragen werden, wobei aus Vereinfachungsgründen unterstellt wird, dass die Kapitalwertfunktion (s. u.) eine Gerade ist.

$$\text{gewichtete rel. Differenz der Zinssätze} = (10\ \% - 8\ \%) \times 0{,}5083$$
$$\text{gewichtete rel. Differenz der Zinssätze} = 1{,}0166\ \text{Prozentpunkte}$$

**5. Schritt: Addition von Zinssatz des positiven Kapitalwerts plus zusätzlichen Prozentpunkten aus Schritt 4**
Da in Schritt 3 vom positiven Kapitalwert ausgegangen wurde, der Zinssatz dazu betrug 8 %, muss der Zinssatz erhöht werden, um den Kapitalwert auf null zu senken.

Der Zinssatz muss um die in Schritt 4 ermittelten Prozentpunkte erhöht werden:

$$\text{interner Zins} = \text{Zins für positiven Kapitalwert} + \text{gew. rel. Differenz}$$

$$\text{interner Zins} = 8\ \% + 1{,}0166\ \%$$
$$\text{interner Zins} = 9{,}0166\ \%$$

Bei Krediten verläuft die Kapitalwertfunktion bei steigenden Zinsen umgekehrt zum Verlauf bei Investitionen, d. h. bei steigenden Zinssätzen steigt der Kapitalwert und umgekehrt. Dies führt dazu, dass bei obiger Vorgehensweise die ermittelte gewichtete Differenz der Zinssätze vom Zinssatz, der zu einem positiven Kapitalwert geführt hat, abgezogen und nicht addiert werden muss.[33]

**Newton'sches Näherungsverfahren**
Ein alternatives Verfahren zur rechnerischen Ermittlung des internen Zinsfußes, wobei der Rechenaufwand etwas reduziert wird, ist die Ermittlung mittels **Newton'schem Näherungsverfahren.**[34]

Statt zwei Kapitalwerte zu ermitteln, die möglichst auch noch symmetrisch[35] zum Kapitalwert von 0 liegen, wird nur ein Kapitalwert ermittelt. An dieser Stelle der Kapitalwertfunktion wird dann die Tangente angelegt, die dann die Achse des Koordinatensystems bereits sehr nah vom Kapitalwert von 0 schneidet. Besonders exakt gelingt die Bestimmung des internen Zinses dann, wenn der ermittelte Kapitalwert bei einem vorgegebenen Zins $i_1$ möglichst nahe an 0 liegt.

33 Vgl. auch Kap. 2.3.1.

34 Das Newton'sche Näherungsverfahren dient zur Ermittlung von Nullstellen einer beliebigen Funktion unter Verwendung einer an die Funktion angelegten Tangente. Die Tangente ist die erste Ableitung der Ursprungsfunktion an einer dezidierten Stelle.

35 Das heißt, die lineare Interpolation erfolgt über einen positiven und einen negativen Kapitalwert.

Die Idee des Newton'schen Näherungsverfahrens ist in der folgenden Abbildung verdeutlicht:[36]

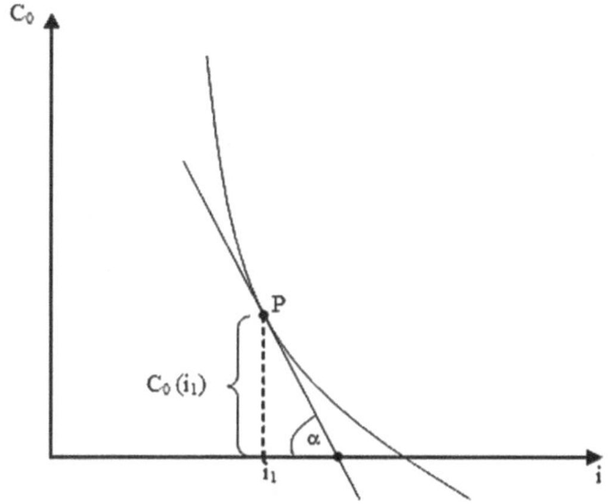


*Abbildung 5.8: Newton'sches Näherungsverfahren*

$C_0(i_1)$ ist der erste ermittelte Kapitalwert bei einem gegebenen Zins. Die Tangente in P schneidet die X-Achse, auf der die Kalkulationszinssätze abgetragen werden oberhalb von $i_1$ und unterhalb des Zinssatzes, bei dem $C_0$ zu Null wird.

Die Näherungsformel lautet:

$$i_2 = i_1 - \frac{C_0(i_1)}{C_0'(i_1)}$$

Es ist auf die erste Ableitung im Nenner zu achten. Diese gibt die Steigung in Abbildung 5.8 an. Die Abbildung verdeutlicht, dass es sich bei der Kapitalwertfunktion nicht um eine Gerade handelt. Das Newton'sche Näherungsverfahren unterstellt aber einen linearen Verlauf der Kapitalwertfunktion, also eine Gerade. Anderenfalls kann keine lineare Interpolation erfolgen.

Es wird wieder von nachfolgenden Beispielzahlen (S. 117) ausgegangen:

| Jahr | EÜ |
|---|---|
| 0 | –50.000 € |
| 1 | 20.000 € |
| 2 | 20.000 € |
| 3 | 12.500 € |
| 4 | 5.000 € |
| 5 | 2.500 € |

36 Entnommen von https://www.wiwiweb.de/investitionsrechnung/irverfahren/dynamischeir/izinsiv.html, abgerufen am 20.2.2023.

Ausgegangen wird vom Kapitalwert $C_0$ = 693,00 €, der mit einem Zins von 8 % ermittelt wurde.

Zur Vorbereitung des Newtonschen Näherungsverfahrens ist die erste Ableitung an der Stelle von 8 % aufzustellen.

$$C_0(8\ \%) = -50.000\ € + 20.000\ € \times 1{,}08^{-1} + 20.000\ € \times 1{,}08^{-2} + 12.500\ € \times 1{,}08^{-3} + 5.000\ € \times 1{,}08^{-4} + 2.500\ € \times 1{,}08^{-5}$$

$$C'_0(8\ \%) = -20.000\ € \times 1{,}08^{-2} - 40.000\ € \times 1{,}08^{-3} - 37.500\ € \times 1{,}08^{-4} - 20.000\ € \times 1{,}08^{-5} - 12.500\ € \times 1{,}08^{-6}$$

Bei den Faktoren $1{,}08^x$ handelt es sich um Abzinsungsfaktoren für einen Zinssatz von 8 %.

$$C'_0(8\ \%) = -20.000\ € \times 0{,}8573 - 40.000\ € \times 0{,}7938 - 37.500\ € \times 0{,}7350 - 20.000\ € \times 0{,}6806 - 12.500\ € \times 0{,}6302$$

$$C'_0(8\ \%) = -17.146\ € - 31.752\ € - 27.562{,}50\ € - 13.612\ € - 7.877{,}50\ €$$

$$C'_0(8\ \%) = -97.950\ €$$

Dies wird nunmehr in die Newton'sche Näherungsformel eingesetzt:

$$i_2 = 0{,}08 - \frac{963\ €}{-97.950\ €}$$

$$i_2 = 0{,}08 + 0{,}009832$$

$$i_2 = 0{,}089832$$

Dieser Wert liegt sehr nahe bei 9 %.

Bei diesem Verfahren wird die die Ermittlung eines zweiten Kapitalwerts ersetzt durch die erste Ableitung an der Stelle des ersten Zinssatzes. Die rechnerische Interpolation zwischen zwei Kapitalwerten entfällt.

Bei der Methode des internen Zinsfußes gelten die gleichen Überlegungen hinsichtlich der Schwierigkeiten wie bei der Kapitalwertmethode. Besonders erwähnenswert ist, dass bei der internen Zinsfußmethode bei unterschiedlichen Laufzeiten und unterschiedlichem Kapitaleinsatz unterstellt wird, dass die Überschüsse zum jeweiligen internen Zinsfuß angelegt werden. Dies ist dann besonders zu beachten und kritisch zu hinterfragen, wenn sich eine Investition durch einen besonders hohen internen Zins auszeichnet.

Da es sich wie für alle vorgestellten Verfahren beschrieben um Näherungsverfahren handelt, sollten die gewählten Kalkulationszinssätze – unabhängig davon, ob die Lösung rechnerisch und/oder grafisch herbeigeführt wird – nicht weiter als 4 Prozentpunkte voneinander entfernt gewählt werden. Der Interpolationsfehler, d. h. die durch Annahme eines linearen Verlaufs auftretende Unschärfe, wird somit klein gehalten.

## 5.4 Kapitalwertfunktion

Aus der Erkenntnis, dass sich der Kapitalwert in Abhängigkeit vom gewählten Zinssatz verändert, lässt sich die **Kapitalwertfunktion** herleiten. Mit steigendem Zins wird der Kapitalwert immer niedriger.

Um eine Kapitalwertfunktion zeichnen zu können, muss der Kapitalwert einer Investitionsalternative bei alternativen Zinssätzen ermittelt werden.

Als Beispiel wird auf die eben benutzten Werte zurückgegriffen, hier nochmals als zeitlich geordnete Tabelle zusammengestellt:

| Jahr | EÜ |
|---|---|
| 0 | –50.000 € |
| 1 | 20.000 € |
| 2 | 20.000 € |
| 3 | 12.500 € |
| 4 | 5.000 € |
| 5 | 2.500 € |

Dann wird eine Wertetabelle angelegt, die die errechneten Kapitalwerte bei unterschiedlichen Zinssätzen wiedergibt.

*Tabelle 5.24: Kapitalwerte bei unterschiedlichen Zinssätzen*

| Zinssatz in % | Kapitalwert |
|---|---|
| 5,0 | 4.059 € |
| 5,5 | 3.520 € |
| 6,0 | 2.992 € |
| 6,5 | 2.472 € |
| 7,0 | 1.961 € |
| 7,5 | 1.459 € |
| 8,0 | 965 € |
| 8,5 | 479 € |
| 9,0 | 1 € |
| 9,5 | –468 € |
| 10,0 | –930 € |

Diese Werte, in eine Grafik umgesetzt, ergeben die Kapitalwertfunktion.

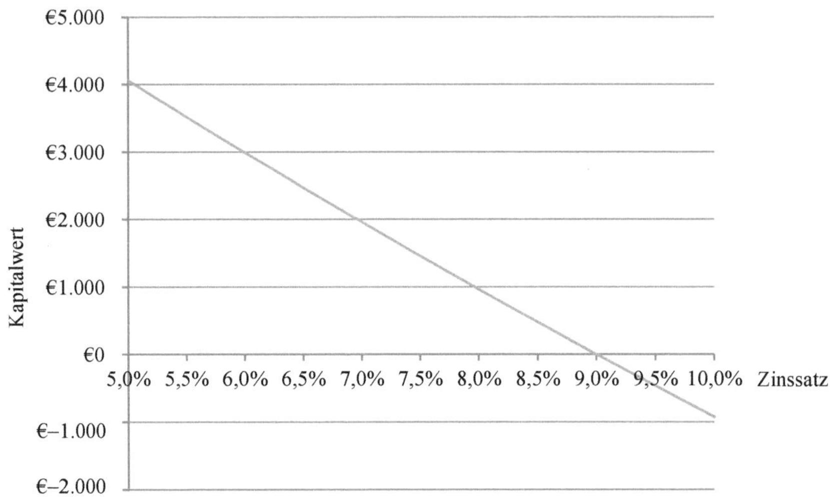


*Abbildung 5.9: Verlauf der Kapitalwertfunktion*[37]

Bei einem Wert knapp über 9 % beträgt der Kapitalwert null.

Genau genommen handelt es sich nicht um eine Gerade, wie es in der Grafik den Anschein hat, doch die Annahme einer Geraden ist praxisnah und genau genug.

## 5.5 Annuitätenmethode

Das **Annuitätenverfahren** berechnet aus Zahlungsströmen unter Berücksichtigung von Zinseffekten konstante jährliche Einzahlungen und konstante jährliche Auszahlungen, die **„Annuitäten"** genannt werden.

***Beispiel:***
*Es ist ein Anfangskapital von 20.000 € vorhanden. Welcher gleich hohe Betrag kann jeweils drei Jahre lang abgehoben werden, damit bei 6 % Zinsen am Ende der drei Jahre alles aufgebraucht ist?*

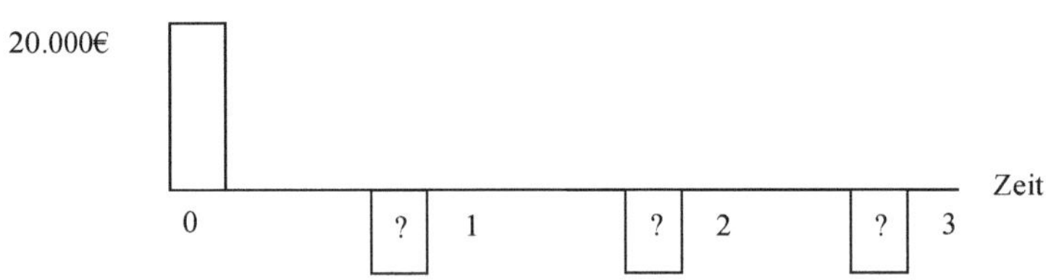


37 Die Darstellung unterscheidet sich von der vorherigen Abbildung dadurch, dass die Achsen vertauscht sind. Im vorliegenden Fall wurde die übliche Darstellungsweise, bei der die X-Achse der unabhängigen und die Y-Achse der abhängigen Variablen entspricht, gewählt.

Die Ableitung gelingt mit dem allgemeinen Ansatz der Kapitalwertmethode unter Verwendung von Rentenbarwertfaktoren.

$$\text{Barwert Anfangsbestand} = \text{RBF} \times \text{konst. Ausgaben}$$

Im vorliegenden Fall wird angesetzt:

$$20.000\ € = \text{RBF} \times x$$

Der Rentenbarwertfaktor liegt bei drei Jahren und 6 % Zins beträgt 2,6730. Damit ergibt sich:

$$20.000\ € = 2{,}6730 \times x$$

Umgestellt berechnet sich:

$$20.000\ € \times \frac{1}{2{,}6730} = x$$

$$7.482{,}23\ € = x$$

Es können drei Jahre lang jeweils 7.482,23 € abgehoben werden.

Würde die Sache statisch angegangen, könnten nur 6.667 € (20.000 € geteilt durch drei Jahre) entnommen werden. Dabei sind dann keine Zinseffekte berücksichtigt.

Wie zu erkennen, wird ein Wert, der auf die Periode 0 bezogen ist, durch Multiplikation mit dem Kehrwert des Rentenbarwertfaktors gleichmäßig auf die Zeit verteilt.

$$x = 20.000\ € \times \frac{1}{\text{RBF}}$$

Mathematisch kann es folgendermaßen ausgedrückt werden:

$$a = C_0 \times \frac{i}{1-(1+i)^{-n}}$$

Dabei bedeuten:
a = Annuität
$C_0$ = Kapitalwert
i = Kalkulationszins
n = Laufzeit der Investition

Die Annuität ist vornehmlich bei Finanzierungsfragen nützlich, bspw. kann bei gegebener Kreditsumme die jährliche Belastung berechnet werden. Die Zusammensetzung der Rate ändert sich im Verlauf der Laufzeit; am Anfang ist der Zinsanteil hoch und die Tilgung gering, am Ende ist die Tilgung hoch und der Zinsanteil gering. Oder die

Investitionsalternative „Kauf“ kann mit einer Variante Miete oder Leasing verglichen werden, indem die jährlichen Belastungen ausgerechnet werden.

Neben der Annuität werden in Klausuren zum Teil auch die Berechnung der sog. „Ein-“ bzw. „Auszahlungsannuitäten“ gefordert. Bei der Einzahlungsannuität werden ausschließlich die Einzahlungen berücksichtigt. Diese werden auf den Entscheidungszeitpunkt $t_0$ abgezinst und die Barwerte summiert. Die resultierende Barwertsumme wird durch den Rentenbarwertfaktor dividiert. Entsprechend werden bei der Berechnung der Auszahlungsannuität ausschließlich die Auszahlungen betrachtet. Diese werden auf den Entscheidungszeitpunkt abgezinst und die Barwertsumme ermittelt. Diese wird durch den Rentenbarwertfaktor dividiert.

$$\text{Auszahlungsannuität} = \frac{\text{Barwertsumme der Auszahlungen}}{\text{Rentenbarwertfaktor}}$$

$$\text{Einzahlungsannuität} = \frac{\text{Barwertsumme der Einzahlungen}}{\text{Rentenbarwertfaktor}}$$

Die Ermittlung der Auszahlungsannuität kann gerade bei Kommunen zweckmäßig sein, da hier der Anschaffungsauszahlung häufig lediglich jährliche Auszahlungen folgen. Bei mehreren zur Verfügung stehenden Alternativen ist dann diejenige Alternative zu wählen (relativ vorteilhaft), die geringere Auszahlungen pro Jahr impliziert. Ein Berechnungsbeispiel findet sich in Übungsaufgabe 9 b), S. 139 (Aufgabe), S. 149 f. (Lösung).

## 5.6 Dynamische Amortisationsrechnung

Das bereits vorgestellte Verfahren der Amortisationsrechnung kann auch im Rahmen einer dynamischen Investitionsbetrachtung angewendet werden. Auch hier lautet die zentrale Frage: Wann decken die Rückflüsse einer Investitionsalternative die laufenden Betriebsauszahlungen und die getätigten Anschaffungsauszahlungen? Bei der dynamischen Amortisationsrechnung werden allerdings zusätzlich Zins- und Zinseszinseffekte mit in die Betrachtung einbezogen.

Grundsätzlich ist eine möglichst kurze Amortisationszeit vom Investor anzustreben, da zukünftige Zahlungen nicht mit Sicherheit eingeplant werden können. Die dynamische Amortisationszeit kann somit dem Investor als Risikokennzahl dienen.

Eine Investition hat sich dann (dynamisch) amortisiert, **wenn der Kapitalwert in Abhängigkeit von der Nutzungsdauer erstmals null wird.**

Wird der Kapitalwert einer Investition erstmals positiv, werden sowohl der Anschaffungswert, die laufenden Betriebskosten als auch die kalkulatorischen Zinsen durch die Rückflüsse gedeckt.

Als Beispiel sollen die Werte aus dem Kapitel der statischen Amortisationsrechnung (Kap. 4.5) dienen, die hier nochmals wiederholt werden:

***Beispiel:***
*Eine Maschine zur Herstellung von Strohhalmen verursacht bis zur Inbetriebnahme Auszahlungen in Höhe von 100.000 €. Darin sind auch das notwendige Fundament, die elektrischen Anschlüsse usw. enthalten. Ihre Lebensdauer wird auf zehn Jahre geschätzt. Die Produktionskapazität beträgt 100.000 Packungen Strohhalme pro Jahr. Jedes Paket kann zu einem Preis von 0,50 € abgesetzt werden. Zur Herstellung eines Pakets müssen 0,31 € aufgewendet werden. Darin sind Energie, Rohstoffe und Personalkosten enthalten. Es ist davon auszugehen, dass dem Geldgeber jährlich 5 % Zinsen auf das Kapital (keine Tilgung!) gezahlt werden müssen. Der Kalkulationszins soll 6 % betragen.*

Wie bereits berechnet, beträgt der jährliche Rückfluss der Maschine zur Herstellung von Strohhalmen 16.500,00 €. Somit ergibt sich folgende dynamische Amortisationsrechnung:

*Tabelle 5.25: Ermittlung dynamischer Amortisationszeitpunkt*

| **Laufzeit** | **Einzahlungs-überschüsse (Zeitwerte)** | **Abzinsungs-faktoren für 6 %** | **Einzahlungs-überschüsse (Barwerte)[38]** | **kumulierte Einzahlungs-überschüsse (Barwerte)** |
|---|---|---|---|---|
| 0 | −100.000,00 € | 1,0000 | −100.000,00 € | |
| 1 | 16.500,00 € | 0,9434 | 15.566,04 € | −84.433,96 € |
| 2 | 16.500,00 € | 0,8900 | 14.684,94 € | −69.749,02 € |
| 3 | 16.500,00 € | 0,8396 | 13.853,72 € | −55.895,30 € |
| 4 | 16.500,00 € | 0,7921 | 13.069,55 € | −42.825,75 € |
| 5 | 16.500,00 € | 0,7473 | 12.329,76 € | −30.495,99 € |
| 6 | 16.500,00 € | 0,7050 | 11.631,85 € | −18.864,14 € |
| 7 | 16.500,00 € | 0,6651 | 10.973,44 € | −7.890,70 € |
| 8 | 16.500,00 € | 0,6274 | 10.352,30 € | 2.461,60 € |
| 9 | 16.500,00 € | 0,5919 | 9.766,32 € | 12.227,92 € |
| 10 | 16.500,00 € | 0,5584 | 9.213,51 € | 21.441,43 € |

Die Investition hat sich im achten Jahr dynamisch amortisiert, da der kumulierte EZÜ hier positiv wird.

Soll der Amortisationszeitpunkt nunmehr möglichst genau bestimmt werden, ist der kumulierte EZÜ des Jahres, in dem die Amortisation erreicht wird (hier: Jahr 8), durch den Barwert des EZÜ des Jahres zu dividieren: 2.461,60 € / 10.352,30 € = 0,2377782908.

38 Die Abzinsungsfaktoren werden auf vier Nachkommastellen gerundet angegeben. Die Berechnung der Barwerte erfolgt jedoch auf Basis der ungerundeten Abzinsungsfaktoren.

Der auf diese Weise ermittelte Betrag stellt den Zeitpunkt dar, um den das Jahr, in dem die Amortisation erreicht wird, zu vermindern ist. Denn am Ende dieses Jahrs wird i. d. R. ein positiver kumulierter EZÜ ausgewiesen, d. h., die Amortisation ist vor dem Jahresende eingetreten. Daraus folgt: 8 Jahre – rd. 0,24 Jahre = 7,76 Jahre, d. h. die Amortisation ist nach 7,76 Jahren erreicht.

Diese unpräzise Zeitangabe kann nunmehr auch in Monate umgerechnet werden. Dazu wird die ermittelte Amortisationszeit mit der Anzahl der Monate pro Jahr multipliziert: 7,76 Jahre × 12 Monate = 93,12 Monate. Auf sieben Jahre entfallen 84 Monate (= 7 Jahre × 12 Monate). 93,12 Monate abzüglich 84 Monate entsprechen 9,12 Monate. In Folge ist die Amortisation nach sieben Jahren und 9,12 Monaten erfolgt.[39]

Der Vollständigkeit halber sei darauf hingewiesen, dass diese Vorgehensweise selbstverständlich auch auf die genaue Berechnung der statischen Amortisationszeit angewandt werden kann und soll.

An dieser Stelle ist auf einen Bruch in der Systematik hinzuweisen, denn für die Zahlungen wird angenommen, dass sie alle zum Ende eines Jahres anfallen, sodass mit nachschüssigen Abzinsungs- bzw. Rentenbarwertfaktoren gerechnet werden kann. Die Berechnung der Amortisationszeit auf einen unterjährigen Zeitpunkt unterstellt, dass über das Jahr hinweg kontinuierlich Zahlungen geleistet werden.

Die **Entscheidungsregeln** im Rahmen der dynamischen Amortisationsrechnung lauten:

- im Fall einer Einzelinvestition:
  Eine Investition ist vorteilhaft, wenn die dynamische Amortisationszeit nicht länger ist als die vom Investor für maximal zulässig gehaltene Amortisationszeit (absolute Vorteilhaftigkeit).
- im Fall eines Alternativenvergleichs:
  Eine Investition ist vorteilhafter als eine alternative Investition, wenn ihre dynamische Amortisationszeit geringer ist (relative Vorteilhaftigkeit).

Sowohl die statische als auch die dynamische Amortisationsrechnung stellt kein eigenständiges Verfahren der Wirtschaftlichkeitsrechnung dar. Die Ergebnisse (Wiedergewinnungszeit des eingesetzten Kapitals) der Amortisationsrechnung sind stets im Kontext mit anderen Verfahren zu nutzen.

Die dynamische Berechnung ist allerdings aussagekräftiger, da dem Investor ein positiver Kapitalwert anzeigt, dass über den Kalkulationszins und den Anschaffungswert hinaus ein Überschuss erwirtschaftet wird. Bei einem Kapitalwert von null werden nur noch der Kalkulationszins und der Anschaffungswert wiedergewonnen.

## 5.7 Optimale Nutzungsdauer

Mit Hilfe der Kapitalwertmethode ist es möglich, die optimale Nutzungsdauer einer Investition zu bestimmen. Somit kann zum Beispiel für eine Industriemaschine im

39 Dieser Berechnung liegt die Annahme zugrunde, dass die EZÜ linear verlaufen und somit jeden Tag anteilig in gleicher Höhe erzielt werden.

Vorfeld – d. h. vor der Anschaffung – festgestellt werden, wie lange es wirtschaftlich sinnvoll ist, diese Maschine zu nutzen.

Insbesondere dann, wenn die jährlichen Rückflüsse und die möglichen Liquidationserlöse Schwankungen unterliegen, ist es sinnvoll, die optimale Nutzungsdauer zu berechnen. Für die Berechnung muss sukzessive für jeden Zeitraum der geplanten Nutzung der Kapitalwert ermittelt werden. Das heißt, es werden mehrere Zeiträume betrachtet – beginnend im Zeitpunkt der Anschaffung bis zum Jahresende der geplanten Nutzungsdauer.

Die optimale Nutzungsdauer ist dort gegeben, wo der Kapitalwert sein zeitliches Maximum erreicht.

Dies soll zunächst an einem Zahlenbeispiel verdeutlicht werden. Hierzu sollen die Kapitalwertberechnungen aus dem Kapitel der dynamischen Amortisationen (Kap. 5.6, Tabelle 5.25) genutzt werden:

*Tabelle 5.26: Ermittlung optimale Nutzungsdauer*

| **Laufzeit** | **Einzahlungs-überschüsse (Zeitwerte)** | **Abzinsungsfaktoren für 6 %** | **Einzahlungs-überschüsse (Barwerte)**[40] | **kumulierte Einzahlungs-überschüsse (Barwerte)** |
|---|---|---|---|---|
| 0 | –100.000,00 € | 1,0000 | –100.000,00 € | |
| 1 | 16.500,00 € | 0,9434 | 15.566,04 € | –84.433,96 € |
| 2 | 16.500,00 € | 0,8900 | 14.684,94 € | –69.749,02 € |
| 3 | 16.500,00 € | 0,8396 | 13.853,72 € | –55.895,30 € |
| 4 | 16.500,00 € | 0,7921 | 13.069,55 € | –42.825,75 € |
| 5 | 16.500,00 € | 0,7473 | 12.329,76 € | –30.495,99 € |
| 6 | 16.500,00 € | 0,7050 | 11.631,85 € | –18.864,14 € |
| 7 | 16.500,00 € | 0,6651 | 10.973,44 € | –7.890,70 € |
| 8 | 16.500,00 € | 0,6274 | 10.352,30 € | 2.461,60 € |
| 9 | 16.500,00 € | 0,5919 | 9.766,32 € | 12.227,92 € |
| 10 | 16.500,00 € | 0,5584 | 9.213,51 € | 21.441,43 € |

Der Kapitalwert der Investition beträgt bei unterstellter zehnjähriger Nutzungsdauer insgesamt 21.441,43 €.

In diesem Zahlenbeispiel wurde ein Verkaufserlös während der Nutzungsdauer nicht einbezogen. Da die Rückflüsse stets positiv sind, steigt der Kapitalwert jedes Jahr. Der maximale Kapitalwert ist somit im zehnten Jahr erreicht. Wird dieses Ergebnis betrachtet, ergibt es keinen Sinn, die Nutzung der Investition frühzeitig bzw. bereits während der geplanten Nutzungsdauer abzubrechen. Nun ist fraglich, ob mögliche Liquidationserlöse nicht ein realistischeres Bild darstellen.

40 Die Abzinsungsfaktoren werden auf vier Nachkommastellen gerundet angegeben. Die Berechnung der Barwerte erfolgt jedoch auf Basis der ungerundeten Abzinsungsfaktoren.

Im Weiteren wird unter Berücksichtigung von möglichen Verkäufen für jedes Jahr der Kapitalwert berechnet. Folgende Liquidationserlöse sind zu erwarten:

*Tabelle 5.27: Mögliche Liquidationserlöse*

| Jahr | Mögliche Liquidationserlöse (Zeitwerte) |
|---|---|
| 1 | 80.000,00 € |
| 2 | 72.000,00 € |
| 3 | 65.000,00 € |
| 4 | 50.000,00 € |
| 5 | 47.000,00 € |
| 6 | 44.500,00 € |
| 7 | 43.000,00 € |
| 8 | 33.000,00 € |
| 9 | 15.000,00 € |
| 10 | 3.000,00 € |

Der Kapitalwert eines einzelnen Jahres errechnet sich aus der Addition des kumulierten Einzahlungsüberschusses (Barwert) und dem möglichen Liquidationserlös (ebenfalls Barwert).

Zunächst müssen für die möglichen Liquidationserlöse Barwerte berechnet werden. Die Berechnung wird analog der Barwertberechnung bei den kumulierten Einzahlungsüberschüssen durchgeführt. Das heißt, die Zeitwerte werden mit den jeweiligen Abzinsungsfaktoren multipliziert.

Der Kapitalwert zum jeweiligen Ende einer Laufzeit ergibt sich als Summe der kumulierten Einzahlungsüberschüsse im Zeitraum zuzüglich des Barwerts des möglichen Liquidationserlöses am Ende des betrachteten Zeitraums:

Im Zeitpunkt t = 0 erfolgt die Anschaffung. Am Ende des Jahres 1 beträgt der kumulierte EZÜ (Anschaffungsausgabe zuzüglich Barwert der Einzahlungsüberschüsse im Jahr 1) –84.433,96 €. Zu diesem Betrag wird der Barwert des Liquidationserlöses am Ende des Jahres 1 i. H. v. 75.472,00 € addiert. Es ergibt sich ein Kapitalwert i. H. v. –8.961,96 €.

Da der errechnete Kapitalwert negativ ist, entscheidet sich der Investor, die Investition fortzusetzen. Am Ende des Jahres 2 betragen die kumulierten EZÜ (Anschaffungsausgabe zuzüglich EZÜ im Jahr 1 zuzüglich EZÜ im Jahr 2) –69.749,02 €. Da sich der Investor entschieden hat, den Vermögensgegenstand (die Investition) nicht am Ende des ersten Jahres zu verkaufen, ist ihm der Liquidationserlös am Ende des Jahres 1 entgangen. Das heißt, zu den kumulierten EZÜ am Jahresende 2 ist in Folge der Barwert des erzielbaren Liquidationserlöses zum Jahresende 2 zu addieren. Die Berechnung setzt sich bis zum Ende der planmäßigen Nutzungsdauer entsprechend fort.

*Tabelle 5.28: Ermittlung optimale Nutzungsdauer unter Berücksichtigung von Liquidationserlösen*

| Laufzeit | Möglicher Liquidationserlös (Zeitwert) | Abzinsungsfaktoren für 6 % | Möglicher Liquidationserlös (Barwert) | kumulierte Einzahlungsüberschüsse (Barwerte)[41] | Kapitalwert über die jeweilige Laufzeit |
|---|---|---|---|---|---|
| 0 | | 1 | | | |
| 1 | 80.000,00 € | 0,9434 | 75.472,00 € | –84.433,96 € | –8.961,96 € |
| 2 | 72.000,00 € | 0,8900 | 64.080,00 € | –69.749,02 € | –5.669,02 € |
| 3 | 65.000,00 € | 0,8396 | 54.574,00 € | –55.895,30 € | –1.321,30 € |
| 4 | 50.000,00 € | 0,7921 | 39.605,00 € | –42.825,75 € | –3.220,75 € |
| 5 | 47.000,00 € | 0,7473 | 35.123,10 € | –30.495,99 € | 4.627,11 € |
| 6 | 44.500,00 € | 0,7050 | 31.372,50 € | –18.864,14 € | 12.508,36 € |
| 7 | 43.000,00 € | 0,6651 | 28.599,30 € | –7.890,70 € | 20.708,60 € |
| 8 | 33.000,00 € | 0,6274 | 20.704,20 € | 2.461,60 € | 23.165,80 € |
| 9 | 15.000,00 € | 0,5919 | 8.878,50 € | 12.227,92 € | 21.106,42 € |
| 10 | 3.000,00 € | 0,5584 | 1.675,18 € | 21.441,43 € | 23.116,61 € |

Im achten Jahr hat der Kapitalwert sein Maximum erreicht. Die optimale Nutzungsdauer im oben aufgeführten Beispiel beträgt somit acht Jahre.

Wird die Investition im Rahmen einer dynamischen Wirtschaftlichkeitsberechnung betrachtet, ist es sinnvoller, die Investition nach acht Jahren zu liquidieren als sie bis zum Ende der geplanten Nutzungsdauer zu nutzen.

Für die Berechnung des Kapitalwertes des jeweiligen Jahres gilt: Es sind alle Kapitalwerte bis zum Ende der Nutzungsdauer zu berechnen, da es zu mehreren Kapitalmaxima kommen kann und dann das absolute Kapitalmaximum auszuwählen ist. Diese Methode wird als „Totalkalkül" bezeichnet.

**Variante zur Berechnung der optimalen Nutzungsdauer**

Neben der Berechnung des Kapitalwerts des jeweiligen Jahres existiert noch ein weiteres Verfahren zur Bestimmung der optimalen Nutzungsdauer einer Investition. Hierzu werden die zusätzlichen Einzahlungsüberschüsse (ZEZÜ) betrachtet.

Die zusätzlichen Einzahlungsüberschüsse einer Periode ergeben sich aus

- dem weiteren Einzahlungsüberschuss der Periode,
- dem in der Regel geringeren Liquidationserlös der Periode,
- vermindert um den nicht realisierten und um ein Jahr verzinsten Liquidationserlös des Vorjahres.

41 Die Abzinsungsfaktoren werden auf vier Nachkommastellen gerundet angegeben. Die Berechnung der Barwerte erfolgt jedoch auf Basis der ungerundeten Abzinsungsfaktoren.

Ist der zusätzliche Einzahlungsüberschuss einer Periode positiv, ist eine weitere Nutzung der Investition sinnvoll.

Zur Verdeutlichung sollen die oben genannten Daten dienen:

ZEZÜ des 8. Jahres: 16.500,00 € + 33.000,00 € – 43.000,00 € × 1,06 = 3.920,00 €
ZEZÜ des 9. Jahres: 16.500,00 € + 15.000,00 € – 33.000,00 € × 1,06 = –3.480,00 €

Die optimale Nutzungsdauer liegt – wie oben bereits festgestellt – bei acht Jahren. Die beiden Verfahren kommen zum selben Ergebnis und stehen in einem Zusammenhang, der näher beschrieben werden soll. Grundsätzlich gilt:

Der Barwert des ZEZÜ einer Periode ist gleich der Differenz der Kapitalwerte dieser Periode und der Vorperiode.

Für das oben beschriebene Beispiel ergibt sich folgende Rechnung:

- Der Barwert des ZEZÜ des neunten Jahres beträgt – 2.059,81 (–3.480 € × ABF für 9 Jahre und 6 %)
- und die Differenz der Kapitalwerte aus dem neunten Jahr (21.106,42 €) und dem achten Jahr (23.165,80 €) beträgt ebenso – 2.059,38 (Rest Rundungsdifferenz).

Daher wird die Methode als „Differenzkalkül" bezeichnet.

Die beiden Methoden

- 1. Berechnung des Kapitalwertes jedes einzelnen Jahres und
- 2. Berechnung über die zusätzlichen Einzahlungsüberschüsse

kommen zum selben Ergebnis und lassen sich ineinander überführen, da die Annahmen der Kapitalwertmethode zugrunde liegen. Jeder zusätzliche positive Einzahlungsüberschuss führt zu einer Kapitalwertmehrung, jeder zusätzliche negative Einzahlungsüberschuss zu einer Kapitalwertminderung.

Die Methode der ZEZÜ wird i. d. R. bei langen Nutzungsdauern angewandt. Sie soll als Arbeitserleichterung dienen, um keine Tabelle nach dem Totalkalkül für Investitionsobjekte mit einer Nutzungsdauer von bspw. 30 oder 80 Jahren errechnen zu müssen.

## 5.8 Optimaler Ersatzzeitpunkt

Bei der Bestimmung des optimalen Ersatzzeitpunktes wird angenommen, dass sich an eine Investition eine weitere, identische Investition zeitlich anschließt. „Identische Investition" heißt, dass die Zahlungsströme (Anschaffungskosten, Einzahlungsüberschüsse sowie ein möglicher Liquidationserlös) bei beiden Investitionen gleich sind. Dabei handelt es sich um eine sog. „zweigliedrige Investitionskette", die aus einer Erstinvestition und einer Folgeinvestition, die wirtschaftlich gleich ist und sich unmittelbar anschließt, besteht.

Da auf die Folgeinvestition keine weitere Investition folgt, kann die Bestimmung der optimalen Nutzungsdauer nach dem oben beschriebenen Verfahren durchgeführt werden.

Die Bestimmung der optimalen Nutzungsdauer („der Ersatzzeitpunkt“) der Erstinvestition muss nun auf einem anderen Weg festgestellt werden, da eine weitere Investition folgt und berücksichtigt werden muss.

Das Entscheidungskriterium lautet: Der optimale Ersatzzeitpunkt der Erstinvestition liegt dort, wo der Kapitalwert der Investitionskette maximal ist.

Für die weitere Berechnung sollen die Ergebnisse aus dem letzten Kapitel als Grundlage dienen:

*Tabelle 5.29: Ermittlung des optimalen Ersatzzeitpunktes*

| Laufzeit | Möglicher Liquidationserlös (Zeitwert) | Abzinsungsfaktoren für 6 % | Möglicher Liquidationserlös (Barwert) | kumulierte Einzahlungsüberschüsse (Barwerte)[42] | Kapitalwert des jeweiligen Jahres |
|---|---|---|---|---|---|
| 0 | | 1 | | | |
| 1 | 80.000,00 € | 0,9434 | 75.472,00 € | –84.433,96 € | –8.961,96 € |
| 2 | 72.000,00 € | 0,8900 | 64.080,00 € | –69.749,02 € | –5.669,02 € |
| 3 | 65.000,00 € | 0,8396 | 54.574,00 € | –55.895,30 € | –1.321,30 € |
| 4 | 50.000,00 € | 0,7921 | 39.605,00 € | –42.825,75 € | –3.220,75 € |
| 5 | 47.000,00 € | 0,7473 | 35.123,10 € | –30.495,99 € | 4.627,11 € |
| 6 | 44.500,00 € | 0,7050 | 31.372,50 € | –18.864,14 € | 12.508,36 € |
| 7 | 43.000,00 € | 0,6651 | 28.599,30 € | –7.890,70 € | 20.708,60 € |
| 8 | 33.000,00 € | 0,6274 | 20.704,20 € | 2.461,60 € | 23.165,80 € |
| 9 | 15.000,00 € | 0,5919 | 8.878,50 € | 12.227,92 € | 21.106,42 € |
| 10 | 3.000,00 € | 0,5584 | 1.675,18 € | 21.441,43 € | 23.116,61 € |

Für die Folgeinvestition liegt die optimale Nutzungsdauer – wie gehabt – bei acht Jahren. Gesucht wird nun die optimale Nutzungsdauer der Erstinvestition und damit der optimale Ersatzzeitpunkt.

Beispielhaft soll der Kapitalwert der zweigliedrigen Investitionskette berechnet werden, wenn der optimale Ersatzzeitpunkt bereits nach einem Jahr erreicht ist.

Die Erstinvestition wird **nur ein Jahr** lang genutzt, die Folgeinvestition beginnt im zweiten Jahr.

*Tabelle 5.30: Kapitalwert der Erstinvestition und der Folgeinvestition bei Ersatzinvestition nach einem Jahr*

| Laufzeit | 1 | 2 | 3 |
|---|---|---|---|
| Kapitalwert der Erstinvestition | –8.961,96 € | | |
| Kapitalwert der Folgeinvestition | | 23.165,80 € | |

42 Die Abzinsungsfaktoren werden auf vier Nachkommastellen gerundet angegeben. Die Berechnung der Barwerte erfolgt jedoch auf Basis der ungerundeten Abzinsungsfaktoren.

Hier die Kapitalwerte bei einem optimalen Ersatzzeitpunkt **nach zwei Jahren**:

*Tabelle 5.31: Kapitalwert der Erstinvestition und der Folgeinvestition bei Ersatzinvestition nach zwei Jahren*

| Laufzeit | 1 | 2 | 3 |
|---|---|---|---|
| Kapitalwert der Erstinvestition | | –5.669,02 € | |
| Kapitalwert der Folgeinvestition | | | 23.165,80 € |

Um nun den Kapitalwert der Investitionskette zu berechnen, reicht es nicht aus, die beiden Kapitalwerte der Erst- und der Folgeinvestition zu addieren, da die Folgeinvestition noch auf den Beginn des Planungszeitraumes abgezinst werden muss.

- Bei einer optimalen Nutzungsdauer der Erstinvestition von einem Jahr muss also der Kapitalwert der Folgeinvestition nochmals um ein Jahr abgezinst werden.
- Bei einer optimalen Nutzungsdauer der Erstinvestition von zwei Jahren muss der Kapitalwert der Folgeinvestition nochmals um zwei Jahre abgezinst werden,
- usw.

Somit ergibt sich folgende Aufstellung für die Kapitalwerte der Investitionsketten:

*Tabelle 5.32: Kapitalwerte der Erst- und Folgeinvestition bei Investitionsketten*

| **Laufzeit** | **Kapitalwert der Erst-investition** | **Kapitalwert der Folge-investition** | **Abzinsungs-faktoren für 6 %** | **abgezinster Kapitalwert der Folge-investition** | **Kapitalwert der Inves-titionskette** |
|---|---|---|---|---|---|
| 0 | | | 1 | | |
| 1 | –8.961,96 € | 23.165,80 € | 0,9434 | 21.854,62 € | 12.892,66 € |
| 2 | –5.669,02 € | 23.165,80 € | 0,8900 | 20.617,56 € | 14.948,54 € |
| 3 | –1.321,30 € | 23.165,80 € | 0,8396 | 19.450,01 € | 18.128,71 € |
| 4 | –3.220,75 € | 23.165,80 € | 0,7921 | 18.349,63 € | 15.128,88 € |
| 5 | 4.627,11 € | 23.165,80 € | 0,7473 | 17.311,80 € | 21.938,91 € |
| 6 | 12.508,36 € | 23.165,80 € | 0,7050 | 16.331,89 € | 28.840,25 € |
| 7 | 20.708,60 € | 23.165,80 € | 0,6651 | 15.407,57 € | 36.116,17 € |
| 8 | 23.165,80 € | 23.165,80 € | 0,6274 | 14.534,22 € | **37.700,02 €** |
| 9 | 21.106,42 € | 23.165,80 € | 0,5919 | 13.711,84 € | 34.818,26 € |
| 10 | 23.116,61 € | 23.165,80 € | 0,5584 | 12.935,78 € | 36.052,39 € |

Der maximale Kapitalwert der Investitionskette ist dann erreicht, wenn die Erstinvestition acht Jahre lang genutzt wird. Die Erstinvestition hat somit die gleiche Nutzungsdauer wie die Folgeinvestition. Dass dies nicht immer zwingend so sein muss, wird in der Übungsaufgabe zu diesem Kapitel deutlich.

## 5.9 Dynamische Endwertverfahren

Im Gegensatz zur Kapitalwertmethode und den dazugehörigen Verfahren wird bei den dynamischen Endwertverfahren nicht von einem einheitlichen Zinssatz ausgegangen. Bei den dynamischen Endwertverfahren wird nach einem Soll- und einem Habenzins unterschieden. Die Ausgangslage spiegelt die Realität wieder.

Der zweite Unterschied zur Kapitalwertmethode ist, dass alle Zeitwerte nicht auf den Anfang des Planungszeitraumes abgezinst, sondern auf das Ende des Planungszeitraumes aufgezinst werden. Somit handelt es sich nicht mehr um „Barwerte", sondern um „Endwerte".

Im Folgenden sollen die beiden Ausprägungen der **Vermögensendwertmethode** erläutert werden. Auf die Vorstellung der Sollzinssatzmethode, welche das entsprechende Endwertverfahren zur internen Zinsfußmethode darstellt, sei hier verzichtet.

**Vermögensendwertmethode**

Wie bereits beschrieben, werden bei der Vermögensendwertmethode alle Zeitwerte (Anschaffungswert, EZÜ oder Liquidationserlös) aufgezinst. Sind der Sollzins (für die Kapitalaufnahme) und der Habenzins (für die Kapitalanlage) identisch, sind die Ergebnisse der Vermögensendwertmethode und die Kapitalwertmethode gleich. Es gilt dann:

- Aufgezinster Kapitalwert = Endwert
  oder auch:
- Abgezinster Endwert = Kapitalwert

Unterscheiden sich Soll- und Habenzins, wovon im Weiteren bei den Berechnungen der Vermögensendwerte ausgegangen werden soll, können Investitionen nur noch durch dynamische Endwertmethoden beurteilt werden. Realistischerweise wird bei der Vermögensendwertmethode mit einem Sollzins und einem niedrigeren Habenzins gerechnet.

Das Entscheidungskriterium zur Beurteilung einer einzelnen Investition lautet:

- Eine Investition ist absolut vorteilhaft, wenn der Vermögensendwert positiv ist.

Das Entscheidungskriterium im Falle eines Alternativvergleichs lautet:

- Eine Investition ist relativ vorteilhaft, wenn der höchste positive Vermögensendwert vorliegt.

Es wird zwischen zwei Verfahren unterschieden:

1. **Vermögensendwertmethode bei Kontenausgleichsverbot,**
2. **Vermögensendwertmethode bei Kontenausgleichsgebot.**

Beim ersten Verfahren (**Kontenausgleichsverbot**) werden für die positiven und negativen Einzahlungsüberschüsse separate Konten für Soll- und Habenzins eingerichtet. Dabei werden die positiven Einzahlungsüberschüsse mit dem niedrigeren Habenzins und die negativen Einzahlungsüberschüsse mit dem Sollzins aufgezinst. Hierzu ein Zahlenbeispiel:

***Beispiel:***
*Der Sollzinssatz soll 6 % und der Habenzinssatz 3 % betragen. Der Anschaffungswert beläuft sich auf 10.000,00 €, die Einzahlungsüberschüsse in den ersten beiden Jahren werden mit 3.500,00 € geplant. Die Einzahlungsüberschüsse des dritten und vierten Jahres werden auf 3.000,00 € geschätzt.*

Somit ergibt sich folgende Vermögensendwertberechnung (mit Kontenausgleichsverbot):

*Tabelle 5.33: Vermögensendwert bei Kontenausgleichsverbot*

| **Jahr** | **Restlaufzeit** | **Einzahlungsüberschüsse (Zeitwerte)** | **Konto für negative Einzahlungsüberschüsse** | | **Konto für positive Einzahlungsüberschüsse** | |
|---|---|---|---|---|---|---|
| | | | **Aufzinsungsfaktor 6 %** | **Endwert** | **Aufzinsungsfaktor 3 %** | **Endwert** |
| 0 | 4 | –10.000,00 € | 1,2625 | –12.624,77 € | – | – |
| 1 | 3 | 3.500,00 € | – | – | 1,0927 | 3.824,54 € |
| 2 | 2 | 3.500,00 € | – | – | 1,0609 | 3.713,15 € |
| 3 | 1 | 3.000,00 € | – | – | 1,03 | 3.090,00 € |
| 4 | 0 | 3.000,00 € | – | – | 1 | 3.000,00 € |
| **Vermögensendwerte** | | | – | **–12.624,77 €** | – | **13.627,69 €** |

Vermögensendwert der Investition = –12.624,77 € + 13.627,69 € = **1.002,92 €**

Da der Vermögensendwert positiv ist, ist die Investition absolut vorteilhaft.

Beim zweiten Verfahren (**mit Kontenausgleichsgebot**) wird lediglich ein Konto geführt. Positive und negative Einzahlungsüberschüsse werden saldiert. Liegt am Ende einer Periode ein negativer Kontostand vor, wird weiterhin mit dem Sollzinssatz aufgezinst. Liegt hingegen ein positiver Kontostand vor, wird ab diesem Zeitpunkt mit dem Habenzinssatz aufgezinst.

Zur Erklärung soll das vorherige Zahlenbeispiel dienen. Es gilt also weiterhin:

*Der Sollzinssatz soll 6 % und der Habenzinssatz 3 % betragen. Der Anschaffungswert beläuft sich auf 10.000,00 €, die Einzahlungsüberschüsse in den ersten beiden Jahren werden mit 3.500,00 € geplant. Die Einzahlungsüberschüsse des dritten und vierten Jahres werden auf 3.000,00 € geschätzt.*

Nun wird allerdings nur ein Konto geführt:

*Tabelle 5.34: Vermögensendwert bei Kontenausgleichsgebot*

| Jahr | Einzahlungsüberschüsse (Zeitwerte) | Vermögenswert des Vorjahres | Aufzinsungsfaktor (6 % bzw. 3 %) | Vermögenswert |
|---|---|---|---|---|
| | I | II | III | I + II × III |
| 0 | –10.000,00 € | – | – | –10.000,00 € |
| 1 | 3.500,00 € | –10.000,00 € | 1,06 | – 7.100,00 € |
| 2 | 3.500,00 € | – 7.100,00 € | 1,06 | – 4.026,00 € |
| 3 | 3.000,00 € | – 4.026,00 € | 1,06 | – 1.267,56 € |
| 4 | 3.000,00 € | – 1.267,56 € | 1,06 | 1.656,39 € |
| **Vermögensendwert** | | | | **1.656,39 €** |

Hier ist nun erkennbar, dass – je nachdem, welches Verfahren der Vermögensendwertmethode zur Anwendung gelangt (mit Kontenausgleichsverbot oder mit Kontenausgleichsgebot) – die Ergebnisse unterschiedlich sind.

Im vierten Jahr wird der Vermögensendwert erstmalig positiv. Unterstellt der Sachverhalt ein weiteres Jahr der Nutzung (bei einem EZÜ von ebenfalls 3.000,00 €), muss mit dem Habenzinssatz weiter aufgezinst werden:

*Tabelle 5.35: Vermögensendwert bei Kontenausgleichsgebot und verlängerter Nutzungsdauer*

| Jahr | Einzahlungsüberschüsse (Zeitwerte) | Vermögenswert des Vorjahres | Aufzinsungsfaktor (6 % bzw. 3 %) | Vermögenswert |
|---|---|---|---|---|
| | I | II | III | I + II × III |
| 0 | –10.000,00 € | – | – | –10.000,00 € |
| 1 | 3.500,00 € | –10.000,00 € | 1,06 | – 7.100,00 € |
| 2 | 3.500,00 € | – 7.100,00 € | 1,06 | – 4.026,00 € |
| 3 | 3.000,00 € | – 4.026,00 € | 1,06 | – 1.267,56 € |
| 4 | 3.000,00 € | – 1.267,56 € | 1,06 | 1.656,39 € |
| 5 | 3.000,00 € | 1.656,39 € | 1,03 | 4.706,08 € |
| **Vermögensendwert** | | | | **4.706,08 €** |

## 5.10 Übungsaufgaben

**Aufgabe 1**

Die Verwaltung einer Großstadt steht vor der Notwendigkeit, 20 PCs zu kaufen oder zu mieten. Hierzu liegen folgende Informationen vor:

**Alternative Kauf:** Listenpreis je PC ........................................................ 2.500 €

voraussichtliche Entsorgungsausgaben je PC ............................................. 150 €

Der Lieferant ist bereit, bei diesem Großauftrag einen Rabatt in Höhe von 10 % einzuräumen.
**Alternative Leasing:** Jährliche Leasingrate je PC ........................................ 565,00 €
**Gemeinsame Angaben:** voraussichtliche Nutzungsdauer ............................... 5 Jahre
Kalkulationszinssatz ............................................................................................ 6 %

Alle Auszahlungen mit Ausnahme des Kaufpreises sind zum jeweiligen Periodenende anzusetzen.

Welche der beiden Möglichkeiten ist günstiger?

**Aufgabe 2**

Das Amt für Wirtschaftsförderung plant im Rahmen der Grundstücksbevorratungspolitik den Erwerb eines Baugrundstücks. Sie sollen den Nachweis erbringen, dass eine derartige Maßnahme auch unter betriebswirtschaftlichen Gesichtspunkten durchaus lohnend sein kann. Grundstück A kann für 40.000 €, Grundstück B für 100.000 € erworben werden. Als Verkaufserlöse werden nach Ablauf von sieben Jahren erwartet: Grundstück A 77.960 € und Grundstück B 171.400 €.

a) Begründen Sie die Vorteilhaftigkeit des Erwerbs unter Verwendung der Kapitalwertmethode. Neben der grundsätzlichen Begründung stellen Sie bitte heraus, welches Grundstück erworben werden soll (Kalkulationszinsfuß 6 %).
b) Untersuchen Sie die Vorteilhaftigkeit mittels der Methode des internen Zinses.
c) Erklären Sie evtl. auftretende Unterschiede in der Empfehlung.

**Aufgabe 3**

Eine Bürgerinitiative möchte ein Windrad errichten, um so einen Beitrag zur Gewinnung alternativer Energien zu leisten. Die Anschaffungsauszahlungen betragen 151.000 €, es wird mit einer zehnjährigen Nutzungsdauer gerechnet. Jährlich fließen durch Verkauf des erzeugten Stroms 25.000 € in die Kasse der Initiative. Allerdings müssen auch jährlich 10.000 € für Instandhaltung aufgewendet werden. Alternativ könnte das Geld der Initiative zu 4 % risikolos bei einer Bank angelegt werden. Das Land wird eine Zuwendung i. H. v. 20 % der Anschaffungsauszahlungen gewähren.

1. Zum Nachweis der Vorteilhaftigkeit ermitteln Sie den Kapitalwert der Investition, wenn alle Einzahlungen und Auszahlungen zum jeweiligen Periodenende anfallen. Ausnahmen sind die Anschaffungsauszahlungen und die Zuwendung, die sofort zu- bzw. abfließen.
2. Es gelten alle genannten Werte mit folgender Änderung: Wegen des aufwendigen Genehmigungsprozesses bei der Bezirksregierung wird damit gerechnet, dass die Zuwendung erst am Ende des ersten Jahres auf dem Konto der Initiative eingeht.

Ermitteln Sie den Kapitalwert.

**Aufgabe 4**

In einem Sozialamt mit mehreren Sachbearbeitern, die sowohl Leistungsbearbeitung als auch Rückabwicklung erledigen, wird beobachtet, dass die Einzahlungen aus der

Rückabwicklung stetig rückläufig sind. Da die Sachbearbeiter mit der wachsenden Anzahl der Leistungsfälle ausgelastet sind, wird überlegt, eine zusätzliche Stelle einzurichten, die sich ausschließlich der Rückabwicklung widmet. Die Einrichtung der Stelle verursacht Auszahlungen für die Büroausstattung (PC, Schreibtisch usw.) in Höhe von 10.000,00 €. Die Stelle soll im ersten Jahr mit 80.000,00 € dotiert sein. Pro Jahr wird eine Personalkostensteigerung von 3 % erwartet. Weitere Kosten (Büromaterial etc.) sind vernachlässigbar gering.

Die Stelle soll dem Stadthaushalt zusätzliche Einzahlungen aus der verbesserten Bearbeitung der Rückabwicklungsfälle gemäß folgender Übersicht ermöglichen:

Zusätzliche Einzahlungen aus Rückabwicklungen:

| | |
|---|---|
| 1. Jahr | 50.000,00 € |
| 2. Jahr | 70.000,00 € |
| 3. Jahr | 85.000,00 € |

Ab dem vierten Jahr wird jeweils mit einer Steigerung der Einzahlungen in Höhe von 10.000,00 € gegenüber dem Vorjahr gerechnet.

Prüfen Sie, ab wann diese Maßnahme frühestens insgesamt wirtschaftlich sinnvoll ist.

Die Gemeinde benutzt einen Kalkulationszins von 5 %. Bis auf die Ausgaben der Stelleneinrichtung sind alle Aus- und Einzahlungen aus Vereinfachungsgründen an das jeweilige Periodenende anzusiedeln.

**Aufgabe 5**

Die Gemeinde G will durch eine intensivere Geschwindigkeitsüberwachung die örtliche Ordnung und Sicherheit erhöhen. Hierzu sind zahlreiche Maßnahmen denkbar. Die Gemeinde G hat sich zunächst dazu entschieden, eine stationäre Geschwindigkeitsüberwachungsanlage zu installieren. Hierzu liegen zwei Angebote vor. Da die Gemeinde auch dazu verpflichtet ist, wirtschaftlich zu handeln, sollen die beiden Angebote bewertet werden. Insbesondere eine schnelle Wiedergewinnung des eingesetzten Kapitals ist dem Kämmerer der Gemeinde ein Anliegen. Des Weiteren sieht der Kämmerer von einer statischen Berechnung ab (der Kalkulationszins soll 3 % betragen).

Der Anschaffungswert der stationären Geschwindigkeitsüberwachungsanlage A beträgt 200.000 €, der der Anlage B nur 150.000 €.

Da die Anlage A eine moderne und bessere Technik hat und somit die Messungen genauer sind, kann mit Rückflüssen von 36.000 € jährlich (Bußgelder für Geschwindigkeitsüberschreitungen) gerechnet werden. Die Betriebskosten liegen für ein Jahr bei 3.000 €. Durch die Anlage B werden jährliche Rückflüsse von nur 23.000 € erwartet. Die Betriebskosten betragen 1.000 € pro Jahr.

Berechnen Sie mit einem dynamischen Verfahren die Amortisationsdauer.

**Aufgabe 6**

Im Rahmen einer Wirtschaftlichkeitsuntersuchung liegt eine Investitionsalternative als Angebot vor. Es werden folgende Einzahlungsüberschüsse und Liquidationserlöse erwartet (Kalkulationszins 5 %).

*Tabelle 5.36: Übersicht Einzahlungsüberschüsse und mögliche Liquidationserlöse (Aufgabe 6)*

| Laufzeit | Einzahlungsüberschüsse (Zeitwerte) | Möglicher Liquidationserlös (Zeitwert) |
|---|---|---|
| 0 | –35.000,00 € | |
| 1 | 11.000,00 € | 25.000,00 € |
| 2 | 10.000,00 € | 22.000,00 € |
| 3 | 11.000,00 € | 16.000,00 € |
| 4 | 7.000,00 € | 9.000,00 € |
| 5 | 6.000,00 € | 3.000,00 € |

Berechnen Sie die optimale Nutzungsdauer nach den beiden bekannten Verfahren.

**Aufgabe 7**

Berechnen Sie zunächst die optimale Nutzungsdauer, im Anschluss den optimalen Ersatzzeitpunkt der folgenden Investition (Kalkulationszins 10 %):

*Tabelle 5.37: Übersicht mögliche Liquidationserlöse und Einzahlungsüberschüsse (Aufgabe 7)*

| Laufzeit | Möglicher Liquidationserlös (Zeitwerte) | Einzahlungsüberschüsse (Zeitwerte) |
|---|---|---|
| 0 | | –4.000,00 € |
| 1 | 3.000,00 € | 2.000,00 € |
| 2 | 2.000,00 € | 1.800,00 € |
| 3 | 1.200,00 € | 1.050,00 € |
| 4 | 400,00 € | 860,00 € |

**Aufgabe 8**

Berechnen Sie die Vermögensendwerte folgender Investition (mit Kontenausgleichsverbot und mit Kontenausgleichsgebot) bei einem Sollzins von 6 % und Habenzins von 3 %.

*Tabelle 5.38: Einzahlungsüberschüsse*

| Jahr | 0 | 1 | 2 | 3 | 4 | 5 |
|---|---|---|---|---|---|---|
| Einzahlungs-überschüsse (Zeitwerte) | –55.555 € | 18.000 € | 19.000 € | 13.000 € | 12.000 € | 9.000 € |

**Aufgabe 9**

In der Stadt X besteht ein Pool städtischer Fahrzeuge, die von den Ämtern nach Bedarf in Anspruch genommen werden können. Dafür werden die Nutzer im Wege der internen Verrechnung nach der gefahrenen Kilometerleistung belastet.

Der Leiter des Fuhrparks soll unter Gesichtspunkten der Wirtschaftlichkeit die Entscheidung vorbereiten, welchen von zwei zur Auswahl stehenden PKW er zur Anschaffung vorschlägt. Folgende Daten liegen ihm vor:

*Tabelle 5.39: Informationsübersicht Alternativen Modell A und Modell B (Aufgabe 9)*

| | **Modell A** | **Modell B** |
|---|---|---|
| Anschaffungspreis in € | 50.000 | 30.000 |
| Nutzungsdauer in Jahren | 4 | 4 |
| Variable Kosten € je km | 0,1 | 0,3 |
| Weitere fixe Kosten in € | 1.000 | 1.700 |

Die Alternativen sind in ihrer Verwendung gleichwertig; der kalkulatorische Zinssatz beträgt 6 %. Die Jahreskilometerleistung wird mit 25.000 km angenommen.

a) Welche Alternative befürworten Sie, wenn Sie die Kostenvergleichsrechnung anwenden?
b) Ändert sich Ihre Entscheidung, wenn Sie die Ausgabeannuitäten der Alternativen vergleichen? Beziehen Sie zu diesem Zweck die Anschaffungsausgaben auf den Jahresanfang und die jährlichen Kosten, soweit sie anzusetzen sind, auf das Jahresende. Gehen Sie für die weiteren Berechnungen davon aus, dass der interne Verrechnungspreis für die Modelle A und B je km 0,75 € beträgt.
c) In welcher Zeit amortisieren sich die Fahrzeuge?
d) Wie hoch ist der Kapitalwert beider Alternativen?

Zur Absicherung Ihrer Entscheidung wollen Sie noch die Rentabilität bzw. den internen Zinsfuß berechnen.

e) Wie hoch ist die Verzinsung unter den Annahmen von b) nach der statischen und nach der dynamischen Wirtschaftlichkeitsrechnung?

Als Szenario soll berücksichtigt werden, dass für Modell A nach vier Jahren noch ein Liquidationserlös von 1.000 € erzielt werden kann. Für Modell B wird kein Liquidationserlös geplant. Alle anderen Angaben wie oben.

f) Berechnen und vergleichen Sie die Kapitalwerte.
g) Wie hoch müsste der Liquidationserlös mindestens sein, damit Modell A und Modell B den gleichen Kapitalwert aufweisen?

**Aufgabe 10**

Die Stadtverwaltung S steht vor der Entscheidung ein neues Fahrzeug für den Bürgermeister zu beschaffen. Zur Auswahl stehen zwei Modelle A und B.

A weist Anschaffungskosten i. H. v. 60.000 € auf, während B 70.000 € in der Anschaffung kostet. Die Nutzungsdauer von A wird auf sechs Jahre beziffert, die Nutzungsdauer von B beträgt acht Jahre.

Die Fahrleistung wird mit jährlich 35.000 km angenommen. Da der Benzinpreis hohen Schwankungen unterliegt, wird bei vorsichtiger kaufmännischer Betrachtung mit 1,40 €/Liter kalkuliert. Dabei ist zu berücksichtigen, dass der Hersteller von A einen Verbrauch von 6 Litern auf 100 km angibt, während der Hersteller von B einen Verbrauch von 7 Litern auf 100 km bestätigt.

Die Versicherung für A beträgt 1.000 € im Jahr, für B fallen 800 € jährlich an. Die Kosten für Wartung und Inspektion werden von den Herstellern für A mit 500 € jährlich angegeben, für B fallen hingegen 650 € an.

a) Für welches Fahrzeug entscheiden Sie sich anhand der Kapitalwertmethode, wenn der Kalkulationszins 3 % beträgt?
b) Welche Kapitalwerte ergeben sich, wenn sich der Kalkulationszins ab dem vierten Jahr der Betrachtung von 3 % auf 4,5 % erhöht?

**Lösung zu Aufgabe 1:**

Zur Anwendung kommt die Kapitalwertmethode, wobei es keine Rolle spielt, ob das Beispiel für einen oder für 20 PC durchgerechnet wird. Bei der Betrachtung der Variante „Kauf“ gilt es zu beachten, dass die Entsorgungskosten am Nutzungsende, also im fünften Jahr angesetzt werden.

Die Rechnung für den Kauf liefert einen Kapitalwert in Höhe von –2.362,10 €. Es muss sich ein negativer Kapitalwert ergeben, denn es wird nur mit Auszahlungen, die üblicherweise mit einem negativen Vorzeichen für Geldabfluss versehen sind, gerechnet.

*Tabelle 5.40: Kapitalwertermittlung für Alternative „Kauf“*

| Jahr | 0 | 1 | 2 | 3 | 4 | 5 |
|---|---|---|---|---|---|---|
| EÜ | –2.250,00 € | | | | | –150,00 € |
| Abzinsungsfaktor | 1,0000 | 0,9434 | 0,8900 | 0,8396 | 0,7921 | 0,7473 |
| Barwerte | –2.250,00 € | | | | | –112,10 € |

**Kapitalwert** **–2.362,10 €**

Für die Alternative „Leasing“ errechnet sich ein Kapitalwert in Höhe von –2.380,01 €, was schlechter ist als der Kapitalwert der Alternative „Kauf“.

*Tabelle 5.41: Kapitalwertermittlung für Alternative „Leasing“*

| Jahr | 0 | 1 | 2 | 3 | 4 | 5 |
|---|---|---|---|---|---|---|
| EÜ | | –565,00 € | –565,00 € | –565,00 € | –565,00 € | –565,00 € |
| Abzinsungsfaktor | 1,0000 | 0,9434 | 0,8900 | 0,8396 | 0,7921 | 0,7473 |
| Barwerte | | –533,02 € | –502,85 € | –474,37 € | –447,54 € | –422,22 € |

**Kapitalwert** **–2.380,01 €**

Der Kapitalwert der Alternative „Kauf“ ist höher als der Kapitalwert der Alternative „Leasing“, wenn auch nur geringfügig höher. Also wird die Alternative „Kauf“ vorgeschlagen.

**Lösung zu Aufgabe 2:**

*Zu a)*

Eigentlich kann bereits anhand der ursprünglichen Zahlen beurteilt werden, dass Grundstück B das bessere Geschäft ist. Nach sieben Jahren fließen bei Grundstück B mehr Mittel zurück als bei A. Auch die Differenz zum Kapitaleinsatz ist bei B größer als bei A. Trotzdem soll zur Verdeutlichung eine vollständige Kapitalwertberechnung gemacht werden.

*Tabelle 5.42: Kapitalwert Grundstück A*

| Jahr | 0 | 1 | 2 | 3 | 4 | 5 | 6 | 7 |
|---|---|---|---|---|---|---|---|---|
| EÜ | –40.000 € | | | | | | | 77.960 € |
| Abzinsungsfaktor | 1,0000 | 0,9434 | 0,8900 | 0,8396 | 0,7921 | 0,7473 | 0,7050 | 0,6651 |
| Barwerte | –40.000,00 € | | | | | | | 51.851,20 € |

**Kapitalwert 11.851,20 €**

*Tabelle 5.43: Kapitalwert Grundstück B*

| Jahr | 0 | 1 | 2 | 3 | 4 | 5 | 6 | 7 |
|---|---|---|---|---|---|---|---|---|
| EÜ | –100.000,00 € | | | | | | | 171.400,00 € |
| Abzinsungsfaktor | 1,0000 | 0,9434 | 0,8900 | 0,8396 | 0,7921 | 0,7473 | 0,7050 | 0,6651 |
| Barwerte | –100.000,00 € | | | | | | | 113.998,14 € |

**Kapitalwert 13.998,14 €**

Wie zu erkennen ist, ist bei beiden Grundstücken der Kapitalwert bei einem Kalkulationszinssatz von 6 % positiv. Das bedeutet, dass beide Geschäfte – gemessen an einer alternativen Anlagemöglichkeit, die 6 % liefert – sinnvoll sind. Der Kapitalwert bei B ist jedoch höher als bei A, also ist Grundstück B zu kaufen.

*Zu b)*

Die Methode des internen Zinsfußes kann hier einfach durchgeführt werden, denn es handelt sich um den Spezialfall einer Auszahlung und einer Einzahlung.

Für Grundstück A wird angesetzt:

$$0 = \text{Anschaffungswert} + \text{Abzinsungsfaktor} \times \text{Endwert}$$
$$0\ € = -40.000\ € + \text{Abzinsungsfaktor} \times 77.960\ €$$

Nach Umstellung ergibt sich:

$$\frac{40.000\ €}{77.960\ €} = \text{Abzinsungsfaktor} = 0{,}5131$$

Aus der Tabelle der Abzinsungsfaktoren lässt sich entnehmen, dass die Verzinsung bei sieben Jahren ganz knapp über 10 % liegt. Laut Tabellenkalkulation beträgt die Verzinsung 10,0023 %

Der gleiche Vorgang wird für Grundstück B gemacht.

$$0 = \text{Anschaffungswert} + \text{Abzinsungsfaktor} \times \text{Endwert}$$
$$0\ € = -100.000\ € + \text{Abzinsungsfaktor} \times 171.400\ €$$

Nach Umstellung ergibt sich:

$$\frac{100.000\ €}{171.400\ €} = \text{Abzinsungsfaktor} = 0{,}5834$$

Aus der Tabelle der Abzinsungsfaktoren ergibt sich, dass die Verzinsung bei Grundstück B ganz knapp über 8 % liegt. Eine exakte Ermittlung ergibt 8,0016 %.

Nach der Methode des internen Zinsfußes ist Grundstück A zu bevorzugen.

*Zu c)*

Die Kapitalwertmethode empfiehlt den Kauf von Grundstück B, die Methode des internen Zinsfußes empfiehlt Grundstück A. Wie kommt es zu diesen unterschiedlichen Empfehlungen?

Der Unterschied rührt aus dem unterschiedlichen Kapitaleinsatz her und dem Fehlen von Angaben, was mit der Differenz im Kapitaleinsatz geschehen soll. Die Kapitalwertmethode unterstellt, dass die Differenz im Kapitaleinsatz in Höhe von (100.000 € –40.000 € = 60.000 €) zum Kalkulationszins angelegt wird, d. h. die 60.000 €, die B mehr kostet als A, können bei Realisierung von A nicht gewinnbringend angelegt werden.

Die Methode des internen Zinses hingegen unterstellt, dass die 60.000 €, die bei Realisierung von A noch übrig sind, auch zum internen Zins von A angelegt werden können. Dies ist natürlich ein großer Vorteil von A, denn bei A verzinst sich das Kapital zu hohen 10 %. Bei dieser hohen Verzinsung stellt sich die Frage, ob es ein zweites Grundstück A gibt, denn dann könnten weitere 40.000 € angelegt werden, die ebenfalls 10 % erwirtschaften. Dies wird allerdings voraussichtlich nicht der Fall sein, denn A wirft eine viel höhere Verzinsung ab als B.

**Lösung zu Aufgabe 3:**

*Zu a)*

Die rechnerische Lösung gestaltet sich einfach, da mit Ausnahme der Anschaffungsauszahlung und der Zuwendung in jedem Jahr ein konstanter Einzahlungsüberschuss anfällt.

Jedes Jahr sind

| | |
|---|---:|
| Einzahlungen | 25.000 € |
| – Auszahlungen | 10.000 € |
| = Einzahlungsüberschuss | 15.000 € |

konstant 15.000 € als Einzahlungsüberschuss zu berücksichtigen.

Der Kapitalwert errechnet sich dann unter Verwendung des Rentenbarwertfaktors für zehn Jahre bei einem Zinssatz von 4 % als:

$$\text{Kapitalwert} = -151.000\ € + 0{,}2 \times 151.000 + 8{,}1109 \times 15.000$$
$$\text{Kapitalwert} = 863{,}50\ €$$

Der Kapitalwert für das Windrad unter Berücksichtigung der 20%igen Zuwendung ist knapp positiv, d. h. die Investition ist absolut vorteilhaft.

*Zu b)*

Die Ermittlung des Kapitalwerts für den Fall, dass die Zuwendung erst am Ende des ersten Jahres eingeht, kann ebenfalls unter Verwendung des Rentenbarwertfaktors geschehen; die Zuwendung wird einzeln angesetzt und für eine Periode abgezinst.

$$\text{Kapitalwert} = -151.000\ € + 0{,}2 \times 151.000 \times 0{,}9615 + 8{,}1109 \times 15.000$$
$$\text{Kapitalwert} = -299{,}20\ €$$

Der Kapitalwert ist knapp negativ, d. h. die Investition ist nicht vorteilhaft, wenn die Zuwendung erst am Ende des ersten Jahres eingeht.

**Lösung zu Aufgabe 4:**

Zunächst werden in die übliche Tabelle alle Aus- und Einzahlungen zum jeweiligen Fälligkeitszeitpunkt eingetragen. Dabei steigen die Personalzahlungen von Jahr zu Jahr um 3 %. Die Einrichtung der Stelle mit 10.000 € wird in Periode 0 angesetzt, alle anderen Zahlungen zum jeweiligen Periodenende. Die Einzahlungen steigen gemäß Vorgabe, bzw. ab Jahr 4 immer um 10.000 € höher als im Vorjahr.

In der Zeile EÜ ist zu erkennen, dass in den Jahren 1 und 2 die Stelle mehr Auszahlungen verursacht als Einzahlungen erzielt. Erst im Jahr 3 fließt mehr zurück als die Stelle kostet.

Die Zeile Barwerte zeigt das gleiche Bild lediglich ein niedrigeres Niveau, da die EÜ abgezinst werden. Neu ist die Zeile kumulierte Barwerte, in der die Barwerte aufaddiert werden, immer Stück für Stück. Das heißt, in Periode 2 errechnet sich der kumulierte Barwert als Summe aus Barwert der Periode 0, –10.000 €, plus Barwert der Periode 1, –28.572 €, plus Barwert der Periode 3, –11.246,80 €, insgesamt –49.818,80 €. Die kumulierten Barwerte könnten auch als „periodenweiser Kapitalwert“ bezeichnet werden. Da in Periode 3 erstmals ein positiver Barwert der Periode anfällt, steigt der kumulierte Barwert von –49.818,80 € in Periode 2 auf nur noch –49.708, 23 €. Von nun an geht es dank der jeweiligen positiven Periodenbarwerte aufwärts, bis am Ende der Periode 7 ein positiver kumulierter Barwert in Höhe von 5.807,39 € entsteht. Da am Ende der Periode 6 der kumulierte Barwert noch negativ war, wird er ungefähr nach drei Vierteln des Jahres 7 genau null sein.

*Tabelle 5.44: Lösung zu Aufgabe 3 und 4 (kumulierte Barwerte)*

| Jahr | 0 | 1 | 2 | 3 | 4 | 5 | 6 | 7 |
|---|---|---|---|---|---|---|---|---|
| Auszahlungen | –10.000,00 € | –80.000,00 € | –82.400,00 € | –84.872,00 € | –87.418,16 € | –90.040,70 € | –92.741,93 € | –95.524,18 € |
| Einzahlungen | | 50.000,00 € | 70.000,00 € | 85.000,00 € | 95.000,00 € | 105.000,00 € | 115.000,00 € | 125.000,00 € |
| EÜ | –10.000,00 € | –30.000,00 € | –12.400,00 € | 128,00 € | 7.581,84 € | 14.959,30 € | 22.258,07 € | 29.475,82 € |
| Abzinsungsfaktor | 1,0000 | 0,9524 | 0,9070 | 0,8638 | 0,8227 | 0,7835 | 0,7462 | 0,7107 |
| Barwerte | –10.000,00 € | –28.572,00 € | –11.246,80 € | 110,57 € | 6.237,58 € | 11.720,61 € | 16.608,97 € | 20.948,46 € |
| kumulierte Barwerte | –10.000,00 € | –38.572,00 € | –49.818,80 € | –49.708,23 € | –43.470,65 € | –31.750,05 € | –15.141,07 € | 5.807,39 € |

**Lösung zu Aufgabe 5:**

Die jährlichen Rückflüsse der Anlage A betragen 36.000 €. Hiervon sind noch die jährlichen Betriebskosten in Höhe von 3.000 € abzuziehen. Somit ergibt sich folgende Berechnung der dynamischen Amortisation für die Anlage A:

*Tabelle 5.45: Ermittlung dynamische Amortisation Anlage A*

| Laufzeit | Einzahlungsüberschüsse (Zeitwerte) | Abzinsungsfaktoren für 3 % | Einzahlungsüberschüsse (Barwerte) | Kumulierte Einzahlungsüberschüsse (Barwerte) |
|---|---|---|---|---|
| 0 | –200.000,00 € | 1,0000 | –200.000,00 € | |
| 1 | 33.000,00 € | 0,9709 | 32.038,83 € | –167.961,17 € |
| 2 | 33.000,00 € | 0,9426 | 31.105,67 € | –136.855,50 € |
| 3 | 33.000,00 € | 0,9151 | 30.199,67 € | –106.655,83 € |
| 4 | 33.000,00 € | 0,8885 | 29.320,07 € | –77.335,75 € |
| 5 | 33.000,00 € | 0,8626 | 28.466,09 € | –48.869,66 € |
| 6 | 33.000,00 € | 0,8375 | 27.636,98 € | –21.232,68 € |
| 7 | 33.000,00 € | 0,8131 | 26.832,02 € | 5.599,34 € |
| 8 | 33.000,00 € | 0,7894 | 26.050,50 € | 31.649,84 € |

Die Anlage A amortisiert sich im siebten Jahr. Zu diesem Stichtag sind sowohl die Anschaffungskosten, die jährlichen Betriebskosten als auch der Kalkulationszins in Höhe von 3 % wiedergewonnen.

Für die Anlage B:

*Tabelle 5.46: Ermittlung dynamische Amortisation Anlage B*

| Lauf-zeit | Einzahlungsüber-schüsse (Zeitwerte) | Abzinsungsfak-toren für 3 % | Einzahlungsüber-schüsse (Barwerte) | Kumulierte Ein-zahlungsüber-schüsse (Barwerte) |
|---|---|---|---|---|
| 0 | –150.000,00 € | 1,0000 | –150.000,00 € | |
| 1 | 22.000,00 € | 0,9709 | 21.359,22 € | –128.640,78 € |
| 2 | 22.000,00 € | 0,9426 | 20.737,11 € | 107.903,67 € |
| 3 | 22.000,00 € | 0,9151 | 20.133,12 € | –87.770,55 € |
| 4 | 22.000,00 € | 0,8885 | 19.546,72 € | – 68.223,84 € |
| 5 | 22.000,00 € | 0,8626 | 18.977,39 € | –49.246,44 € |
| 6 | 22.000,00 € | 0,8375 | 18.424,65 € | –30.821,79 € |
| 7 | 22.000,00 € | 0,8131 | 17.888,01 € | –12.933,77 € |
| 8 | 22.000,00 € | 0,7894 | 17.367,00 € | 4.433,23 € |

Die Anlage B amortisiert sich im achten Jahr. Somit ist nach den Kriterien des Kämmerers die Anlage A vorzuziehen.

**Lösung zu Aufgabe 6:**
Zunächst müssen die Barwerte der Einzahlungsüberschüsse und der möglichen Liquidationserlöse berechnet werden. Es ergibt sich folgende Aufstellung für die Kapitalwerte des jeweiligen Jahres

*Tabelle 5.47: Ermittlung optimale Nutzungsdauer (Aufgabe 6)*

| Lauf zeit | Abzinsungs-faktoren für 5 % | Möglicher Liquida-tionserlös (Barwert) | Einzahlungsüber-schüsse (Barwer-te) | kumulierte Ein-zahlungsüber-schüsse (Barwer-te) | Kapital-wert des jeweiligen Jahres |
|---|---|---|---|---|---|
| 0 | 1 | | –35.000,00 € | | |
| 1 | 0,952380952 | 23.809,52 € | 10.476,19 € | –24.523,81 € | –714,29 € |
| 2 | 0,907029478 | 19.954,65 € | 9.070,29 € | –15.453,51 € | 4.501,13 € |
| 3 | 0,863837599 | 13.821,40 € | 9.502,21 € | –5.951,30 € | 7.870,10 € |
| 4 | 0,822702475 | 7.404,32 € | 5.758,92 € | –192,38 € | 7.211,94 € |
| 5 | 0,783526166 | 2.350,58 € | 4.701,16 € | 4.508,77 € | 6.859,35 € |

Die optimale Nutzungsdauer beträgt demnach drei Jahre. Nach dem dritten Jahr sollte die Investition nicht weiter betrieben und stattdessen liquidiert werden.

Berechnung über die ZEZÜ (Zusätzliche Einzahlungsüberschüsse):

ZEZÜ des zweiten Jahres:

10.000,00 € + 22.000,00 € – 25.000,00 € x 1,05 = 5.750,00 €

ZEZÜ des dritten Jahres:

11.000,00 € + 16.000,00 € – 22.000,00 € x 1,05 = **3.900,00 €**

ZEZÜ des vierten Jahres:

7.000,00 € + 9.000,00 € – 16.000,00 € x 1,05 = –800,00 €

Der ZEZÜ des Jahres 2 ist zwar höher als der des Jahres 3, aber entscheidend ist die Frage, ob in den Folgejahren weitere ZEZÜ generiert werden können. Solange der ZEZÜ in den Folgejahren positiv ist, ist die optimale Nutzungsdauer nicht erreicht. Im Jahr 3 ist der ZEZÜ letztmalig positiv, d. h. hier liegt die optimale Nutzungsdauer.

Weiter gilt:

Barwert des ZEZÜ des vierten Jahres = – 800,00 € x ABF für 4 Jahre und 5 %
= –658,16 €

Differenz der Kapitalwerte aus dem vierten und dritten Jahr = –658,16 € (7.870,10 € –7.211,94 €)

**Lösung zu Aufgabe 7:**

Zunächst müssen wie in Aufgabe 6 die Barwerte der Einzahlungsüberschüsse und der möglichen Liquidationserlöse berechnet werden. Es ergibt sich folgende Aufstellung für die Kapitalwerte des jeweiligen Jahres:

*Tabelle 5.48: Ermittlung optimale Nutzungsdauer (Aufgabe 7)*

| Lauf-zeit | Abzinsungs-faktoren für 10 % | Möglicher Liqui-dationserlös (Barwerte) | Einzahlungs-überschüsse (Barwerte) | kumulierte Einzah-lungsüber-schüsse (Barwerte) | Kapital-wert des jeweiligen Jahres |
|---|---|---|---|---|---|
| 0 | 1 | | –4.000,00 € | | |
| 1 | 0,90909091 | 2.727,27 € | 1.818,18 € | –2.181,82 € | 545,45 € |
| 2 | 0,82644628 | 1.652,89 € | 1.487,60 € | –694,21 € | 958,68 € |
| 3 | 0,7513148 | 901,58 € | 788,88 € | 94,67 € | 996,24 € |
| 4 | 0,68301346 | 273,21 € | 587,39 € | 682,06 € | 955,26 € |

Die optimale Nutzungsdauer beträgt drei Jahre. Dies lässt sich auch mit der Berechnungsvariante über die zusätzlichen Einzahlungsüberschüsse beweisen:

ZEZÜ des zweiten Jahres:

1.800,00 € + 2.000,00 € – 3.000,00 € x 1,1 = 500,00 €

ZEZÜ des dritten Jahres:

1.050,00 € + 1.200,00 € – 2.000,00 € x 1,1 = 50,00 €

ZEZÜ des vierten Jahres:

860,00 € + 400,00 € – 1.200,00 € x 1,1 = –60,00 €

Im dritten Jahr ist der ZEZÜ noch positiv, im vierten Jahr hingegen negativ.

Nun folgt die Berechnung der Kapitalwerte der Investitionskette. Ergebnis der vorherigen Untersuchungen ist, dass die Folgeinvestition definitiv eine optimale Nutzungsdauer von drei Jahren hat.

*Tabelle 5.49: Ermittlung optimale Nutzungsdauer der Folgeinvestition (Aufgabe 8)*

| Laufzeit | Kapitalwert der Erstinvestition | Kapitalwert der Folgeinvestition | Abzinsungsfaktoren für 10 % | abgezinster Kapitalwert der Folgeinvestition | Kapitalwert der Investitionskette |
|---|---|---|---|---|---|
| 0 | | | 1 | | |
| 1 | 545,45 € | 996,24 € | 0,90909091 | 905,67 € | 1.451,13 € |
| 2 | 958,68 € | 996,24 € | 0,82644628 | 823,34 € | 1.782,02 € |
| 3 | 996,24 € | 996,24 € | 0,7513148 | 748,49 € | 1.744,73 € |
| 4 | 955,26 € | 996,24 € | 0,68301346 | 680,45 € | 1.635,71 € |

Als Ergebnis bleibt festzuhalten, dass die optimale Nutzungsdauer der Folgeinvestition drei Jahre beträgt, während es bei der Erstinvestition nur zwei Jahre sind.

Plant der Investor keine Folgeinvestition (identische Folgeinvestition), dann liegt die optimale Nutzungsdauer dort, wo ein weiterer Betrieb zusätzliche negative Einzahlungsüberschüsse zur Folge hat.

Weiter oben haben wir festgestellt, dass die ZEZÜ im vierten Jahr negativ (–60,00 €) werden. Im dritten Jahr sind die ZEZÜ noch positiv (+ 50,00 €).

Plant der Investor nun dagegen eine (identische) Folgeinvestition, so nutzt er die Erstinvestition nur solange, wie die zusätzlichen Einzahlungsüberschüsse nicht geringer sind als die einperiodige Verzinsung des maximalen Kapitalwertes der Folgeinvestition. Diese beträgt in unserem Beispiel: 996,24 € × 0,1 = 99,62 €.

Im dritten Nutzungsjahr liegen die ZEZÜ mit +50,00 € unter dieser Verzinsung, im zweiten Jahr hingegen mit +500,00 € darüber. Der optimale Ersatzzeitpunkt der Erstinvestition beträgt zwei Jahre.

**Lösung zu Aufgabe 8:**
Bei Kontenausgleichsverbot:

*Tabelle 5.50: Vermögensendwert bei Kontoausgleichsverbot*

| Jahr | Rest-lauf-zeit | Einzahlung-überschüsse (Zeitwerte) | Konto für negative Einzahlungsüberschüsse | | Konto für positive Einzahlungsüberschüsse | |
|---|---|---|---|---|---|---|
| | | | Aufzinsungsfaktor 6 % | Endwert | Aufzinsungsfaktor 3 % | Endwert |
| 0 | 5 | –55.555,00 € | 1,3382 | –74.345,12 € | – | – |
| 1 | 4 | 18.000,00 € | – | – | 1,12550881 | 20.259,16 € |
| 2 | 3 | 19.000,00 € | – | – | 1,092727 | 20.761,81 € |
| 3 | 2 | 13.000,00 € | – | – | 1,0609 | 13.791,70 € |
| 4 | 1 | 12.000,00 € | – | – | 1,03 | 12.360,00 € |
| 5 | 0 | 9.000,00 € | – | – | 1 | 9.000,00 € |
| **Vermögensendwerte** | | | | **–74.345,12 €** | | **76.172,67 €** |

Der Vermögensendwert beträgt somit **1.827,55 €.**

Bei Kontenausgleichsgebot:

*Tabelle 5.51: Vermögensendwert bei Kontoausgleichsgebot*

| Jahr | Einzahlungsüberschüsse (Zeitwerte) | Vermögenswert des Vorjahres | Aufzinsungsfaktor (6 % bzw. 3 %) | Vermögenswert |
|---|---|---|---|---|
| | I | II | III | I + II × III |
| 0 | –55.555,00 € | – | – | –55.555,00 € |
| 1 | 18.000,00 € | –55.555,00 € | 1,06 | –40.888,30 € |
| 2 | 19.000,00 € | –40.888,30 € | 1,06 | –24.341,60 € |
| 3 | 13.000,00 € | –24.341,60 € | 1,06 | –12.802,09 € |
| 4 | 12.000,00 € | –12.802,09 € | 1,06 | –1.570,22 € |
| 5 | 9.000,00 € | –1.570,22 € | 1,03 | 7.382,67 € |
| **Vermögensendwerte** | | | | **7.382,67 €** |

**Lösung zu Aufgabe 9:**

*Zu a)*

Der Kostenvergleich gehört zu den statischen Verfahren und arbeitet mit kalkulatorischen Größen. Es werden die durchschnittlichen Kosten eines Durchschnittsjahres ermittelt. Die Ergebnisse sind in der folgenden Tabelle zusammengestellt:

*Tabelle 5.52: Kostenvergleich Modell A und Modell B*

| | **Modell A** | **Modell B** |
|---|---|---|
| Abschreibung | 12.500 € | 7.500 € |
| kalk. Zinsen | 1.500 € | 900 € |
| weitere Fixkosten | 1.000 € | 1.700 € |
| variable Kosten | 2.500 € | 7.500 € |
| **jährliche Kosten** | **17.500 €** | **17.600 €** |

Modell A verursacht pro Jahr 100 € weniger Kosten und ist damit wirtschaftlicher, d. h. relativ vorteilhaft.

*Zu b)*

Die Ausgabeannuität zählt zu den dynamischen Verfahren. Zur Ermittlung der Ausgabeannuität muss zunächst der Kapitalwert für beide Varianten ermittelt werden. Bei der Ermittlung werden nur die Zahlungsgrößen, also die Anschaffungsausgabe und die jährlichen Ausgaben (variable Kosten i. H. v. 2.500 € und weitere Fixkosten i. H. v. 1.000 €) berücksichtigt. Das heißt, Abschreibungen als nicht zahlungswirksame Größen bleiben außen vor, ebenso die kalkulatorischen Zinsen. Sie werden über die Diskontierungsfaktoren berücksichtigt, da es sich um ein dynamisches Verfahren handelt.

*Tabelle 5.53: Kapitalwert Modell A*

| **Modell A**<br>Jahr | 0 | 1 | 2 | 3 | 4 |
|---|---|---|---|---|---|
| EÜ (in €)<br>Abzinsungsfaktor | –50.000<br>1,0000 | –3.500<br>0,9434 | –3.500<br>0,8900 | –3.500<br>0,8396 | –3.500<br>0,7921 |
| Barwerte<br>**Kapitalwert** | –50.000<br>**–62.128 €** | –3.302 | –3.115 | –2.939 | –2.772 |

*Tabelle 5.54: Kapitalwert Modell B*

| **Modell B**<br>Jahr | 0 | 1 | 2 | 3 | 4 |
|---|---|---|---|---|---|
| EÜ (in €)<br>Abzinsung | –30.000<br>1,0000 | –9.200<br>0,9434 | –9.200<br>0,8900 | –9.200<br>0,8396 | –9.200<br>0,7921 |
| Barwerte<br>**Kapitalwert** | –30.000<br>**–61.879** | –8.679 | –8.188 | –7.724 | –7.287 |

Der jeweilige Kapitalwert muss danach auf die Jahre gleichmäßig verteilt werden. Dies geschieht durch Division des jeweiligen Kapitalwerts durch den Rentenbarwertfaktor für vier Jahre bei einem Zinssatz von 6 % (RBF = 3,4651).

$$\text{Ausgabenannuität Modell A} = \frac{-62.128\ €}{3{,}4651} = -17.929{,}64\ €$$

$$\text{Ausgabenannuität Modell B} = \frac{-61.879\ €}{3{,}4651} = -17.857{,}78\ €$$

Damit ist die Ausgabeannuität von Modell B geringer als die von Modell A. Die Entscheidung verändert sich. Dies liegt vor allem daran, dass die Anschaffungsausgaben für Modell A höher sind. B ist in Folge relativ vorteilhaft.

*Zu c)*

Die Amortisationsrechnung gehört wiederum zu den statischen Verfahren. Sie benutzt wie die Kostenvergleichsrechnung kalkulatorische Größen, allerdings bleiben die Abschreibungen unberücksichtigt.

$$\text{Amortisationszeit} = \frac{\text{Anschaffungswert} - \text{Liquidationserlös}}{\text{durchschn. Gewinn vor Abschreibung}}$$

*Tabelle 5.55: Ermittlung Einzahlungsüberschüsse Modell A und Modell B*

| **Jahr** | **Modell A** | **Modell B** |
|---|---:|---:|
| Erlös (interner Verrechnungspreis) | 18.750 € | 18.750 € |
| kalk. Zinsen | 1.500 € | 900 € |
| weitere Fixkosten | 1.000 € | 1.700 € |
| variable Kosten | 2.500 € | 7.500 € |
| **Summe EÜ** | **13.750 €** | **8.650 €** |

$$\text{Amortisationszeit Modell A} = \frac{50.000\ €}{13.750\ €} = 3{,}64\ \text{Jahre}$$

$$\text{Amortisationszeit Modell B} = \frac{30.000\ €}{8.650\ €} = 3{,}47\ \text{Jahre}$$

Beide Modelle amortisieren sich innerhalb ihrer geplanten Nutzungsdauer, aber Modell B gewinnt den Vergleich, da es die (etwas) kürzere Amortisationszeit aufweist.

*Zu d)*

Die Ermittlung des Kapitalwerts kann unter Verwendung des Kapitalwerts der Ausgaben in (2) geschehen. Nur noch die Gutschriften, die konstant jedes Jahr anfallen, müssen berücksichtigt werden. Dies geschieht durch Verknüpfung mit dem Rentenbarwertfaktor für vier Jahre und 6 %.

$$C_0 \text{ Modell A} = 3{,}4651 \times 18.750 - 62.128$$
$$C_0 \text{ Modell A} = 2.842{,}63$$

$$C_0 \text{ Modell B} = 3{,}4651 \times 18.750 - 61.879$$
$$C_0 \text{ Modell B} = 3.091{,}63$$

Das Modell B gewinnt den Vergleich, da es den höheren Kapitalwert aufweist. Dies ist allerdings kein Wunder, denn für beide Modelle sind die Einzahlungen gleich und Modell B hatte bereits in (2) den höheren Kapitalwert.

*Zu e)*
Bei der Berechnung der Rentabilität wird der durchschnittliche Gewinn vor Zinsen dem durchschnittlich gebundenen Kapital gegenübergestellt. Dabei ergibt sich das durchschnittlich gebundene Kapital als Anschaffungswert geteilt durch 2.

$$\text{Rentabilität in \%} = \frac{\text{durchschnittlicher Gewinn vor Zinsen}}{\text{durchschnittlich gebundenes Kapital}} \times 100$$

*Tabelle 5.56: Ermittlung Gewinn vor Zinsen Modell A und Modell B*

| | **Modell A** | **Modell B** |
|---|---:|---:|
| Erlös | 18.750 € | 18.750 € |
| Abschreibung | 12.500 € | 7.500 € |
| weitere Fixkosten | 1.000 € | 1.700 € |
| variable Kosten | 2.500 € | 7.500 € |
| Gewinn vor Zinsen | 2.750 € | 2.050 € |

$$\text{Rentabilität Modell A} = \frac{2.750\ €}{25.000\ €} \times 100 = 11\ \%$$

$$\text{Rentabilität Modell B} = \frac{2.050\ €}{15.000\ €} \times 100 = 13{,}67\ \%$$

Das Modell B weist die höhere Verzinsung auf.

Die Verzinsung nach der dynamischen Wirtschaftlichkeitsrechnung ergibt sich durch die Ermittlung des internen Zinses.

Bei der vorliegenden Aufgabenstellung handelt es sich um den Sonderfall einer Auszahlung und in den folgenden Jahren konstanter Rückflüsse.

Die jährlichen Rückflüsse ergeben sich als:

*Tabelle 5.57: Ermittlung jährliche Rückflüsse Modelle A und B*

| | Modell A | Modell B |
|---|---:|---:|
| jährliche Gutschrift | 18.750 € | 18.750 € |
| – jährliche Fixkosten | 1.000 € | 1.700 € |
| – jährliche variable Kosten | 2.500 € | 7.500 € |
| **Jährliche Rückflüsse** | **15.250 €** | **9.550 €** |

Für diesen Spezialfall ermittelt sich der interne Zins als:

$$\text{Modell A RBF}_{(4\ \text{Jahre, i})} = \frac{50.000\ €}{15.250\ €} = 3{,}2787 \text{ nach Tabelle ca. } 8{,}5\ \%$$

$$\text{Modell B RBF}_{(4\ \text{Jahre, i})} = \frac{30.000\ €}{9.550\ €} = 3{,}1414 \text{ nach Tabelle mehr als } 10\ \%$$

Somit weist Modell B die höhere interne Verzinsung auf.

Die genaue Berechnung der internen Zinsfüße kann wie folgt lauten:

Für Modell A ergibt sich nachfolgende Berechnung:

Nach der RBF-Tabelle entspricht dem RBF und einem Zinssatz von rd. 8,5 % (RBF = 3,2756). Das heißt, es kann eine lineare Interpolation über diese RBF erfolgen:

Absoluter Abstand:

| | | |
|---|---|---|
| 8,0 % | 0,5 % | 8,5 % |
| 3,3121 | 0,0365 | 3,2756 |

Der absolute Abstand zwischen den beiden Zinssätzen beträgt 0,5 % und zwischen den beiden RBF 0,0356.

Relativer Abstand:

| | | |
|---|---|---|
| 8,0 % | | x % |
| 3,3121 | 0,0334 | 3,2787 |

Der relative Abstand ausgehend vom RBF von 8 % beträgt 0,0334 zum gesuchten RBF.

Wird der relative Abstand nun ins Verhältnis zum absoluten Abstand gesetzt, ergibt sich: 0,0334/0,0365 = 0,915068493.

Zu beachten ist, dass der Abstand zwischen den beiden Zinssätzen 0,5 % beträgt, wodurch der errechnete prozentuale Anteil mit 0,5 % zu multiplizieren ist:

$$0{,}915068493 \times 0{,}5\ \% = 0{,}457534247\ \%.$$

Ausgehend von den 8 % sind die ermittelten rd. 0,46 % nun zu addieren: 8 % + 0,46 % = 8,46 %.

Der interne Zinsfuß beträgt 8,46 %.

Zu dem gleichen Ergebnis führt eine Berechnung ausgehend von 8,5 %:

Relativer Abstand:

| | | |
|---|---|---|
| x % | | 8,5 % |
| 3,2787 | 0,0031 | 3,2756 |

$$0{,}0031/0{,}0334 \times 0{,}5\ \% = 0{,}046407186\ \%$$
$$8{,}5\ \% - \text{rd. } 0{,}05\ \% = 8{,}45\ \%$$

Für B stellt sich die Berechnung wie folgt dar:

Absoluter Abstand:

| | | |
|---|---|---|
| 10,0 % | 1,0 % | 11,0 % |
| 3,1699 | 0,0675 | 3,1024 |

Zwischen den beiden Prozentsätzen liegt ein Unterschied von 1 %. Die beiden entsprechenden RBF liegen 0,0675 auseinander.

Ausgehend von 10 % ergibt sich zum gesuchten Zinssatz ein relativer Abstand i. H. v. 0,0282:

Relativer Abstand:

| | | |
|---|---|---|
| 10,0 % | | x % |
| 3,1699 | 0,0282 | 3,1417 |

Dieser wird nunmehr ins Verhältnis zum absoluten Abstand der beiden RBF gesetzt:

0,0282/0,0675 = rd. 0,4178 und mit dem Abstand zwischen den beiden Zinssätzen von 1 % multipliziert: 0,4178 × 1 % = 0,4178 %.

Dieser Wert ist nun auf die 10 %, von denen die Berechnung ausgeht, zu addieren, um den internen Zinsfuß zu erhalten:

$$10\ \% + 0{,}42\ \% = 10{,}42\ \%.$$

Ausgehend von den 11 % und einem RBF von 3,1024 ergibt sich das gleiche Ergebnis:

Relativer Abstand:

| | | |
|---|---|---|
| x % | | 11,0 % |
| 3,1417 | 0,0393 | 3,1024 |

Der relative Abstand wird auch hier ins zum absoluten Abstand gesetzt und mit dem Abstand zwischen den beiden Zinssätzen multipliziert:

$$0{,}0393/0{,}0675 \times 1\ \% = \text{rd. } 0{,}5822\ \%$$

Wird dieser Zinssatz nun von den 11 %, die die Ausgangsbasis der Berechnung bilden, subtrahiert, ergibt sich ein interner Zinsfuß i. H. v.:

$$11\ \% - 0{,}58\ \% = 10{,}42\ \%.$$

Zum zahlenmäßig gleichen Ergebnis gelangt auch die Anwendung der Formel zur Berechnung des internen Zinsfußes. Ihre Anwendung setzt jedoch voraus, dass zunächst mithilfe des Kalkulationszinssatzes von 6 % laut Aufgabenstellung ein positiver Kapitalwert (vgl. Aufgabenteil d)) errechnet wird. Mit einem deutlich höheren Zinssatz muss ein negativer Kapitalwert berechnet werden. Die Formel interpoliert dann über die Kapitalwerte. Da diese Aufgabe jedoch als Besonderheit in Form einer einmaligen Investitionsauszahlung und konstanter EZÜ ausgestaltet ist, bietet sich die Interpolation über die RBF an. Diese Variante ist in einer Klausur die zeitsparendere Lösung.

*Zu f)*

Für Modell B kann auf den Kapitalwert, der in d) errechnet wurde, zurückgegriffen werden.

Für Modell A muss aufgrund der geänderten Informationen der Liquidationserlös berücksichtigt werden. Die Anschaffungsausgabe und die jährlichen Einzahlungsüberschüsse bleiben wie in d), lediglich der Liquidationserlös muss für das Ende der vierten Periode berücksichtigt werden. Diese Einzahlung ist auf $t_0$ abgezinst werden.

Jährlich fallen folgende Einzahlungsüberschüsse an:

*Tabelle 5.58: Ermittlung jährlicher Einzahlungsüberschuss Modell A*

| | |
|---|---:|
| Einzahlungen für 25.000 km und 0,75 €/km | 18.750 € |
| – Fixe Kosten pro Jahr | 1.000 € |
| – Variable Kosten für 25.000 km | 2.500 € |
| Jährlicher Einzahlungsüberschuss | 15.250 € |

Wenn die einzelnen Zahlungen in einer Zeittabelle dargestellt werden, ergibt sich folgende Tabelle:

*Tabelle 5.59: Ermittlung Kapitalwert Modell A*

| Jahr | 0 | 1 | 2 | 3 | 4 |
|---|---:|---:|---:|---:|---:|
| Zahlung | –50.000,00 € | 15.250,00 € | 15.250,00 € | 15.250,00 € | 15.250,00 € |
| Abzinsungsfaktor | 1,0000 | 0,9434 | 0,8900 | 0,8396 | 0,7921 |
| Barwert | –50.000,00 € | 14.386,85 € | 13.572,50 € | 12.803,90 € | 12.871,63 € |

Es errechnet sich ein Kapitalwert von 3.634,875 €.

Der Wert kann auch unter Verwendung des Rentenbarwertfaktors ermittelt werden, wobei 15.250 € konstant anfallen und durch den Rentenbarwertfaktor auf den Zeitpunkt $t_0$ abgezinst werden. Der Liquidationserlös von 1.000 € fällt in $t_4$ an und wird einmalig abgezinst. Der Ansatz lautet dann:

$$C_0 \text{ Modell A} = -50.000 + 3{,}4651 \times 15.250 + 0{,}7921 \times 1.000 = 3.634{,}875\ €$$

Der Kapitalwert von Modell A in Höhe von 3.634,875 € ist höher als der von Modell B, der – wie unter d) berechnet – nur 3.091,63 € beträgt.

*Zu g)*
Es ist der Liquidationserlös für A zu suchen, der dazu führt, dass der Kapitalwert beider Fahrzeuge gleich hoch ist. Maßgeblich ist der bei d) ermittelte Kapitalwert von Modell B = 3.091,63 €. Der unter f) benutzte Ansatz für A ist zu modifizieren. Der Kapitalwert ist bekannt und der Liquidationserlös ist zu errechnen:

$$3.091{,}63 = -50.000 + 3{,}4651 \times 15.250 + 0{,}7921 \times LE$$

Die Gleichung ist umzustellen:

$$3.091{,}63 + 50.000 - 3{,}4651 \times 15.250 = 0{,}7921 \times LE$$
$$248{,}855 = 0{,}7921 \times LE$$
$$314{,}17 = LE$$

Sobald der Liquidationserlös für Modell A größer ist als 314,17 €, ist Modell A günstiger als Modell B.

**Lösung zu Aufgabe 10:**
*Zu a)*
Für A beträgt die Anschaffungsausgabe im Zeitpunkt t = 0 60.000 €. Ab dem Jahr 1 fallen Fixkosten für Wartung und Versicherung i. H. v. 500 € + 1.000 € = 1.500 € an.

Die variablen Kosten berechnen sich als jährliche Fahrleistung i. H. v. 35.000 km × 1,40 €/Liter / 100 km × 6 Liter = 2.940 €. Das heißt, die jährlichen EZÜ betragen –1.500 € – 2.940 € = –4.440 €.

*(Zur Erinnerung: Die kalkulatorischen Zinsen werden über die Diskontierungsfaktoren berücksichtigt, die Abschreibungen sind nicht zahlungswirksam und daher nicht als EZÜ anzusetzen.)*

Mithilfe des Rentenbarwertfaktors bei einer Laufzeit von sechs Jahren und 3 % Zinsen kann nunmehr der Kapitalwert ermittelt werden.

$$C_0 = -60.000\ € - 4.440\ € \times 5{,}4172$$
$$C_0 = -60.000\ € - 24.052{,}37\ €$$
$$C_0 = -84.052{,}37\ €$$

Der Kapitalwert beträgt für A –84.052,37 €.

Für B beträgt die Anschaffungsausgabe im Zeitpunkt t = 0 70.000 €. Ab dem Jahr 1 fallen Fixkosten für Wartung und Versicherung i. H. v. 650 € + 800 € = 1.450 € an.

Die variablen Kosten berechnen sich als jährliche Fahrleistung i. H. v. 35.000 km × 1,40 €/Liter / 100 km × 7 Liter = 3.430 €. Das heißt, die jährlichen EZÜ betragen –1.450 € – 3.430 € = –4.880 €.

Mithilfe des Rentenbarwertfaktors bei einer Laufzeit von acht Jahren und 3 % Zinsen kann nunmehr der Kapitalwert ermittelt werden.

$$C_0 = -70.000\ € - 4.880\ € \times 7{,}0197$$
$$C_0 = -70.000\ € - 34.256{,}14\ €$$
$$C_0 = -104.256{,}14\ €$$

Beide Kapitalwerte sind negativ, daher sind beide Alternativen absolut unvorteilhaft. Der Kapitalwert von A ist weniger negativ, sodass A relativ vorteilhaft und damit die zu wählende Alternative darstellt.

*Zu b)*

Die für A und B ermittelten jährlichen EZÜ verändern sich durch Anpassung des Kalkulationszinses ab dem Jahr 4 nicht.

Für den Zeitraum t = 1 bis t = 3 kann weiterhin mit dem Rentenbarwertfaktor von 3 % und drei Jahren gerechnet werden:

t = 0 bis t = 3

$$A\colon C_0 = -60.000\ € - 4.440\ € \times 2{,}8286$$
$$A\colon C_0 = -60.000\ € - 12.558{,}98\ €$$

Ab dem Jahr 4 kann nunmehr entweder eine Diskontierung der EZÜ anhand der Abzinsungsfakoren für 4,5 % erfolgen:

t = 4 bis t = 6

$$A\colon C_0 = -4.440 \times 0{,}8386 - 4.440\ € \times 0{,}8025 - 4.440\ € \times 0{,}7679$$
$$A\colon C_0 = -3.723{,}38\ € - 3.563{,}10\ € - 3.409{,}48\ €$$
$$A\colon C_0 = -10.695{,}96\ €$$

Für den kompletten Zeitraum ergibt sich folglich ein Kapitalwert i. H. v. –60.000 € – 12.558,98 € – 10.695,96 € = –83.254,94 €.

Alternativ kann aber auch hier mit dem Rentenbarwertfaktor gearbeitet werden. Der Rentenbarwertfaktor für den Zeitraum von sechs Jahren beträgt bei einem Kalkulationszins i. H. v. 4,5 % 5,1579. Für den Zeitraum t = 0 bis t = 3 ist mit einem Kalkulationszins von 3 % zu rechnen. In Folge ist der Rentenbarwertfaktor 5,1579 um den Rentenbarwertfaktor, der sich bei einem Kalkulationszins von 4,5 % und einer Laufzeit von drei Jahren ergibt, 2,7490 zu verringern. Es ergibt sich ein RBF für den Zeitraum t = 4 bis t = 6 i. H. v. 2,4089 (5,1579 – 2,7490).

$$A\colon C_0 = -60.000\ € - 4.440\ € \times 2{,}8286 - 4.440\ € \times 2{,}4089$$
$$A\colon C_0 = -60.000\ € - 12.558{,}98\ € - 10.695{,}96\ €$$
$$A\colon C_0 = -83.254{,}94\ €$$

Zu dem gleichen Ergebnis gelangt eine Addition der Abzinsungsfaktoren bei einem Kalkulationszins i. H. v. 4,5 % für den Zeitraum t = 4 bis t = 6:

$$0{,}8386 + 0{,}8025 + 0{,}7679 = 2{,}409$$

Das gleiche Vorgehen ist nun auf Modell B anzuwenden.

Für den Zeitraum t = 0 bis t = 3 beträgt der Rentenbarwertfaktor bei einem Kalkulationszins i. H. v. 3 % 2,8286. Für einen Zeitraum von acht Jahren und einen Kalkulationszins i. H. v. 4,5 % beträgt der Rentenbarwertfaktor 6,5959. In Abzug zu bringen ist der Rentenbarwertfaktor für den Zeitraum t = 0 bis t = 3 i. H. v. 2,7490, sodass der Rentenbarwertfaktor für den Zeitraum t = 4 bis t = 8 (6.5959 – 2,7490 =) 3,8469 beträgt.

Alternativ können auch hier wieder die Abzinsungsfaktoren für die Zeiträume t = 4 bis t = 8 bei einem Kalkulationszins i. H. v. 4,5 % addiert werden:

$$0{,}8386 + 0{,}8025 + 0{,}7679 + 0{,}7348 + 0{,}7032 = 3{,}8469$$

In Folge beträgt der Kapitalwert von B:

$$C_0 = -70.000\ € - 4.880\ € \times 2{,}8286 - 4.880\ € \times 3{,}8469$$
$$C_0 = -70.000\ € - 13.803{,}57\ € - 18.772{,}87\ €$$
$$C_0 = -102.576{,}44\ €$$

Beide Alternativen sind absolut unvorteilhaft. Gleichwohl ist der Kapitalwert von A größer als der von B, sodass A relativ vorteilhaft und damit die zu wählende Alternative ist.

# 6. Unterschiede statischer und dynamischer Verfahren

Die Unterschiede zwischen den statischen und dynamischen Verfahren sollen konzentriert gegenübergestellt werden.[43]

Bei den statischen Verfahren kommen kalkulatorische Größen, wie Abschreibungen und kalkulatorische Zinsen zur Anwendung. Kennzeichen für diese Werte ist auch, dass es sich um Jahreswerte, also einperiodische Werte handelt. Sie beruhen auf Durchschnittswerten, von denen ausgegangen wird, dass sie auch in der zu betrachtenden Zeit so anfallen werden. Bis auf die Amortisationsrechnung wird die Zeit nicht in die Überlegung mit einbezogen. Allerdings sind diese Methoden einfach und schnell anzuwenden. Sie werden aufgrund ihrer Einfachheit auch „Hilfsverfahren der Praxis" genannt und sind vor allem für Betrachtungen bis zu einer Lebensdauer von etwa fünf Jahren geeignet. Darüber hinaus empfehlen sich die dynamischen Verfahren.

*Tabelle 6.1: Unterschiede zwischen statischen und dynamischen Verfahren*

| **Merkmal statischer Verfahren** | **Merkmal dynamischer Verfahren** |
|---|---|
| Verwenden kalkulatorische Größen wie kalk. Abschreibung und kalk. Zinsen | Basieren auf Zahlungsströmen, keine kalkulatorischen Größen |
| Beruhen auf Durchschnittswerten | Verwenden geschätzte Werte, die nach Wert und Zeitpunkt prognostiziert werden müssen |
| Einperiodenverfahren mit Ausnahme der kumulativen Amortisationsrechnung | Sind mehrperiodische Lebensdauerbetrachtungen |
| Berücksichtigen nicht den Zeitfaktor | Berücksichtigen den unterschiedlichen Zeitpunkt des Anfalls von Zahlungen durch Zinseffekte |
| Sind einfach und schnell | Sind aufwendig |

Die dynamischen Verfahren beruhen auf Zahlungsströmen. Höhe und Zeitpunkt der Aus- bzw. Einzahlungen sind exakt zu schätzen. Kalkulatorische Größen werden nicht berücksichtigt. Die Betrachtung erstreckt sich über die gesamte Lebensdauer einer Investition; damit handelt es sich um mehrperiodische Verfahren. Der Zeitfaktor, wann eine Aus- oder Einzahlung anfällt, wird durch Zinseffekte berücksichtigt. Auf der anderen Seite sind die Verfahren aufwendig, sowohl von der Rechenarbeit her als auch bei der Prognose. Sie sind vor allem bei langfristigen Überlegungen anzuwenden.

Im Falle von Alternativvergleichen beruhen die beiden Verfahren teilweise auf unterschiedlichen Annahmen. Weist eine Alternative z. B. eine Nutzungsdauer von fünf Jahren und die Vergleichsalternative eine solche von sechs Jahren auf, geht die statische Betrachtung automatisch von einer unendlichen Investitionskette aus. Das kleinste gemeinsame Vielfache – hier: 30 Jahre – wird als Mindestlaufzeit angenommen. Die durchschnittlichen Kosten, Gewinne etc. sind dann miteinander vergleichbar. Die Kapitalwertmethode hingegen gibt den Barwert zum Investitionszeitpunkt an. Für die Klausuren wird hier in der Regel von einer einmaligen Investition ausgegan-

43 Auf Abbildung 3.3, S. 42 wird verwiesen.

gen. Die Annahme einer identischen Laufzeitbetrachtung oder unendlichen Investitionskette führt nämlich nicht selten zu anderen Ergebnissen. Weist Investition A z. B. einen Kapitalwert i. H. v. 7.267,84 €[44] bei einer Nutzungsdauer von zwei Jahren aus und Investition B einen Kapitalwert i. H. v. 8.412,50 €[45] bei einer Nutzungsdauer von drei Jahren, ist Investition B bei einmaliger Durchführung relativ vorteilhaft. Wird hingegen eine mehrmalige Wiederholung angenommen, beträgt das kleinste gemeinsame Vielfache sechs Jahre. In dieser Zeit wiederholt sich A dreimal, B zweimal. Der Kapitalwert von A beträgt dann 7.267,84 € × 3 = 21.803,52 €, während der Kapitalwert von B 8.412,50 € × 2 = 16.825,00 € beträgt. Mathematisch korrekt berechnet und nicht vereinfachend: 7.267,84 € + 7.267,84 € × 0,8900 (Abzinsungsfaktor 6 %, zwei Jahre) + 7.267,84 € × 0,7921 (Abzinsungsfaktor 6 %, vier Jahre) = 7.267,84 € + 6.468,38 € + 5.756,86 € = 19.493,08 € bzw. 8.412,50 € + 8.412,50 € × 0,8396 (Abzinsungsfaktor 6 %, drei Jahre) = 8.412,50 € + 7.063,14 € = 15.475,64 €. Unter dieser Prämisse einer drei- bzw. zweimaligen Wiederholung ist A relativ vorteilhaft. Wird nun eine unendliche Investitionskette angenommen, ist der errechnete Kapitalwert bei einmaliger Durchführung mit dem Faktor

$$\frac{(1+i)^n}{(1+i)^n - 1}$$

zu multiplizieren. Daraus folgt für unser Beispiel A

$$7.267,84\,€ \times \frac{(1+0,06)^2}{(1+0,06)^2 - 1} = 7.267,84\,€ \times \frac{1,1236}{0,1236}$$

$$= 7.267,84\,€ \times 9,0906 = 66.069,03\,€$$

Für Beispiel B ergibt sich ein Kapitalwert i. H. v.

$$8.412,50\,€ \times \frac{(1+0,06)^3}{(1+0,06)^3 - 1} = 8.412,50\,€ \times 6,2352 = 52.453,62\,€.$$

Im Ergebnis fällt auch hier die Entscheidung für Investition A, weil ihr Kapitalwert höher und A somit relativ vorteilhaft ist.

Unabhängig, ob eine Entscheidung anhand der Kapitalwertmethode oder der Kostenvergleichsrechnung herbeigeführt werden soll, gilt immer die Annahme, dass die Differenzinvestition, die sich aus unterschiedlichen Anschaffungskosten ergibt, a) nicht anderweitig benötigt wird und b) sich nicht auswirkt. Unterstellt wird eine Verzinsung zum Kalkulationszins.

44 Investition A weist Anschaffungskosten i. H. v. 25.000 € aus. Als Kalkulationszins dient 6 %. Die Nutzungsdauer beträgt zwei Jahre. In diesen werden jährlich EZÜ i. H. v. 17.600 € erzielt.

45 Investition B weist ebenfalls Anschaffungskosten i. H. v. 25.000 € aus. Als Kalkulationszins dient 6 %. Die Nutzungsdauer beträgt drei Jahre. In diesen werden jährlich EZÜ i. H. v. 12.500 € erzielt.

Sowohl die statische Rentabilitätsrechnung als auch die dynamische Rentabilitätsrechnung (interner Zinsfuß) unterstellen, dass sich die Differenzinvestition zum Zinssatz der Alternative verzinst, für die die Entscheidung aufgrund der höheren Rentabilität gefallen ist.

# 7. Beurteilung einzelner Investitionen bei Unsicherheit bzw. Risiko

Die nachfolgenden Ausführungen (Kap. 7 inkl. Unterkapitel) richten sich sowohl an die Studierenden im Wahlpflichtmodul „Investition und Finanzierung“ des Studiengangs „Verwaltungsbetriebswirtschaftslehre“ als auch an die Studierenden der Verwaltungsinformatik im Grundlagenmodul „Wirtschaftlichkeitsrechnung“.

Alle bereits vorgestellten Verfahren der Wirtschaftlichkeitsrechnung basieren auf Beurteilungen von Investitionen bei Sicherheit. Das heißt, in der Berechnung wird davon ausgegangen, dass die geplanten bzw. erwarteten Zahlungen tatsächlich genauso eintreffen. Dass dies insbesondere bei Wertgrößen, die weit in der Zukunft liegen, unrealistisch ist, liegt auf der Hand. Ein geschätzter Liquidationserlös zum Ende der Nutzungsdauer kann zum Beispiel durch Veränderung die gesamte Vorteilhaftigkeit einer Investition beeinflussen.

Im Weiteren soll der Unsicherheit von Zahlungen (Anschaffungswert, EZÜ, Liquidationserlös) Rechnung getragen werden. Da die verschiedenen entscheidungsrelevanten Daten nun variieren, kann kein eindeutiger Kapitalwert mehr bestimmt werden. Vielmehr werden für unterschiedliche Szenarien Kapitalwerte berechnet.

Zuvor sind jedoch die Unterschiede zwischen einer Entscheidung bei Unsicherheit und bei Risiko anhand einer Tabelle zu differenzieren.

*Tabelle 7.1: Unterschiede zwischen Entscheidung bei Unsicherheit und Risiko*

| Entscheidung bei Unsicherheit | Entscheidung bei Risiko |
|---|---|
| Unsicherheit im engeren Sinne, auch als „Ungewissheit“ bezeichnet | Eintrittswahrscheinlichkeiten für Ergebnisse bzw. Umweltzustände können vom Entscheider angegeben werden |
| Entscheider kann sich ein Urteil darüber bilden, welche Zustände positive bzw. negative Auswirkungen haben | Entscheidung ist abhängig von der Einstellung des Entscheiders zum Risiko |
| Diese Wahrscheinlichkeit kann allerdings nicht näher spezifiziert werden | |
| Entscheider orientiert sich nur an einer Zielgröße: Er zieht den größeren Wert dem kleineren Wert vor | |

## 7.1 Korrekturverfahren

Beim Korrekturverfahren werden einzelne Zahlungsgrößen durch
- Risikoabschläge und
- Risikozuschläge verändert.

Durch Risikoabschläge bzw. -zuschläge wird die Vorteilhaftigkeit von Investitionen verändert. Möglich ist es zum Beispiel den geplanten Liquidationserlös zum Ende der

Nutzungsdauer mit einem Risikoabschlag von 50 % zu versehen. Inwiefern die Investitionsalternative noch absolut vorteilhaft ist, muss neu berechnet werden.

Prinzipiell können diese Abschläge und Zuschläge auf alle Wertgrößen der Investition angewendet werden. Weiterhin können einzelne Zahlungen, aber auch mehrere Einflussgrößen verändert werden. Im Rahmen der Kapitalwertmethode sind dies vor allem der Kalkulationszins, die Nutzungsdauer, der Liquidationserlös und die Einzahlungsüberschüsse.

Die folgende Übersicht soll die möglichen, unsicheren Einflussgrößen im Rahmen der Kapitalwertmethode aufzeigen und die Auswirkungen verdeutlichen:

*Tabelle 7.2: Unsichere Einflussgrößen im Rahmen der Kapitalwertmethode*

| **Einflussgröße** | **Veränderung** | **Auswirkung** |
|---|---|---|
| *Kalkulationszins* | Erhöhung des Kalkulationszinses um einen Risikozuschlag von 3 % auf 6 % | Steigt der Kalkulationszins, sinkt der Kapitalwert der Investition und wird insgesamt unvorteilhafter. |
| *Nutzungsdauer* | Verkürzung der geplanten Nutzungsdauer um einen Risikoabschlag von zwei Jahren auf nunmehr nur noch acht Jahre | Die Einzahlungsüberschüsse der letzten beiden Jahre fallen aus. Dadurch sinkt der Kapitalwert. |
| *Liquidationserlös* | Reduzierung des erhofften Liquidationserlöses um einen Risikoabschlag von 50 % | Der Kapitalwert sinkt und die Investition wird insgesamt unvorteilhafter. |
| *Einzahlungsüberschüsse* | Alle Einzahlungsüberschüsse werden mit einem prozentualen Risikoabschlag von 30 % belegt. | Der Kapitalwert sinkt und die Investition wird insgesamt unvorteilhafter. |

Die Auswirkungen von Risikoabschlägen und -zuschlägen soll nun an einem Zahlenbeispiel verdeutlicht werden.

***Beispiel:***
*Eine Investition verursacht Anschaffungskosten in Höhe von 200.000 €. Über die Nutzungsdauer von vier Jahren werden Einzahlungsüberschüsse in Höhe von 53.000 € erwartet und ein Liquidationserlös zum Ende der Nutzungsdauer von 10.000 €. Der Kalkulationszins beträgt 4 %.*

*Ob aber tatsächlich ein Liquidationserlös von 10.000 € generiert werden kann, gilt als unsicher. Deshalb soll die Kapitalwertberechnung zusätzlich mit einem Risikoabschlag von 40 % auf den geplanten Liquidationserlös erfolgen.*

*Tabelle 7.3: Ermittlung Kapitalwert ohne Risikoabschlag*

| Jahr | Einzahlungsüberschüsse (Zeitwerte) | Abzinsungsfaktor für 4 % | Einzahlungsüberschüsse (Barwerte)[46] |
|---|---|---|---|
| 0 | –200.000,00 € | 1 | –200.000,00 € |
| 1 | 53.000,00 € | 0,9615 | 50.959,50 € |
| 2 | 53.000,00 € | 0,9246 | 49.003,80 € |
| 3 | 53.000,00 € | 0,8890 | 47.117,00 € |
| 4 | 63.000,00 € | 0,8548 | 53.852,40 € |
| | | **Kapitalwert** | **932,70 €** |

Bei einem Risikoabschlag von 40 % auf den geplanten Liquidationserlös ergibt sich folgende Berechnung:

*Tabelle 7.4: Ermittlung Kapitalwert mit Risikoabschlag*

| Jahr | Einzahlungsüberschüsse (Zeitwerte) | Abzinsungsfaktor für 4 % | Einzahlungsüberschüsse (Barwerte)[46] |
|---|---|---|---|
| 0 | –200.000,00 € | 1 | –200.000,00 € |
| 1 | 53.000,00 € | 0,9615 | 50.959,50 € |
| 2 | 53.000,00 € | 0,9246 | 49.003,80 € |
| 3 | 53.000,00 € | 0,8890 | 47.117,00 € |
| 4 | 59.000,00 € | 0,8548 | 50.433,20 € |
| | | **Kapitalwert** | **–2.486,50 €** |

Im Ergebnis kann festgehalten werden, dass bereits ein Risikoabschlag von 40 % auf den geplanten Liquidationserlös in Höhe von 10.000 € die Investition insgesamt absolut unvorteilhaft werden lässt.

Diese Variation der Einflussgrößen kann für das oben aufgeführte Beispiel natürlich auch erweitert werden auf den Kalkulationszins, die Nutzungsdauer oder auch die jährlichen Einzahlungsüberschüsse.

Das Korrekturverfahren stellt den Einstieg in die Beurteilung von Investitionen unter Unsicherheit dar und trägt insbesondere dem Vorsichtsprinzip Rechnung:

- Die Unsicherheiten werden summarisch bestimmt,
- ggf. werden Einflussgrößen mit Risikoabschlägen behaftet, die gar kein Risiko aufweisen,
- es werden lediglich negative Auswirkungen erfasst,
- nehmen mehrere Personen am Prozess teil, kann es zu ungewollten Kumulationseffekten kommen.

46 Hinweis: Die Abzinsungsfaktoren sind auf vier Nachkommastellen gerundet; das Ergebnis berücksichtigt aber alle Nachkommastellen.

## 7.2 Sensitivitätsanalyse

Die vorgestellten Methoden der dynamischen Investitionsrechnung zeichnen sich dadurch aus, dass sie den zeitlichen Aspekt in das Kalkül miteinbeziehen. Sie erfüllen damit hohe theoretische Anforderungen. Die Rechengenauigkeit ist jedoch allein durch die Methode und die Sorgfalt bei der Rechnung bestimmt. Da die Methoden auf unsicheren Annahmen hinsichtlich zukünftiger Zahlungsströme aufbauen, können ihre Ergebnisse nur so zuverlässig sein wie die Informationen, die ihnen zugrunde liegen. Mittels **Sensitivitätsanalysen** (Sensibilitätsanalysen) wird versucht, Zusammenhänge zwischen den Inputgrößen (z. B. Investitionssumme, Lebensdauer, Absatzmengen und -preisen) und dem Output (Kapitalwert oder internen Zins) aufzuzeigen. Die Fragestellungen könnten lauten:

- Wie reagiert der Output (Kapitalwert) der Investitionsalternativen bei Variation des Zinsfußes, bei Absatzmengenänderungen, Absatzpreisänderungen, Änderung der Lebensdauer, der Rohstoffkosten, der Personalkosten oder des Anschaffungspreises?
- Wie weit darf der Wert einer oder mehrerer Inputgrößen vom ursprünglichen Wertansatz abweichen, ohne dass die Outputgröße einen vorgegebenen Wert über- oder unterschreitet? Ist es wahrscheinlich, dass diese Inputwerte eintreten werden?
- Was sind die schlechtesten möglichen Inputwerte (Worst-case-Annahme)?

Neben spezifischen kritischen Werten, die errechnet werden können, kann bei den dynamischen Verfahren der Kalkulationszinssatz pauschal erhöht werden. Dadurch gehen Zahlungen desto weniger in die Rechnung ein, je weiter sie in der Zukunft liegen. Es handelt sich jedoch um eine sehr pauschale Vorgehensweise.

Die Sensitivitätsanalyse fördert die Entscheidung nicht; sie zeigt nur auf, auf welche Einflussgrößen die Investitionsrechnung empfindlich reagiert.

Im Gegensatz zum Korrekturverfahren werden bei der Sensitivitätsanalyse

- die Einflussgrößen so verändert, dass nicht nur negative, sondern auch positive Veränderungen berücksichtigt werden und
- es werden keine pauschalen Risikoabschläge oder -zuschläge berücksichtigt, sondern die Ausgangsdaten werden variiert, um mögliche Auswirkungen auf die Vorteilhaftigkeit der Investition zu verdeutlichen.

### 7.2.1 Verfahren der kritischen Werte

Das Verfahren der kritischen Werte gibt Antwort darauf, inwieweit eine Inputgröße von ihrem ursprünglichen Wert abweichen kann, ohne dass sich die Vorteilhaftigkeitsentscheidung ändert.

Bei Anwendung der Kapitalwertmethode wird durch eine Kritische-Werte-Rechnung geprüft, welche Werte der Inputgröße einen Kapitalwert von gerade noch null ergeben.

Daneben kann das Verfahren der kritischen Werte auch auf den Break-Even-Point gerichtet werden – den Punkt, an dem die Gewinnschwelle erreicht wird – auf den internen Zinsfuß und die Amortisationsrechnung. Beim internen Zinsfuß stellt sich die Frage, bis zu welchem Zinssatz die Investition zu einem positiven Kapitalwert führt, und bei der Amortisationsrechnung, bis wann die betriebsgewöhnliche Nutzungsdauer nicht überschritten wird.

Unterschieden wird in den kritischen Punkt und die kritische Punktmenge. Der kritische Punkt ist dann gegeben, wenn eine Einflussgröße verändert wird, während die anderen Einflussgrößen als sicher angesehen werden, sog. „Ceteris-paribus-Annahme". Die kritische Punktmenge liegt vor, wenn mehrere Einflussgrößen als unsicher angesehen werden und gleichzeitig verändert werden. Das Vorgehen wird anhand eines Beispiels verdeutlicht.

***Beispiel:***
*Eine Stadt möchte eine Druckerstraße für 10.000 € kaufen. Über Verkäufe von Programmheften des Theaters, Museumsführer u. ä. werden voraussichtlich jährlich 9.000 € eingenommen. An Energie-, Rohstoff- und Personalkosten fallen jährlich 5.000 € an. Die Nutzungsdauer beträgt fünf Jahre. Am Ende der Nutzungsdauer kann die Druckerstraße für 1.500 € veräußert werden. Der Kalkulationszins beträgt 6 %.*

Der Kapitalwert berechnet sich wie folgt:

$$C_0 = -10.000\text{ €} + (9.000\text{ €} - 5.000\text{ €}) \times 4{,}2124 + 1.500\text{ €} \times 0{,}7473$$
$$C_0 = 7.970{,}55\text{ €}$$ [46]

Wird nunmehr die Anschaffungsauszahlung als unsicher angesehen, wird diese durch die Variable x ersetzt und die Gleichung nach x aufgelöst.

$$C_0 = -x + (9.000\text{ €} - 5.000\text{ €}) \times 4{,}2124 + 1.500\text{ €} \times 0{,}7473 \quad | + x$$
$$x = 17.970{,}55\text{ €}$$ [46]

Bis zu einer Anschaffungsauszahlung von 17.970,55 € bleibt die Investition absolut vorteilhaft.

Wird nunmehr die jährliche Einzahlung als unsicher angesehen, werden die Einzahlungen durch die Variable x ersetzt und die Gleichung nach x aufgelöst.

$$C_0 = -10.000\text{ €} + (x - 5.000\text{ €}) \times 4{,}2124 + 1.500\text{ €} \times 0{,}7473$$
$$C_0 = -10.000\text{ €} + (x - 5.000\text{ €}) \times 4{,}2124 + 1.120{,}95\text{ €}$$
$$C_0 = -8.879{,}05\text{ €} + (x - 5.000\text{ €}) \times 4{,}2124 \quad | + 8.879{,}05\text{ €} \mid / 4{,}2124$$
$$\frac{8.879{,}05\text{ €}}{4{,}2124} = x - 5.000\text{ €}$$
$$2.107{,}84\text{ €} = x - 5.000\text{ €} \quad | +5.000\text{ €}$$
$$7.107{,}84\text{ €} = x$$

Bis zu einer jährlichen Einzahlung i. H. v. 7.107,84 € bleibt die Investition absolut vorteilhaft.

Daneben ist es möglich, „*die ceteris-paribus-Annahme aufzugeben und mehrere Einflussgrößen zu variieren, um ihre kombinierte Wirkung auf die Zielgröße zu betrachten. Es müssen dann allerdings Kombinationen von Eingangsgrößen bestimmt werden. Bei mehr als zwei Größen, die variiert werden, sind die Kombinationen allerdings zunehmend unanschaulich.*“[47]

Das heißt, an dieser Stelle werden keine kritischen Werte, sondern kritische Punktmengen berechnet. Zum Beispiel wird die Annahme getroffen, die Einzahlungen sind um 10 % zu hoch geschätzt und die Anschaffungsauszahlung um 20 % zu niedrig. Nunmehr wird die Auswirkung auf den Kapitalwert berechnet.
Anschaffungsauszahlung: 10.000 € × 120 % (= 100 % +20 %) = 12.000 €
Einzahlungen: 9.000 € × 90 % (= 100 % –10 %) = 8.100 €

$$C_0 = -12.000 \text{ €} + (8.100 \text{ €} - 5.000 \text{ €}) \times 4{,}2124 + 1.500 \text{ €} \times 0{,}7473$$
$$C_0 = -12.000 \text{ €} + 13.058{,}44 \text{ €} + 1.120{,}95 \text{ €}$$
$$C_0 = -12.000 \text{ €} + 13.058{,}44 \text{ €} + 1.120{,}95 \text{ €}$$
$$C_0 = 2.179{,}39 \text{ €}$$

Die Investition bleibt unter diesen Bedingungen absolut vorteilhaft.

### 7.2.2 Singuläre und multiple Sensitivitätsanalyse

Bei der singulären Sensitivitätsanalyse wird eine Variable unter Beibehaltung der übrigen Variablen sinnvoll variiert, um die Auswirkungen dieser einen Variablen auf das Gesamtsystem zu bestimmen. Anschließend wird eine andere Variable auf ihre Wirkung untersucht, wobei die vorherige Variable konstant auf dem ursprünglichen Wert gehalten wird.

Bei der multiplen Sensitivitätsanalyse werden pro Analysegang gleichzeitig mehrere Variablen verändert und ihre gemeinschaftlichen Auswirkungen auf das Gesamtsystem untersucht.

#### 7.2.2.1 Dreifachrechnung

Die Ermittlung der Zielgröße erfolgt anhand von drei Szenarien:
- pessimistisch,
- wahrscheinlich,
- optimistisch.

Bei der multiplen Sensitivitätsanalyse werden die als unsicher angesehenen Variablen gleichzeitig variiert.

47 Busse von Colbe/Crasselt/Pellens (Hrsg.), Lexikon des Rechnungswesens – Handbuch der Bilanzierung und Prüfung, der Erlös-, Finanz-, Investitions- und Kostenrechnung, 5. Aufl., München 2011, S. 705.

Dabei können sich folgende Situationen ergeben:

<table>
<tr><th>Outputgröße</th><th colspan="3">Szenarien</th><th rowspan="2">Entscheidungsregel</th></tr>
<tr><td rowspan="5">Kapitalwert</td><td>optimistisch</td><td>wahrscheinlich</td><td>pessimistisch</td></tr>
<tr><td>+</td><td>+</td><td>+</td><td>Investition durchführen</td></tr>
<tr><td>+</td><td>+</td><td>–</td><td rowspan="2">Entscheidung nach subjektivem Ermessen des Investors</td></tr>
<tr><td>+</td><td>–</td><td>–</td></tr>
<tr><td>–</td><td>–</td><td>–</td><td>Investition unterlassen</td></tr>
</table>

*Abbildung 7.1: Entscheidungsregeln bei Anwendung der Dreifachrechnung*

Das heißt, die in Kap. 7.2.1 beschriebenen Ausgangsparameter werden als das wahrscheinliche Szenario angesehen. Pessimistisch betrachtet ist die Anschaffungsauszahlung z. B. um 20 % zu niedrig angenommen und die Einzahlungen um 10 % zu hoch. Optimistisch betrachtet ist die Anschaffungsauszahlung zu hoch gegriffen und die Einzahlungen konservativ geschätzt, weswegen die Anschaffungsauszahlung um 20 % zu hoch und die Einzahlungen um 10 % zu gering anzusehen sind.

Der Kapitalwert ändert sich somit wie bereits berechnet.

Kapitalwert bei wahrscheinlicher Betrachtung:

$$C_0 = 7.970{,}55 \text{ €}$$ [46]

Kapitalwert bei pessimistischer Betrachtung:

$$C_0 = 2.179{,}39 \text{ €}$$

Kapitalwert bei optimistischer Betrachtung:
Anschaffungsauszahlung: 10.000 € × 80 % (= 100 % – 20 %) = 8.000 €
Einzahlungen: 9.000 € × 110 % (= 100 % + 10 %) = 9.900 €

$$C_0 = -8.000 \text{ €} + (9.900 \text{ €} - 5.000 \text{ €}) \times 4{,}2124 + 1.500 \text{ €} \times 0{,}7473$$
$$C_0 = -8.000 \text{ €} + 20.640{,}76 \text{ €} + 1.120{,}95 \text{ €}$$
$$C_0 = 13.761{,}71 \text{ €}$$

Die Investition ist absolut vorteilhaft.

Im gewählten Beispiel bleibt die Investition unter allen drei Szenarien absolut vorteilhaft. Die Entscheidung fällt zu ihren Gunsten aus.

Da in diesem Beispiel zwei Einflussgrößen (Anschaffungsauszahlung und jährliche Einzahlung) variiert werden, handelt es sich um eine multiple Sensitivitätsanalyse.

### 7.2.2.2 Zielgrößenänderungsrechnung

Bei der Zielgrößenänderungsrechnung erfolgt eine schrittweise prozentuale Variation einzelner Variablen von ihrem Basiswert, während die übrigen Variablen konstant gehalten werden (Ceteris-paribus-Annahme).

Auf diese Weise erfolgt die Ermittlung der Auswirkung einzelner Inputgrößen auf die Outputgröße entscheidungsrelevanter Inputgrößen. Dabei wird die Darstellung in einem Koordinatensystem vorgenommen. Der Anstieg der Funktion gibt Aufschluss über das Maß der Empfindlichkeit. Ein starker Anstieg spricht für eine hohe Sensitivität.

Das Verfahren der Zielgrößenänderungsrechnung gibt Antwort auf die Frage der Änderung einer Outputgröße bei einer schrittweisen Variation des ursprünglichen Wertansatzes (ihrem wahrscheinlichsten Wert, auch „Basiswert") einer Inputgröße. Es handelt sich also um eine singuläre Sensitivitätsanalyse.

Eine multiple Sensitivitätsanalyse in Form der Zielgrößenveränderungsrechnung ist nur mit Hilfe von EDV-Systemen handhabbar.

Das wahrscheinliche Szenario der nachfolgenden Investition ist in der Zeile mit einer prozentualen Veränderung von 0 % eingetragen. Die Investition wird eine Anschaffungsauszahlung von 25.000 € verursachen, die jährlichen Einzahlungen betragen 20.600 €, denen jährliche Auszahlungen i. H. v. 3.000 € gegenüberstehen. Die betriebsgewöhnliche Nutzungsdauer beträgt zwei Jahre, der Kalkulationszins 6 %.

*Tabelle 7.5: Ermittlung Kapitalwert mit Risikoabschlägen (multiple Sensitivitätsanalyse bei einer Zielgrößenänderungsrechnung)*

| prozentuale Veränderung | Anschaffungswert | Erlöse p. a. | Betriebsausgaben p. a. | Laufzeit | Kalkulationszins | Kapitalwert |
|---|---|---|---|---|---|---|
| –30 % | 17.500 € | 14.420 € | 2.100 € | 1,4 | 0,01831 | –5.179,98 € |
| –25 % | 18.750 € | 15.450 € | 2.250 € | 1,5 | 0,02616 | 7.651,08 € |
| –20 % | 20.000 € | 16.480 € | 2.400 € | 1,6 | 0,03488 | 8.161,11 € |
| –15 % | 21.250 € | 17.510 € | 2.550 € | 1,7 | 0,04361 | 8.671,13 € |
| –10 % | 22.500 € | 18.540 € | 2.700 € | 1,8 | 0,05130 | 9.181,16 € |
| –5 % | 23.750 € | 19.570 € | 2.850 € | 1,9 | 0,05700 | 9.691,17 € |
| 0 % | 25.000 € | 20.600 € | 3.000 € | 2 | 0,06000 | 10.201,18 € |
| 5 % | 26.250 € | 21.630 € | 3.150 € | 2,1 | 0,06300 | 10.711,19 € |
| 10 % | 27.500 € | 22.660 € | 3.465 € | 2,2 | 0,06600 | 10.891,20 € |
| 15 % | 28.750 € | 23.690 € | 3.985 € | 2,3 | 0,06900 | 10.661,71 € |
| 20 % | 30.000 € | 24.720 € | 4.782 € | 2,4 | 0,07200 | 9.877,82 € |
| 25 % | 31.250 € | 25.750 € | 5.977 € | 2,5 | 0,07500 | 24.213,37 € |
| 30 % | 32.500 € | 26.780 € | 7.770 € | 2,6 | 0,07800 | 20.695,41 € |

Grafisch stellen sich die Ergebnisse wie folgt dar:

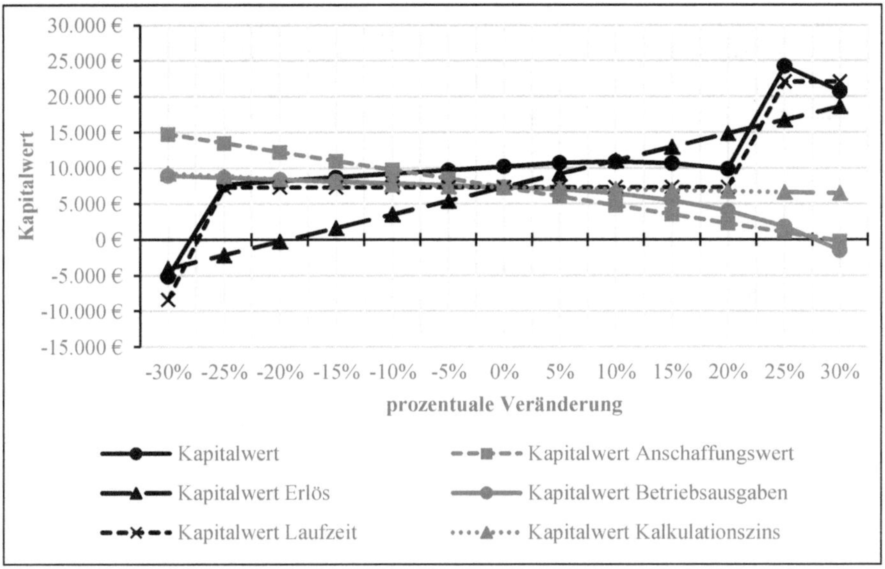


*Abbildung 7.2: Grafische Darstellung der Zielgrößenänderungsrechnung*

#### 7.2.2.3 Bandbreitenanalyse

Eine Bandbreitenanalyse stellt eine Zwei-Parameter-Betrachtung, mit der die sensitiven Auswirkungen der Zielgröße bei Variation der Eingangsvariablen untersucht wird, dar. Dieser Analyse liegen Szenariobetrachtungen zugrunde. Es wird für jede Eingangsvariable eine Bandbreitenschätzung über die Entwicklung einer möglichen Zukunftslage durchgeführt. Das heißt, es wird eine Bandbreite durch eine Ober- und eine Untergrenze bestimmt, die ein Intervall darstellt. Die Obergrenze ist dabei als optimistisches Szenario (best case), die Untergrenze als pessimistisches Szenario (worst case) zu betrachten.

## 7.3 Entscheidungsbaumverfahren

Das Entscheidungsbaumverfahren nutzt die Ergebnisse der Sensitivitätsanalyse. Im Rahmen der Sensitivitätsanalyse wurden für verschiedene Einflussgrößen alternative Kapitalwerte berechnet. Wie wahrscheinlich der Eintritt dieser Alternative ist, wurde nicht beachtet. Bei dem Entscheidungsbaumverfahren werden den Alternativen zusätzlich Eintrittswahrscheinlichkeiten zugeordnet. Somit können sämtliche denkbaren Alternativen mit in die Rechnung einbezogen werden.

Die Eingangsgrößen werden im Rahmen des Entscheidungsbaumverfahrens als **„Ereigniswerte"** bezeichnet.

Die Ereigniswerte werden mit den jeweiligen **Eintrittswahrscheinlichkeiten** multipliziert. Das Ergebnis wird als **„Erwartungswert"** bezeichnet, welcher das entscheidende Kriterium der Beurteilung darstellt.

Die Bezeichnung Entscheidungsbaumverfahren beruht auf der häufig verwandten Darstellungsform.

**Verfahrensschritte**

Zunächst muss das Entscheidungsproblem näher analysiert werden. Hierzu zählen:

- die Ermittlung aller in Frage kommenden Entscheidungsalternativen,
- die Ermittlung aller Ereigniswerte, die sich bei den einzelnen Alternativen ergeben können,
- die Ermittlung der Eintrittswahrscheinlichkeiten.

Die Darstellung erfolgt in Form eines Baumes. Dabei werden in der Regel folgende Symbole benutzt:

Entscheidungen: □

Ereigniswerte: ○

Verbindungslinie: ————

Nachfolgend ist ein Entscheidungsbaum für eine konkrete Entscheidungssituation wiedergegeben.

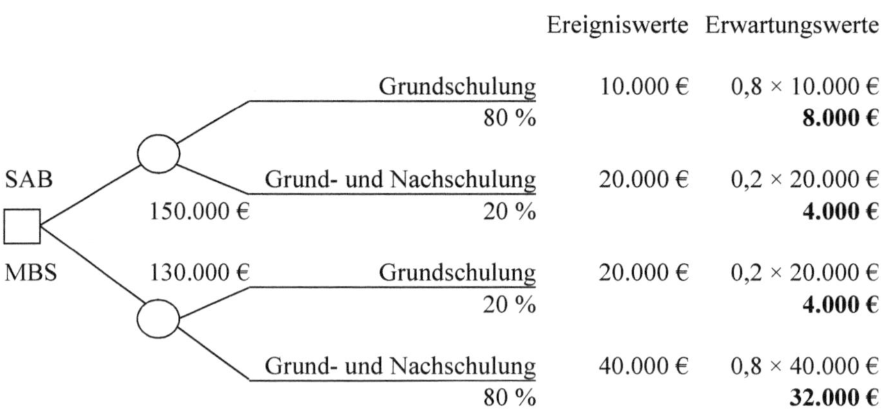


*Abbildung 7.3: Entscheidungsbaum*

Der oben dargestellte Entscheidungsbaum beschreibt folgende Situation: Eine Kommunalverwaltung steht vor der Entscheidung im Rahmen der Modernisierung des kommunalen Rechnungswesens eine neue Software einzuführen. Zur Auswahl stehen die beiden Anbieter „SAB“ und „MBS“.

Die Anschaffungskosten von SAB betragen 150.000 €. Nach der Installation müssen allerdings auch die Mitarbeiter in der neuen Software geschult werden. Mit einer Wahrscheinlichkeit von 80 % reicht bei der Software SAB eine Grundschulung aus, die die Verwaltung 10.000 € kosten würde.

Mit einer Wahrscheinlichkeit von 20 % reicht diese Grundschulung allerdings nicht aus und es muss zudem noch eine Nachschulung durchgeführt werden, was insgesamt 20.000 € Kosten verursachen würde.

Die Anschaffungskosten von MBS belaufen sich auf nur 130.000 €. Auch bei dieser Softwareeinführung müssen die Mitarbeiter geschult werden. Hierbei reicht eine Grundschulung nur mit einer Wahrscheinlichkeit von 20 % (Kosten in Höhe von 20.000 €) aus. Mit einer Wahrscheinlichkeit von 80 % muss noch eine Nachschulung durchgeführt werden (Kosten in Höhe von 40.000 €).

Die Erwartungswerte ergeben sich, indem die Alternativen mit den jeweiligen Eintrittswahrscheinlichkeiten multipliziert werden.

Im letzten Schritt müssen die Erwartungswerte der beiden möglichen Entscheidungen insgesamt berechnet und beurteilt werden.

SAB 150.000 € + 8.000 € + 4.000 € = **162.000 €**
MBS 130.000 € + 4.000 € + 32.000 € = **166.000 €**

Grundsätzlich gilt im Rahmen der Entscheidungsbaumtechnik, dass die Entscheidung mit dem geringeren Erwartungswert (sofern über Ausgaben gesprochen wird) die vorteilhaftere ist. Somit ist die Einführung der Software SAB relativ vorteilhaft gegenüber der Software MBS.

Folgende Grundvoraussetzungen gelten für die Anwendung der Entscheidungsbaumtechnik:

- Das Entscheidungsproblem muss so strukturiert sein, dass es in voneinander unabhängige Entscheidungen und entsprechenden Ereigniswerten aufteilbar ist.
- Die Ereigniswerte müssen quantifizierbar sein.
- Den Ereignissen müssen Eintrittswahrscheinlichkeiten zugeordnet werden können.

Die Vorteile des Entscheidungsbaumverfahrens gegenüber den anderen Verfahren zur Entscheidung unter Unsicherheit sind, dass die Struktur des Problems insgesamt aufgezeigt wird und alle möglichen Alternativen mit deren Eintrittswahrscheinlichkeiten in die Rechnung einbezogen werden.

Der Nachteil der Entscheidungsbaumtechnik ist, dass der Darstellungsaufwand bei komplexen Entscheidungssituationen sehr hoch ist. Des Weiteren können die Eintrittswahrscheinlichkeiten nur subjektiv geschätzt werden.

## 7.4 Übungsaufgaben

**Aufgabe 1**

Eine Investition verursacht Anschaffungskosten in Höhe von 50.000 €. Über die Nutzungsdauer von acht Jahren werden Einzahlungsüberschüsse in Höhe von 12.000 € erwartet und ein Liquidationserlös zum Ende der Nutzungsdauer von 4.000 €. Der Kalkulationszins beträgt 7 %.

Folgende Einflussgrößen gelten als unsicher und sollen mit einem Risikoabschlag von 50 % bedacht werden:

- Einzahlungsüberschüsse,
- Liquidationserlös und
- Nutzungsdauer.

Des Weiteren soll der Kalkulationszins mit einem Risikozuschlag von 3 % versehen werden.

Berechnen Sie zunächst jede Veränderung einzeln und zeigen Sie, wie sich der jeweilige Risikoabschlag bzw. -zuschlag auf den Kapitalwert auswirkt.

Danach berechnen Sie den Kapitalwert der Investition, wenn alle Risiken einbezogen werden.

**Aufgabe 2**

Ermitteln Sie, ausgehend von den Angaben der Aufgabe 4 aus Kap. 4.4.3 („Spaßbad", S. 69), die unterste Grenze der benötigten Badegäste, bei der für das gesamte Spaßbad gerade Kostendeckung erreicht wird.

**Aufgabe 3**

Welches ist der gerade noch kostendeckende Eintrittspreis für das renovierte „Spaßbad", S. 69, wenn alle anderen Faktoren so anzusetzen sind wie ursprünglich in Aufgabe 2 vorgesehen?

**Aufgabe 4**

Wie hoch darf der Kalkulationszins aus der Aufgabe 4 aus Kap. 4.4.3 („Spaßbad", S. 69) höchstens gewählt werden, dass das Spaßbad gerade noch kostendeckend betrieben werden kann?

**Lösung zu Aufgabe 1:**

Ohne Risiken:

*Tabelle 7.6: Kapitalwert ohne Risikoabschlag*

| Jahr | Einzahlungsüberschüsse (Zeitwerte) | Abzinsungsfaktor für 7 % | Einzahlungsüberschüsse (Barwerte) |
|---|---|---|---|
| 0 | –50.000,00 € | 1 | –50.000,00 € |
| 1 | 9.000,00 € | 0,934579439 | 8.411,21 € |

| Jahr | Einzahlungsüberschüsse (Zeitwerte) | Abzinsungsfaktor für 7 % | Einzahlungsüberschüsse (Barwerte) |
|---|---|---|---|
| 2 | 9.000,00 € | 0,873438728 | 7.860,95 € |
| 3 | 9.000,00 € | 0,816297877 | 7.346,68 € |
| 4 | 9.000,00 € | 0,762895212 | 6.866,06 € |
| 5 | 9.000,00 € | 0,712986179 | 6.416,88 € |
| 6 | 9.000,00 € | 0,666342224 | 5.997,08 € |
| 7 | 9.000,00 € | 0,622749742 | 5.604,75 € |
| 8 | 13.000,00 € | 0,582009105 | 7.566,12 € |
| | | **Kapitalwert** | **6.069,72 €** |

Risikoabschlag von 50 % auf die geplanten Einzahlungsüberschüsse:

*Tabelle 7.7: Kapitalwert bei 50 % Risikoabschlag auf geplante Einzahlungsüberschüsse*

| Jahr | Einzahlungsüberschüsse (Zeitwerte) | Abzinsungsfaktor für 7 % | Einzahlungsüberschüsse (Barwerte) |
|---|---|---|---|
| 0 | –50.000,00 € | 1 | –50.000,00 € |
| 1 | 4.500,00 € | 0,934579439 | 4.205,61 € |
| 2 | 4.500,00 € | 0,873438728 | 3.930,47 € |
| 3 | 4.500,00 € | 0,816297877 | 3.673,34 € |
| 4 | 4.500,00 € | 0,762895212 | 3.433,03 € |
| 5 | 4.500,00 € | 0,712986179 | 3.208,44 € |
| 6 | 4.500,00 € | 0,666342224 | 2.998,54 € |
| 7 | 4.500,00 € | 0,622749742 | 2.802,37 € |
| 8 | 8.500,00 € | 0,582009105 | 4.947,08 € |
| | | **Kapitalwert** | **–20.801,12 €** |

Risikoabschlag von 50 % auf den geplanten Liquidationserlös:

*Tabelle 7.8: Kapitalwert bei 50 % Risikoabschlag auf geplante Liquidationserlöse*

| Jahr | Einzahlungsüberschüsse (Zeitwerte) | Abzinsungsfaktor für 7 % | Einzahlungsüberschüsse (Barwerte) |
|---|---|---|---|
| 0 | –50.000,00 € | 1 | –50.000,00 € |
| 1 | 9.000,00 € | 0,934579439 | 8.411,21 € |
| 2 | 9.000,00 € | 0,873438728 | 7.860,95 € |
| 3 | 9.000,00 € | 0,816297877 | 7.346,68 € |
| 4 | 9.000,00 € | 0,762895212 | 6.866,06 € |
| 5 | 9.000,00 € | 0,712986179 | 6.416,88 € |

| Jahr | Einzahlungsüberschüsse (Zeitwerte) | Abzinsungsfaktor für 7 % | Einzahlungsüberschüsse (Barwerte) |
|---|---|---|---|
| 6 | 9.000,00 € | 0,666342224 | 5.997,08 € |
| 7 | 9.000,00 € | 0,622749742 | 5.604,75 € |
| 8 | 11.000,00 € | 0,582009105 | 6.402,10 € |
| | | **Kapitalwert** | **4.905,70 €** |

Risikoabschlag von 50 % auf die Nutzungsdauer:

*Tabelle 7.9: Kapitalwert bei 50 % Risikoabschlag auf die Nutzungsdauer*

| Jahr | Einzahlungsüberschüsse (Zeitwerte) | Abzinsungsfaktor für 7 % | Einzahlungsüberschüsse (Barwerte) |
|---|---|---|---|
| 0 | –50.000,00 € | 1 | –50.000,00 € |
| 1 | 9.000,00 € | 0,934579439 | 8.411,21 € |
| 2 | 9.000,00 € | 0,873438728 | 7.860,95 € |
| 3 | 9.000,00 € | 0,816297877 | 7.346,68 € |
| 4 | 13.000,00 € | 0,762895212 | 9.917,64 € |
| | | **Kapitalwert** | **–16.463,52 €** |

Risikozuschlag von 3 % auf den Kalkulationszins:

*Tabelle 7.10: Kapitalwert bei 3 % Risikoabschlag auf den Kalkulationszins*

| Jahr | Einzahlungsüberschüsse (Zeitwerte) | Abzinsungsfaktor für 10 % | Einzahlungsüberschüsse (Barwerte) |
|---|---|---|---|
| 0 | –50.000,00 € | 1 | –50.000,00 € |
| 1 | 9.000,00 € | 0,909090909 | 8.181,82 € |
| 2 | 9.000,00 € | 0,826446281 | 7.438,02 € |
| 3 | 9.000,00 € | 0,751314801 | 6.761,83 € |
| 4 | 9.000,00 € | 0,683013455 | 6.147,12 € |
| 5 | 9.000,00 € | 0,620921323 | 5.588,29 € |
| 6 | 9.000,00 € | 0,56447393 | 5.080,27 € |
| 7 | 9.000,00 € | 0,513158118 | 4.618,42 € |
| 8 | 13.000,00 € | 0,46650738 | 6.064,60 € |
| | | **Kapitalwert** | **–119,63 €** |

**Lösung zu Aufgabe 2:**
Die aus **Tabelle 4.19, S. 70** wichtigen Daten werden hier nochmals zusammengestellt:

*Tabelle 7.11: Wichtige Daten des Spaßbades nach Investition Riesenrutsche*

| | **mit Riesenrutsche** |
|---|---:|
| Erlöse | 363.000 € |
| Kosten des Schwimmbads | 265.000 € |
| Abschreibung RR | 72.000 € |
| Kalk. Zinsen RR | 18.000 € |
| Sonstige Kosten RR | 5.000 € |
| **Ergebnis** | **3.000 €** |

Hier ist zu erkennen, dass insgesamt ein Ergebnis von 3.000 € zu erwarten ist. Bleiben alle anderen Größen konstant, so dürfen, damit ein Ergebnis von null entsteht, die Erlöse um 3.000 € fallen, d. h. es sind 360.000 € an Erlösen notwendig.

Bei dem bekannten Eintrittspreis von 5,50 € pro Eintritt sind

$$\text{notwendige Eintritte} = \frac{360.000\ €}{5{,}50\ €} = 65.455\ \text{Eintritte}$$

notwendig. Nunmehr kann überlegt werden, ob es wahrscheinlich ist, dass diese Grenze erreicht, unter- oder eher überschritten wird. Bei dieser Betrachtung ist die Annahme, dass exakt 66.000 Eintritte entstehen, aufgegeben.

**Lösung zu Aufgabe 3:**
Die Art der Fragestellung ist nur eine Abwandlung der vorigen Fragestellung. Jetzt wird nicht mehr der Eintrittspreis als bekannt angesetzt und nach der geringsten notwendigen Zahl der Eintritte gefragt, sondern es wird die Zahl der Eintritte als bekannt angenommen und nach der Untergrenze des Eintrittspreises gefragt.

Wieder ist der Ausgangspunkt, dass Erlöse in Höhe von 360.000 € notwendig sind, um das Spaßbad kostendeckend zu betreiben. Bei der vorliegenden Fragestellung sind die benötigten Erlöse durch die Anzahl der Eintritte zu dividieren, um den untersten Preis je Eintritt zu ermitteln.

$$\text{notwendige Eintritte} = \frac{360.000\ €}{66.000} = 5{,}46\ €$$

Es lässt sich ein gerundeter Eintrittspreis von 5,46 € ermitteln.

Die Fragestellung entspricht dem aus der Kostenrechnung bekannten Break-even-Point.

**Lösung zu Aufgabe 4:**

Wiederum wird von den in Aufgabe 1 bereits benutzten Daten ausgegangen. Da das Ergebnis 3.000 € ist, dürfen die Kosten insgesamt bei gegebenen Erlösen höchstens um diese 3.000 € steigen. Bezogen auf die kalkulatorischen Zinsen bedeutet dies, dass sie von 18.000 € auf höchstens 21.000 € steigen dürfen. Es stellt sich also die Frage, bei welchem Zinssatz bei einem durchschnittlichen Kapitaleinsatz von 360.000 € exakt 21.000 € Zinsen anfallen.

Ausgangspunkt ist die Berechnungsweise der kalkulatorischen Zinsen:

$$\text{kalkulatorische Zinsen} = \frac{\text{Anschaffungswert}}{2} \times i$$

In diesen Ansatz werden die bekannten Größen eingesetzt:

$$21.000\ € = \frac{720.000\ €}{2} \times i$$

Dies wird nach i aufgelöst:

$$21.000\ € = \frac{2 \times 21.000\ €}{720.000\ €} = i$$

$$i = 5{,}83\ \%$$

Der Zinssatz darf höchstens auf 5,83 % steigen; darüber hinaus würde kein positives Ergebnis mehr entstehen.

# 8. Beurteilung von Investitionsprogrammen

Bei den bisher vorgestellten Verfahren standen immer einzelne Investitionsalternativen im Vordergrund. Häufig ist eine Entscheidung für oder gegen ganze Investitionspakete erforderlich. Die Bestandteile dieser Pakete können mehrere isolierte, aber auch sich gegenseitig ergänzende Investitionen sein. Des Weiteren könnten sich die Zeitpunkte des Beginns aller Investitionen über mehrere Jahre erstrecken.

Die Kombination verschiedener Investitionen wird als „Investitionsprogramm“ bezeichnet. Ein optimales Investitionsprogramm legt Art und Umfang der geplanten Investitionen unter Berücksichtigung der Nebenbedingungen und im Hinblick auf die gegebenen Ziele fest.

Im Weiteren sollen nur Investitionsprogramme ermittelt werden, bei denen die Anschaffungskosten nur im gemeinsamen Entscheidungszeitpunkt anfallen.

## 8.1 Programmbestimmung nach der Kapitalwertrate

Bei der Programmbestimmung nach der Kapitalwertrate soll der Kapitalwert maximiert werden. Es wird für jede Investition mit einem positiven Kapitalwert – da nur dann die jeweilige Investition absolut vorteilhaft und es sinnvoll ist, sie mit in das Programm aufzunehmen – die Kapitalwertrate ermittelt. Voraussetzungen sind:

- Es stehen verschiedene Investitionsalternativen zur Auswahl,
- jede Investition kann nur ungeteilt und bis zu einer bestimmen Anzahl durchgeführt werden,
- ein festgelegtes Budget darf nicht überschritten werden.

**Die Kapitalwertrate einer Investitionsalternative gibt das Verhältnis zwischen dem Kapitalwert und der beanspruchten Investitionssumme wieder.**

Bei einer Investition mit einem Kapitalwert von 300.000 € und einer Investitionssumme von 100.000 € im Entscheidungszeitpunkt ergibt sich somit eine Kapitalwertrate von 3,0.

***Beispiel:***
*Es stehen insgesamt vier Investitionsalternativen zur Auswahl. Jede Investition kann nur einmal durchgeführt werden. Das Budget ist mit 50.000 € festgelegt.*

*Tabelle 8.1: Ermittlung Kapitalwertraten für Investitionsalternativen 1 bis 4*

| Investitionsalternative | Kapitalwert | Investitionssumme | Kapitalwertrate |
|---|---|---|---|
| 1 | 360.000,00 € | 120.000,00 € | 3,00 |
| 2 | 30.000,00 € | 20.000,00 € | 1,50 |
| 3 | 40.000,00 € | 25.000,00 € | 1,60 |
| 4 | 30.000,00 € | 15.000,00 € | 2,00 |

Es ergibt sich nach dem Kriterium der Kapitalwertrate folgende Reihenfolge: 1 vor 4 vor 3 vor 2.

Nachdem die Reihenfolge nach der Kapitalwertrate bestimmt worden ist, muss überprüft werden, ob die finanziellen Restriktionen eingehalten wurden. Hierbei scheidet Investition 1 aus, da die Investitionssumme von 120.000 € das Budget von 50.000 € überschreitet.

Nach der Reihenfolge und unter Beachtung der finanziellen Restriktion ergibt sich somit ein Investitionsprogramm von Investition 4 (Investitionssumme 15.000 €) und Investition 3 (Investitionssumme 25.000 €). Somit verbleibt ein Restbudget in Höhe von 10.000 €. Würden weitere Investitionsalternativen bestehen, die zwar eine kleinere Kapitalwertrate aufweisen als Investition 2, aber innerhalb des Restbudgets liegen, wird diese Investition selbstverständlich mit in das Investitionsprogramm einbezogen, um den Kapitalwert des Programmes zu erhöhen.

Der Kapitalwert des oben genannten Beispiels beträgt bei einer Investitionssumme von 40.000 € insgesamt 70.000 €.

## 8.2 Programmbestimmung nach der Methode des internen Zinsfußes

Eine weitere Möglichkeit für die Bestimmung des optimalen Investitionsprogramms basiert auf den Grundlagen der internen Zinsfußmethode. Das Vorgehen wird anhand eines Beispiels erklärt.

***Beispiel:***
*Es stehen vier Investitionsalternativen zur Verfügung. Das Gesamtinvestitionsvolumen beträgt danach 350.000 €. In gleicher Summe stehen Finanzierungsmittel bestehend aus Eigen- und Fremdkapital zur Verfügung.*

*Tabelle 8.2: Zusammenstellung Ausgangsinformationen der Investitionsalternativen 1 bis 4*

| **Investitionsalternativen** | | | **Finanzmittel** | | |
|---|---|---|---|---|---|
| **Investitionen** | **Anschaffungsausgabe** | **EZÜ** | **Finanzierungsart** | **Finanzierungssumme** | **Zinssatz** |
| 1 | 150.000 € | 163.500 € | Eigenkapital | 100.000 € | 6 % |
| 2 | 100.000 € | 108.000 € | Fremdkapital 1 | 125.000 € | 7 % |
| 3 | 50.000 € | 53.500 € | Fremdkapital 2 | 125.000 € | 9 % |
| 4 | 50.000 € | 53.000 € | | | |

Die Zahlungsreihe besteht dabei aus einer Anschaffungsausgabe und einem Einzahlungsüberschuss in einer beliebigen Folgeperiode.

$$C_0 = -AW_0 + EZÜ_t \times \frac{1}{(1+i)^t} = 0$$

Die Formel stellt sich wie folgt dar:

Für Investition 1 beträgt die Anschaffungsausgabe/der Anschaffungswert 150.000,00 €, der Einzahlungsüberschuss 163.500,00 €.

Der Kapitalwert ermittelt sich folglich als:

$$C_0 = -150.000 + 163.500 \times \frac{1}{(1+i)^t} = 0$$

Wird die Formel nun nach dem Zinssatz[48] umgestellt, errechnet sich der interne Zinsfuß i. H. v. 9 %:

$$C_0 = -150.000 + 163.500 \times \frac{1}{(1+i)^t} = 0 \qquad | + 150.000\text{ €} \,|\, / \, 163.500\text{ €}$$

$$\frac{150.000}{163.500} = \frac{1}{(1+i)^t} \qquad | \times (1+i)^{-1}$$

$$\frac{150.000}{163.500} = (1+i)^1$$

$$\frac{163.500}{150.000} = 1{,}09 \rightarrow 9\ \%$$

Auf diese Weise werden die internen Zinsfüße für alle vier Investitionen berechnet und in einer Tabelle zusammengestellt.

Die einzelnen Investitionsalternativen werden hierbei nach ihrem internen Zins in eine Rangfolge abnehmender Zinssätze gebracht. Das Gleiche wird mit den zur Verfügung stehenden Finanzmitteln gemacht. Bei den Finanzmitteln wird typischerweise zwischen Eigenkapital und Fremdkapital unterschieden, wobei die Zinssätze für Fremdkapital naturgemäß höher ausfallen.

*Tabelle 8.3: Rangfolge Investitionsalternativen 1 bis 4 nach internem Zinsfuß geordnet*

| **Investitionsalternativen** | | | **Finanzmittel** | | |
|---|---|---|---|---|---|
| **Investitionen** | **Investitionssumme** | **Interner Zinsfuß** | **Finanzierungsart** | **Finanzierungssumme** | **Zinssatz** |
| 1 | 150.000,00 € | 9 % | Eigenkapital | 100.000,00 € | 6 % |
| 2 | 100.000,00 € | 8 % | Fremdkapital 1 | 125.000,00 € | 7 % |
| 3 | 50.000,00 € | 7 % | Fremdkapital 2 | 125.000,00 € | 9 % |
| 4 | 50.000,00 € | 6 % | | | |

48 Hinweis: Wir nutzen immer i (englisch: interests) für den Zinssatz.

Es liegen somit insgesamt vier Investitionsalternativen mit unterschiedlichen Investitionssummen und unterschiedlichen internen Zinsfüßen vor. Insgesamt beträgt die Kapitalnachfrage 350.000 €. Demgegenüber stehen 350.000 € Kapitalangebot.

Zur Bestimmung des optimalen Investitionsprogramms werden Kapitalnachfrage und Kapitalangebot grafisch gegenübergestellt.

X-Achse = Kapitalangebot bzw. -nachfrage in TEuro
Y-Achse = Interner Zins bzw. Kapitalzins

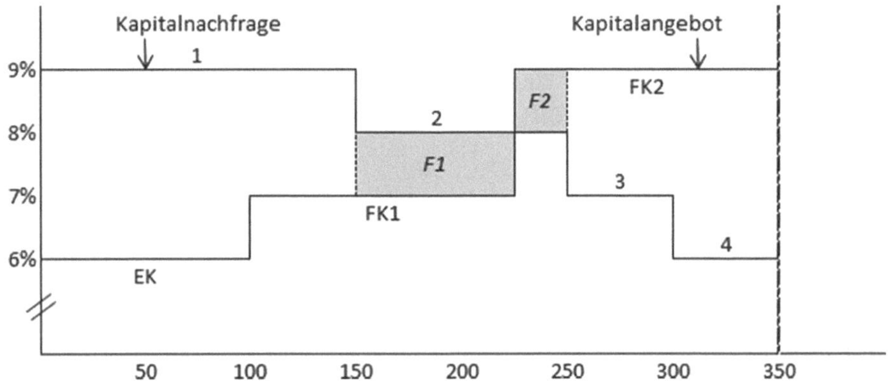


*Abbildung 8.1: Grafische Darstellung des Investitionsprogramms nach der internen Zinsfuß Methode*

Wird von einer beliebigen Teilbarkeit der Investition ausgegangen, ist das optimale Investitionsprogramm: Investition 1 und drei Viertel von Investition 2. Ab diesem Schnittpunkt ist der interne Zins niedriger als der Kapitalzins.

Wird hingegen davon ausgegangen, dass die Investitionen nicht beliebig teilbar sind, muss abgewogen werden. Im obigen Fall stellt sich die Frage, ob es sinnvoller ist, nur Investition 1 durchzuführen oder Investition 1 und 2.

In der Darstellung stellen die zusätzlichen Erträge durch Investition 2 die Flächen F1 und F2 dar.

Die Fläche F1 stellt den positiven Zuwachs an Zinsen durch Investition 2 dar. Der interne Zins ist um 1 % höher als der Kapitalzins und bezieht sich auf einen Betrag von 75.000 €.

Die Fläche F2 stellt die negative Größe dar. Hier ist der interne Zins kleiner als der Kapitalmarktzins. Die Differenz beträgt ebenfalls 1 %. Sie bezieht sich allerdings nur auf eine Summe von 25.000 €. Damit ist die Fläche F2 kleiner als die Fläche F1.

Die sog. „Cut-off-Rate“ (englische Bezeichnung für den kritischen Zinssatz) bezeichnet eine vom Investor gewünschte Mindestrendite. Wird diese nicht erreicht, ist eine Investition nicht in das Investitionsprogramm aufzunehmen.[49] In diesem Beispiel liegt die Cut-off-Rate bei 8 %. Sie stellt grafisch den Schnittpunkt der Kapitalangebots- und Kapitalnachfragelinie dar.

Das optimale Investitionsprogramm ohne beliebige Teilbarkeit umfasst sowohl Investition 1 als auch Investition 2.

Das Entscheidungskriterium lautet: Jedes (teilbare) Investitionsvorhaben ist (anteilig) in das Investitionsprogramm aufzunehmen, dessen interner Zinsfuß zumindest den Kapitalkosten seiner korrespondierenden Finanzierung entspricht.

## 8.3 Programmbestimmung nach dem linearen Planungsansatz

Der lineare Planungsansatz wird auch als „lineare Programmierung" oder „lineare Optimierung bezeichnet". Das ihm zugeordnete Fachgebiet wird als Operations Research bezeichnet. *„Der Begriff Operations Research (OR) stammt ursprünglich aus dem militärischen Bereich und bezeichnet die Entwicklung spezieller Methoden zur Lösung strategischer Probleme durch interdisziplinäre Arbeitsgruppen, sogenannte Operations Research-Units, wie sie insbesondere während des 2. Weltkriegs eingesetzt wurden. Seit Ende des Krieges fanden die verwendeten Verfahren jedoch schwerpunktmäßig Einzug in den Bereich der Wirtschaft, so dass mit dem Begriff heute hauptsächlich mathematische Methoden zur Behandlung betriebswirtschaftlicher und volkswirtschaftlicher Fragestellungen assoziiert werden, wie zum Beispiel die Minimierung von Kosten, die Maximierung des Gewinns, die optimale Ausnutzung von Fertigungskapazitäten oder die Optimierung von Transportwegen."*[50]

Zu den Einsatzbereichen der linearen Programmierung gehört auch die Investitionsrechnung.

Das Vorgehen wird anhand eines Beispiels nachfolgend beschrieben. Die Darstellung in diesem Buch beschränkt sich dabei auf eine grafische Lösung.

***Beispiel:***
*Zwei Investitionsalternativen I und II stehen zur Auswahl. Investition I weist Anschaffungskosten i. H. v. 175.000,00 € aus. Die Anschaffungskosten von Investition II betragen 140.000,00 €. Beide Investitionen werden auf eine Nutzungsdauer von vier Jahren betrachtet, wobei der Kalkulationszins 5 % beträgt. Investition I generiert in den vier Jahren EZÜ i. H. v. 58.333,33 € jährlich, während Investition II in dieser Zeit jährliche EZÜ i. H. v. 42.210,00 € generiert. Zu beachten ist, dass der Kommune nur Finanzmittel i. H. v. 700.000,00 € zur Verfügung stehen. Aus betrieblichen Gründen kann die Investition I bis zu dreimal und die Investition II bis zu sechsmal durchgeführt werden.*

49 Vgl. *Busse von Colbe/Crasselt/Pellens (Hrsg.)*, Lexikon des Rechnungswesens – Handbuch der Bilanzierung und Prüfung, der Erlös-, Finanz-, Investitions- und Kostenrechnung, 5. Aufl., München 2011, S. 192.

50 *Koop/Moock*, Lineare Optimierung – eine anwendungsorientierte Einführung in Operations Research, 2. Aufl., Berlin 2017, S. 1.

Im ersten Schritt sind für beide Investitionsalternativen die Kapitalwerte zu bestimmen. Aufgrund der konstanten EZÜ kann die Berechnung anhand des RBF von 5 % und vier Jahren mit dem Faktor 3,5460 erfolgen.
I: –175.000,00 € + 3,5460 × 58.333,33 € = 31.849,99 €
II: –140.000,00 € + 3,5460 × 42.210,00 € = 9.676,66 €

Für die Investitionsalternative I errechnet sich ein Kapitalwert i. H. v. 31.849,99 €. Der Kapitalwert der Investitionsalternative II beträgt 9.676,66 €.

Das optimale Investitionsprogramm ist gegeben, wenn der höchstmögliche (maximale) Kapitalwert realisiert wird. Dieser wird mithilfe der Formel

$$\text{Maximaler Kapitalwert } (C_0) = C_0 \text{ Alternative I} \times \text{Anzahl I} + C_0 \text{ Alternative II} \times \text{Anzahl II}$$

berechnet. Diese Formel beinhaltet keine Potenzen, weswegen von einem „linearen Planungsansatz“ gesprochen wird.

Bezogen auf das vorliegende Beispiel lautet die Formel:

$$\text{Maximaler Kapitalwert} = 31.849{,}99\ € \times \text{I} + 9.676{,}66\ € \times \text{II}$$

Die Formel ist nunmehr nach II aufzulösen, um das Steigungsmaß zu ermitteln:

$$\rightarrow C_0 = 31.849{,}99\ € \times \text{I} + 9.676{,}66\ € \times \text{II} \qquad | -9.676{,}66\ € \times \text{II}$$
$$\rightarrow C_0 - 9.676{,}66\ € \times \text{II} = 31.849{,}99\ € \times \text{I} \qquad | -C_0$$
$$\rightarrow -9.676{,}66\ € \times \text{II} = 31.849{,}99\ € \times \text{I} - C_0 \qquad | \times (-1)$$
$$\rightarrow 9.676{,}66\ € \times \text{II} = -31.849{,}99\ € \times \text{I} + C_0 \qquad | \,/\, 9.676{,}66\ €$$
$$\rightarrow \text{II} = -31.849{,}99\ € \times \frac{\text{I}}{9.676{,}66\ €} + \frac{C_0}{9.676{,}66\ €}$$
$$\rightarrow \text{II} = -3{,}2914239\ € \times \text{I} + \frac{C_0}{9.676{,}66\ €}$$

Der Ausdruck rechts vom Gleichheitszeichen gibt die Steigung an. Diese beträgt rd. –3,3. Das Minuszeichen gibt an, dass die Gerade von links oben nach rechts unten verläuft.

Für die grafische Lösung ist es zunächst notwendig, ein zweidimensionales Koordinatensystem zu erstellen. Auf der Y-Achse (vertikale Achse, Abzisse) und X-Achse (horizontale Achse, Ordinate) werden die Investitionsalternativen aufgetragen.

Aus dem Sachverhalt ist bekannt, dass der Kommune maximal 700.000,00 € zur Durchführung der Investitionen zur Verfügung stehen.

Durch Division der zur Verfügung stehenden Finanzmittel mit den jeweiligen Anschaffungskosten der Investitionsalternativen I und II ergibt sich die maximal mögliche Anzahl der Investitionsalternativen aus finanzieller Sicht.
I: 700.000,00 € / 175.000,00 € = 4
II: 700.000,00 € / 140.000,00 € = 5

Daraus folgt, dass Investition I aus finanziellen Gründen viermal durchgeführt werden kann. Investition II hingegen kann fünfmal realisiert werden. Im Koordinatensystem ist eine Gerade einzuzeichnen, die als „RF" (finanzielle Restriktion) bezeichnet wird und die maximal mögliche Anzahl der Alternativen I und II miteinander verbindet. Es ergibt sich also eine Verbindungslinie zwischen den Achsen des Koordinatensystems.

Weiter ist bekannt, dass Investition I aus betrieblichen Gründen bis zu dreimal und Investition II bis zu sechsmal durchgeführt werden kann. Diese Restriktionen werden als „RB" (betriebliche Restriktionen) bezeichnet und ebenfalls um die Bezeichnung der Investitionsalternativen I und II ergänzt in das Koordinatensystem eingetragen.

Dadurch die finanziellen und betrieblichen Restriktionen wird der mögliche Lösungsraum eingegrenzt, d. h. der Lösungsraum für das optimale Investitionsprogramm ist eindeutig bestimmt. Alle Lösungen, die außerhalb des Lösungsraums liegen, verstoßen gegen die betrieblichen und/oder finanziellen Bestimmungen.

Im nächsten Schritt ist nun eine Gerade einzutragen, die die Steigung angibt. Diese Gerade beginnt z. B. auf der Y-Achse bei 6,6 und endet auf der X-Achse bei 2. Mathematisch ergibt sich eine Steigung von –3,3 (= 6,6 / 2, Gerade von links oben nach rechts unten).

Diese Gerade ist nun so zu verschieben, dass der Lösungsraum gerade noch berührt wird.

Für das vorliegende Beispiel ergibt sich ohne Beachtung der Ganzzahligkeit, dass Investition I ungefähr 3,5-mal und Investition II ungefähr 1,2-mal durchgeführt werden kann. Da es faktisch jedoch nicht möglich ist, 3,3 Maschinen/Anlagen zu betreiben oder 1,2 Autos zu fahren, ist das Ergebnis auf den ganzzahligen Bereich einzuschränken. In Folge kann Investition I folglich dreimal und Investition II einmal durchgeführt werden.

Die Anschaffungskosten des optimalen Investitionsprogramms betragen in diesem Beispiel 3 × 175.000,00 € + 1 × 140.000,00 € = 665.000,00 €.

Ausgehend von den oben errechneten Kapitalwerten ergibt sich ein maximaler Kapitalwert i. H. v.:

$$\text{Maximaler Kapitalwert} = 31.849{,}99\ € \times 3 + 9.676{,}66\ € \times 1$$
$$\text{Maximaler Kapitalwert} = 105.226{,}63\ €$$

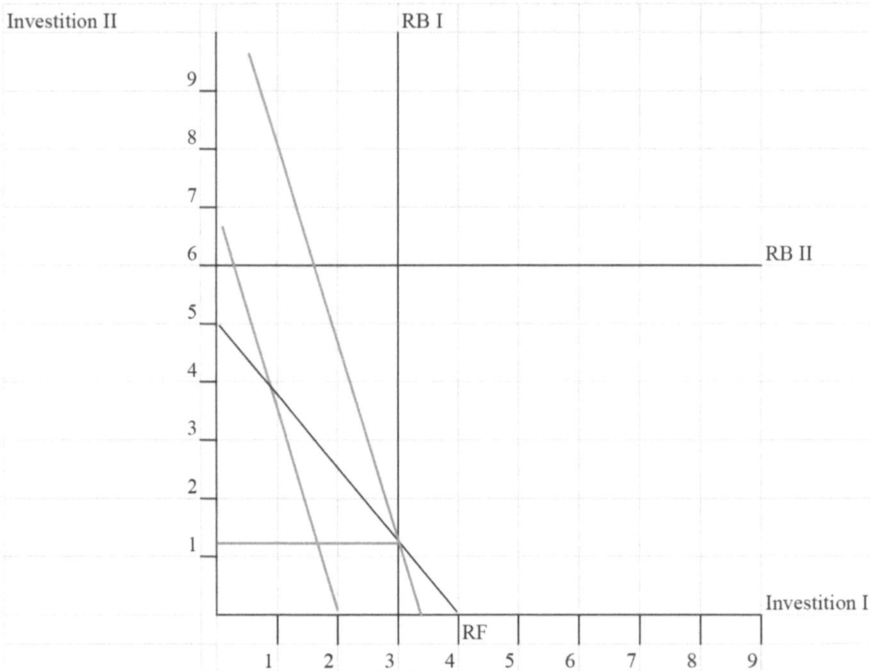


*Abbildung 8.2: Ermittlung des Investitionsprogramms nach dem linearen Planungsansatz*

Die ganzzahlige Lösung kann generell nur durch Probieren in der Nähe des nicht ganzzahligen Optimums bestimmt werden.

## 8.4 Übungsaufgaben

**Aufgabe 1**
Es stehen folgende Investitionen zur Verfügung:

*Tabelle 8.4: Übersicht Investitionsalternativen 1 bis 6 (Aufgabe 1)*

| Investitionsalternative | Kapitalwert | Investitionssumme |
|---|---|---|
| 1 | 35.000,00 € | 55.000,00 € |
| 2 | 15.000,00 € | 45.000,00 € |
| 3 | 25.000,00 € | 25.000,00 € |
| 4 | 22.500,00 € | 18.000,00 € |
| 5 | 1.000,00 € | 5.000,00 € |
| 6 | 50.000,00 € | 32.000,00 € |

a) Ermitteln Sie die Rangfolge der Investitionen nach der Kapitalwertrate.
b) Ermitteln Sie das optimale Investitionsprogramm bei einem Budget von 125.000 €, wenn jede Investition nur einmal durchgeführt werden kann.
c) Ermitteln Sie das optimale Investitionsprogramm, wenn die Investitionen auch unterschiedlich oft durchgeführt werden können. Hierbei können die Investitionen 1, 3 und 6 je einmal und die Investitionen 2, 4 und 5 je zweimal durchgeführt werden.

**Aufgabe 2**
Ermitteln Sie das optimale Investitionsprogramm nach der Methode des internen Zinsfußes unter der Bedingung, dass jede Investition nur einmal und im vollen Umfang durchgeführt werden kann.

*Tabelle 8.5: Übersicht Investitionsalternativen 1 bis 6 (Aufgabe 2)*

| **Investitionsalternativen** | | | **Finanzmittel** | | |
|---|---|---|---|---|---|
| **Investitionen** | **Investitionssumme** | **Interner Zinsfuß** | **Finanzierungsart** | **Finanzierungssumme** | **Zinssatz** |
| 1 | 200.000,00 € | 10 % | Eigenkapital | 200.000,00 € | 5 % |
| 2 | 150.000,00 € | 9 % | Fremdkapital 1 | 500.000,00 € | 6 % |
| 3 | 300.000,00 € | 8 % | Fremdkapital 2 | 300.000,00 € | 8 % |
| 4 | 150.000,00 € | 7 % | | | |
| 5 | 100.000,00 € | 6 % | | | |
| 6 | 100.000,00 € | 5 % | | | |

**Aufgabe 3**
Zur Auswahl stehen die Investitionsalternativen I und II. Investition I weist Anschaffungskosten i. H. v. 200.000,00 € aus. Die Anschaffungskosten von Investition II betragen 300.000,00 €. Investition I generiert jährlich konstante EZÜ i. H. v. 63.412,00 €, Investition II i. H. v. 78.044,00 €. Beide Alternativen haben eine planmäßige Nutzungsdauer von fünf Jahren. Der Kalkulationszins beträgt 7 %.

Bestimmen Sie das optimale Investitionsprogramm mithilfe der linearen Optimierung zeichnerisch, unter der Bedingung, dass Finanzmittel i. H. v. 1.200.000,00 € zur Verfügung stehen und beide Investitionen jeweils maximal dreimal durchgeführt werden können. Beachten Sie bei Ihrer Lösung bitte die Ganzzahligkeit.

**Lösung zu Aufgabe 1:**

*Tabelle 8.6: Ermittlung Kapitalwertrate (Aufgabe 1)*

| Investitionsalternative | Kapitalwert | Investitionssumme | Kapitalwertrate |
|---|---|---|---|
| 1 | 35.000,00 € | 55.000,00 € | 0,64 |
| 2 | 15.000,00 € | 45.000,00 € | 0,33 |
| 3 | 25.000,00 € | 25.000,00 € | 1,00 |
| 4 | 22.500,00 € | 18.000,00 € | 1,25 |
| 5 | 1.000,00 € | 5.000,00 € | 0,20 |
| 6 | 50.000,00 € | 32.000,00 € | 1,56 |

*Zu a)*
6 vor 4 vor 3 vor 1 vor 2 vor 5

*Zu b)*
Das optimale Investitionsprogramm besteht aus den Investitionen 6, 4, 3, 2 und 5. Der Kapitalwert beträgt insgesamt 113.500,00 € bei einer Investitionssumme von genau 125.000,00 €.

*Zu c)*
Das optimale Investitionsprogramm besteht aus den Investitionen 6 (1x), 4 (2x), 3 (1x) und 5 (2x). Der Kapitalwert beträgt insgesamt 122.000,00 € bei einer Investitionssumme von 103.000,00 €.

**Lösung zu Aufgabe 2:**
X-Achse = Kapitalangebot bzw. -nachfrage in TEuro
Y-Achse = Interner Zins bzw. Kapitalzins

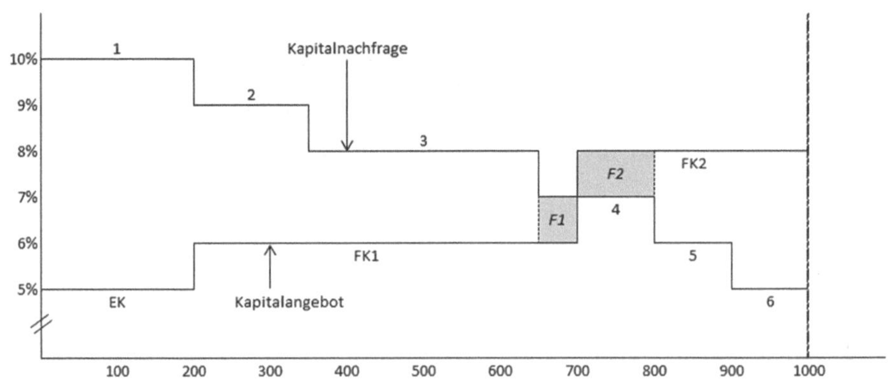


*Abbildung 8.3: Grafische Darstellung des Investitionsprogramms nach der Methode des internen Zinsfußes (Aufgabe 2)*

Da die Fläche F2 größer ist als die Fläche F1, besteht das optimale Investitionsprogramm aus den Investitionen 1, 2 und 3. Die Investitionssumme beträgt insgesamt 650.000,00 €.

**Lösung zu Aufgabe 3:**
Zunächst ist der Kapitalwert der Investitionsalternativen I und II zu bestimmen. Dazu kann der RBF bei fünf Jahren und 7 % angewendet werden. Dieser beträgt 4,1002.
I: –200.000,00 € + 4,1002 × 63.412,00 € = 60.001,88 €
II: –300.000,00 € + 4,1002 × 78.044,00 € = 19.996,01 €

Der Kapitalwert der Alternative I beträgt 60.001,88 €, der Kapitalwert der Alternative II beträgt 19.996,01 €.
Im zweiten Schritt ist die Formel für die Berechnung des maximalen Kapitalwerts aufzustellen:

$$\text{Maximaler Kapitalwert} = 60.001{,}88 \times \text{I} + 19.996{,}01\ € \times \text{II}$$

Die Formel ist nunmehr nach II aufzulösen, um das Steigungsmaß zu ermitteln:

$$\rightarrow C_0 = 60.001{,}88\ € \times \text{I} + 19.996{,}01\ € \times \text{II} \qquad | -19.996{,}01\ € \times \text{II}$$
$$\rightarrow C_0 - 19.996{,}01\ € \times \text{II} = 60.001{,}88\ € \times \text{I} \qquad | -C_0$$
$$\rightarrow -19.996{,}01\ € \times \text{II} = 60.001{,}88\ € \times \text{I} - C_0 \qquad | \times (-1)$$
$$\rightarrow 19.996{,}01\ € \times \text{II} = -60.001{,}88\ € \times \text{I} + C_0 \qquad | \ / \ 19.996{,}01\ €$$
$$\rightarrow \text{II} = -60.001{,}88\ € \times \frac{\text{I}}{19.996{,}01\ €} + \frac{C_0}{19.996{,}01\ €}$$
$$\rightarrow \text{II} = -3{,}00692638 \times \text{I} + \frac{C_0}{19.996{,}01\ €}$$

Der Ausdruck rechts vom Gleichheitszeichen gibt die Steigung an. Diese beträgt rd. –3,0. Das Minuszeichen gibt an, dass die Gerade von links oben nach rechts unten verläuft.

Beide Investitionsalternativen sind als Achsen in ein Koordinatensystem zu übernehmen.

Zwischen den beiden Achsen entsteht eine Verbindungslinie, die als „RF" bezeichnet wird und die finanziellen Restriktionen des Sachverhalts wiedergibt. Danach stehen Finanzmittel i. H. v. 1.200.000,00 € zur Verfügung. Diese Summe ist jeweils durch die Anschaffungskosten der Investitionsalternativen I und II zu dividieren, um die maximal mögliche Anzahl der Investitionsalternativen zu berechnen:

$$\text{I:} \quad \frac{1.200.000\ €}{200.000\ €} = 6$$

$$\text{II:} \quad \frac{1.200.000\ €}{300.000\ €} = 4$$

Aus finanzieller Sicht kann Investition I danach sechsmal und Investition II viermal durchgeführt werden.

Betriebliche Restriktionen (RB I und RB II) bestehen darin, dass beide Alternativen jeweils maximal dreimal durchgeführt werden können.

Nachdem die vorgenannten Restriktionen/Bestimmungen in das Koordinatensystem eingezeichnet worden sind, ist eine Gerade einzutragen, die das Steigungsmaß –3,0 angibt.

Diese kann z. B. auf der X-Achse bei 6 beginnen und auf der Y-Achse bei 2 enden. Durch den Verlauf von links oben nach rechts unten, wird der negativen Steigung Rechnung getragen. Mathematisch ergibt sich: 6/2 = 3.

Diese Gerade ist im letzten Schritt nunmehr so zu verschieben, dass sie den Lösungsraum gerade eben schneidet.

Im Ergebnis – unter Beachtung der Ganzzahligkeit – kann Investition I dreimal und Investition II zweimal durchgeführt werden.

Die Anschaffungskosten betragen danach 3 × 200.000,00 € + 2 × 300.000,00 € = 1.200.000,00 €. Die zu Verfügung stehenden Finanzmittel werden in voller Höhe ausgeschöpft.

Der maximale Kapitalwert beträgt:

$$60.001{,}88\ € \times 3 + 19.996{,}01\ € \times 2 = 219.997{,}66\ €$$

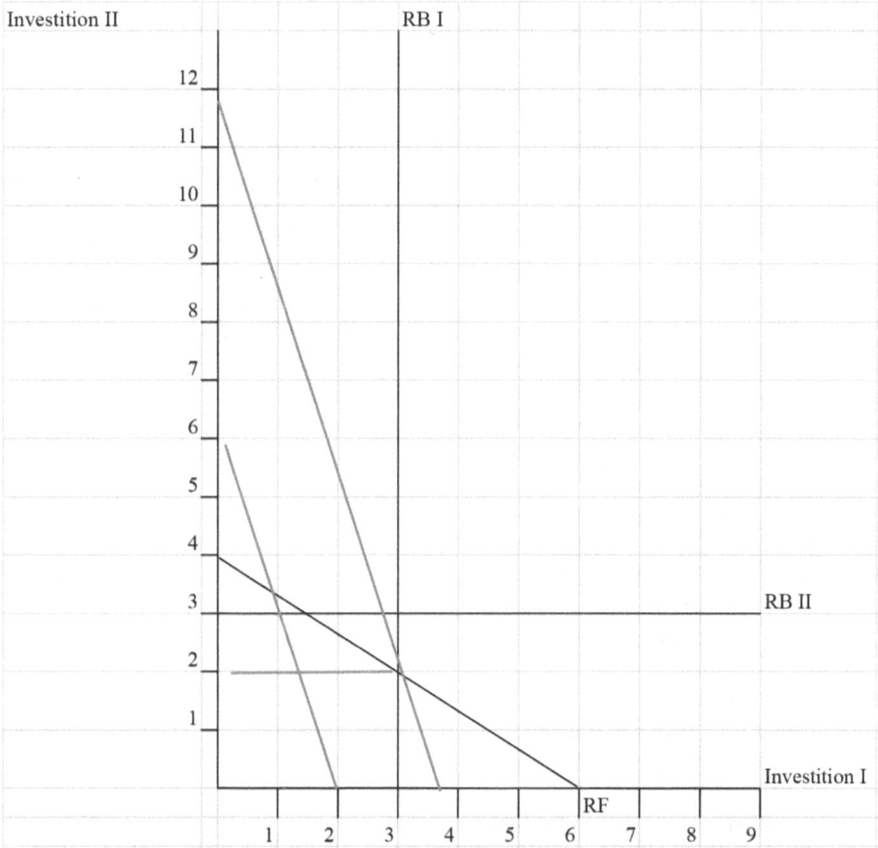


*Abbildung 8.4: Ermittlung des optimalen Investitionsprogramms anhand des linearen Planungsansatzes (Aufgabe 3)*

# 9. Unternehmensbewertung

## 9.1 Überblick über die Verfahren

Die Unternehmensbewertung ist von den bisher behandelten Verfahren der Wirtschaftlichkeitsrechnung abzugrenzen. Während zuvor einzelne Investitionen oder zuletzt Investitionsprogramme im Rahmen von Vorteilhaftigkeitsüberlegungen beurteilt wurden, werden nun gesamte Unternehmen monetär bewertet. Unter bestimmten Voraussetzungen können auch Teilbereiche eines Unternehmens untersucht werden.

Die Intention der Unternehmensbewertung ist es insbesondere, einen nachvollziehbaren Preis für das Unternehmen festzusetzen. Absolute und relative Vorteilhaftigkeit sind von untergeordneter Bedeutung und stellen nicht das Hauptziel bzw. das Hauptergebnis der Unternehmensbewertung dar.

Folgende **Bewertungszwecke** eines Unternehmens kommen in Frage:

- Kauf oder Verkauf von Unternehmen oder Unternehmensteilen,
- Fusion von Unternehmen,
- Aufnahme oder Ausscheiden eines Gesellschafters,
- Erfüllung steuerlicher Vorschriften,
- Bewertung in wirtschaftlichen Notlagen (Sanierung, Liquidation, Konkurs, etc.)

Aus diesen Bewertungszwecken lassen sich Funktionen der Unternehmensbewertung ableiten:

- **Beratungsfunktion**
  Entscheidungshilfe zur Bestimmung der Preisuntergrenze (aus Sicht des Käufers) und der Preisobergrenze (aus Sicht des Verkäufers);
- **Vermittlungsfunktion**
  Interessenausgleich zwischen den beiden Parteien, z. B.: der von einem unabhängigen Wirtschaftsprüfer festgestellte Unternehmenswert wird beidseitig akzeptiert;
- **Argumentationsfunktion**
  Unterstützung bei Verhandlungen; Kauf oder Verkauf werden gegenüber Entscheidungsträgern im Unternehmen gerechtfertigt;
- **Steuerbemessungsfunktion**
  Unternehmenswert als Grundlage der Besteuerung, insbesondere Erbschaftssteuer und Vermögenssteuer.

Grundsätzlich lässt sich die Unternehmensbewertung in **objektive und subjektive Verfahren** einteilen.

Objektive Wertansätze der Unternehmensbewertung gehen davon aus, dass sich der Wert eines Unternehmens nach objektiven Kriterien unabhängig von der Interessenlage der Beteiligten bestimmen lässt.

Individuelle bzw. subjektive Wertvorstellungen von Käufern oder Verkäufern sollen bei objektiven Wertansätzen unberücksichtigt bleiben. Der Wert des Unternehmens ergibt sich aus der feststellbaren Vermögenssubstanz oder der nachweisbaren Ertragskraft eines Unternehmens. Ob tatsächlich objektive Wertansätze ermittelbar sind, bleibt dahingestellt. Wie bereits ausgeführt, spielt der Bewertungszweck bei der Unternehmensbewertung eine wichtige Rolle.

Subjektive Wertansätze der Unternehmensbewertung gehen davon aus, dass sich der Wert eines Unternehmens nur nach subjektiven Kriterien – insbesondere den erwarteten Erträgen für die Anteilseigner – bestimmen lässt.

Individuelle bzw. subjektive Wertvorstellungen der Käufer oder Verkäufer werden bewusst berücksichtigt. Der Wert des Unternehmens ergibt sich aus den erwarteten Erträgen des zu bewertenden Unternehmens.

Die Beratungsfunktion ist dem subjektiven Wertansatz zuzuordnen; die Steuerbemessungsfunktion muss aus Steuergerechtigkeitsgründen von objektiven Wertansätzen ausgehen. Bei der Vermittlungs- und Argumentationsfunktion spielen sowohl subjektive als auch objektive Wertansätze eine Rolle.

Zu den traditionellen Unternehmensbewertungen nach objektiven Wertansätzen zählen:

- Substanzwertmethode,
- Ertragswertmethode,
- Mittelwertmethode.

Zu den subjektiven Verfahren der Unternehmensbewertung wird das Zukunftserfolgswertverfahren gezählt.

## 9.2 Objektive Verfahren der Unternehmensbewertung

Mit dem **Substanzwertverfahren** werden die Kosten ermittelt, die entstehen, um ein Unternehmen mit gleicher Leistungsfähigkeit wie das bewertete Unternehmen zu reproduzieren.

Substanzwertverfahren ermitteln den Unternehmenswert anhand des Reproduktionswertes des vorhandenen Unternehmens. Die Bewertung kann dabei nach dem

- Teilreproduktionswert oder nach dem
- Vollreproduktionswert

erfolgen.

Beim **Teilreproduktionswert** ergibt sich der Substanzwert aus der Summe der selbständig bewertbaren Vermögensgegenstände im Sinne des bilanzfähigen Anlage- und Umlaufvermögens. Der Geschäftswert des Unternehmens, der sich nicht einzelnen Vermögensgegenständen zuordnen lässt, wird nicht berücksichtigt.

Beim **Vollreproduktionswert (Gesamtreproduktionswert)** umfasst der Wert eines Unternehmens neben den selbständig bewertbaren Vermögensgegenständen auch den Geschäftswert des Unternehmens. Der Geschäftswert ergibt sich aus der Summe der nicht bilanzfähigen Wirtschaftsgüter wie Organisation, Kundenstamm, Know-How etc. Der Gesamtreproduktionswert ist somit höher als der Wert der in der Bilanz ausgewiesenen Vermögenswerte.

Als Wertgrößen zur Bestimmung des Substanzwertes sind vier Alternativen möglich:

- Anschaffungswerte oder Herstellungswerte (nominaler Teilreproduktionswert),
- Wiederbeschaffungswerte (realer Teilreproduktionswert),
- Liquidationswert (Teilreproduktionswert),
- Börsenkurswert (Gesamtreproduktionswert).

Ausgangspunkt für die Ermittlung des Unternehmenswertes sind bei den Substanzwertverfahren vergangenheits- oder gegenwartsbezogene Wertansätze. Das **Ertragswertverfahren** legt demgegenüber zukunftsbezogen Größen der Bewertung zugrunde.

Der Ertragswert ergibt sich dabei aus den in der Zukunft erwarteten Periodengewinnen und dem am Ende der Lebensdauer erwarteten Liquidationserlösen. Im Sinne einer dynamischen Rechnung werden die Beträge abgezinst; im Sinne eines objektiven Verfahrens der Unternehmensbewertung wird von nachweisbaren Wertgrößen, insbesondere für die Periodengewinne, den Liquidationserlös und den Kalkulationszinsfuß ausgegangen.

Bei der Errechnung des Ertragswertes sind vier verschiedene Fälle zu unterscheiden, die auf Grundlage der Investitionsrechnung ermittelt werden:

1. Die Gewinne des Betriebs sind zeitlich begrenzt. Ein Liquidationserlös fällt nicht an. Die Gewinne der einzelnen Jahre werden zunächst ermittelt, abgezinst und dann addiert.
2. Wird ein gleichbleibender Gewinn pro Jahr unterstellt, dann vereinfacht sich die Rechnung durch die Anwendung des Rentenbarwertfaktors:

$$\text{Ertragswert} = \text{gleichbleibender Gewinn} \times \text{Rentenbarwertfaktor}$$

3. Wird von einem am Ende der Lebensdauer des Unternehmens erzielbaren Liquidationserlös mit gleichbleibenden Gewinnen ausgegangen, ergibt sich der Ertragswert wie unter 2. Zusätzlich muss der geplante Liquidationserlös separat abgezinst werden.
4. Es wird eine unbegrenzte Lebensdauer des Unternehmens unterstellt. Hierbei gilt folgende Berechnungsformel für den Ertragswert:

$$\text{Ertragswert} = \text{gleichbleibender Gewinn} \,/\, \text{Zinssatz}$$

Die Objektivität des diskutierten Ertragswertes ist in Hinblick auf folgende Punkte kritisch zu sehen:

- Mit zunehmender Lebensdauer des Unternehmens wird es immer schwieriger, wenn nicht sogar unmöglich, die zukünftigen Gewinne zu prognostizieren.
- Der Unternehmenswert hängt von der Höhe des unterstellten Kalkulationszinsfußes ab. Dieser kann allerdings auf verschiedene Weise bestimmt werden. Der Ertragswert ist dann nicht mehr eindeutig zu bestimmen. Generell kann sich der Kalkulationszinsfuß orientieren an der:
  1. Rendite einer anderweitigen Anlage (Opportunitätsprinzip),
  2. angestrebten Rendite (Zielkriterium),
  3. branchenüblichen Rendite (Vergleichsprinzip).

- Es werden ausschließlich monetäre Aspekte berücksichtigt. Damit wird unterstellt, dass z. B. ein Investor keine nichtmonetären Ziele anstrebt.

Insgesamt bleibt festzuhalten, dass das Ertragswertverfahren nicht zweifelsfrei zu einem objektiven Unternehmenswert führen muss. Subjektive Elemente sind nicht völlig auszublenden.

Das **Mittelwertverfahren** stellt eine Kombination von Substanzwert- und Ertragswertverfahren dar. Danach berechnet sich der Wert eines Unternehmens als arithmetischer Mittelwert aus dem Ertragswert und dem Substanzwert wie folgt:

$$\text{Mittelwert} = \frac{(\text{Ertragswert} + \text{Substanzwert})}{2}$$

Die durchgeführte Ermittlung des Mittelwertes ist nur sinnvoll, wenn der Ertragswert höher als der Substanzwert ist. Bei ertragsschwachen Unternehmen, bei denen der Ertragswert unterhalb des Substanzwertes liegt, wird in der Regel auch bei der Mittelwertmethode der Ertragswert als maßgeblicher Unternehmenswert angesehen.

Der Kombination der beiden Werte liegt folgende Überlegung zugrunde: **Als maßgeblicher Unternehmenswert ist der Vollreproduktionswert anzusehen.** Der Ertragswert eines Unternehmens liegt in der Regel über dem Vollreproduktionswert, andererseits liegt der Substanzwert unterhalb des Vollreproduktionswertes. Da der Vollreproduktionswert für den Wert eines Unternehmens zwar entscheidend ist, aber nur sehr schwer zu ermitteln ist, wird hilfsweise das arithmetische Mittel aus Substanzwert und Ertragswert zur Bewertung herangezogen.

Das Mittelwertverfahren stellt somit eine praktikable und daher in der Praxis häufig angewandte Methode zur Ermittlung des angemessenen Unternehmenswertes dar (sogenanntes „Praktikerverfahren der Unternehmensbewertung“).

Die eben beschriebenen Verfahren sind auch zur Wertermittlung bei Immobilien gebräuchlich. Bei einem reinen Substanzwertverfahren, was u. a. zur Wertermittlung von Einfamilienhäusern eingesetzt wird, wird unter Zuhilfenahme der Normalherstellungskosten (NHK), einer Tabelle der historischen normalisierten Herstellungskosten für verschiedene Gebäudetypen und Baujahre, ein Gebäudereproduktionswert ermittelt.

Das Ertragswertverfahren wird für vermietete oder vermietbare Gebäude angewendet und bezieht in die Ermittlung die Restlebensdauer und einen Zinssatz von 5 % ein.

## 9.3 Subjektive Verfahren der Unternehmensbewertung

Nach der Methode des **Zukunftserfolgswertes** leitet sich der Unternehmenswert aus den zukünftigen finanziellen Erträgen (Entnahmeerwartungen) ab, die den Gesellschaftern aus dem Unternehmensbesitz entstehen. **Der Unternehmenswert ergibt sich nicht aus dem Unternehmensgewinn.**

Die Bewertung der zu unterschiedlichen Zeitpunkten anfallenden Entnahmen erfolgt durch Abzinsung. Insofern entspricht das Verfahren methodisch der Kapitalwertmethode und unterscheidet sich nicht von der Vorgehensweise bei der Ertragswertmethode.

Der Zukunftserfolgswert stellt den kapitalisierten Wert aller Erträge dar, die in der Zukunft dem Investor aus dem Kapitalbesitz zufließen.

Um den Zukunftserfolgswert zu bestimmen, müssen die aus dem Unternehmen an die Unternehmenseigner fließenden Zahlungen erfasst werden. Sofern Zahlungen von den Unternehmenseignern an das Unternehmen geleistet werden, z. B. in Form von Kapitalaufstockungen, sind diese Beträge von den Zahlungen abzuziehen. Bei der Ermittlung des Zukunftserfolgswertes sind nur die Nettozahlungen an die Kapitaleigner zu berücksichtigen.

Die Zukunftserfolgswertmethode orientiert sich nicht an den Gewinnen der Unternehmung, sondern an den Entnahme- bzw. Ausschüttungserwartungen der Unternehmenseigner, wobei allerdings zwischen den Größen Interdependenzen bestehen. Gewinne, die nicht ausgeschüttet werden, verbessern die Ertragskraft des Unternehmens und zukünftige Ausschüttungsmöglichkeiten. Außerdem verbessern sie bei einem etwaigen Verkauf des Unternehmens den Veräußerungserlös.

Bei der Frage, wie ein möglicher Verkaufserlös berücksichtigt werden soll, wird wie folgt argumentiert:

- Bei spekulativen Unternehmenskäufen ist der Wiederverkaufspreis und -termin stets zu berücksichtigen, da hiervon maßgeblich der Spekulationszinsfuß abhängt.
- Wird hingegen ein Wiederverkauf zumindest gegenwärtig nicht geplant oder wird davon ausgegangen, dass die Entnahmeerwartungen sich im Zeitablauf nicht ändern, soll der Verkaufserlös bei der Ermittlung des Zukunftserfolgswertes nicht berücksichtigt werden.

Die konkreten Entnahmeerwartungen sind abhängig von einer Vielzahl von Einflussgrößen:

- zukünftige Ertragskraft des Unternehmens,
- Gewinnausschüttungspolitik der Unternehmung,
- Wachstumspotential der Gewinne und Dividenden,
- realisierbare Synergieeffekte bei Integration vom zu bewertenden
- Unternehmen in das Käuferunternehmen,
- Sicherheit der Entnahmeerwartungen.

**Bestimmung des Kalkulationszinsfußes:**

Der Kalkulationszinsfuß zur Bewertung der Entnahmen muss sich an folgenden Merkmalen orientieren:

- Wird das zu bewertende Unternehmen gekauft, so können alternative Investitionen nicht verwirklicht werden. Der interne Zinsfuß für die beste Alternativanlage muss daher Grundlage für die Unternehmensbewertung sein.
- Der Preis der zu erwartenden Unternehmung muss sich am Preis von anderen Investitionsobjekten mit gleichen Entnahmeerwartungen orientieren.

Der Unternehmenswert nach dem Konzept des Zukunftserfolgswertes ist ebenso wie die geschilderten Verfahren der „objektiven“ Unternehmensbewertung von den subjektiv bestimmten Eingangsgrößen abhängig. Das Konzept des Zukunftserfolgswertes erhebt allerdings nicht den Anspruch, einen objektiven Wert zu ermitteln. Es versucht, den Unternehmenswert aus der individuellen Sicht eines Investors zu bestimmen.

## 9.4 Übungsaufgabe

**Aufgabe**
Folgende Daten eines Elektronikkonzerns („Strawberry“) stehen Ihnen zur Verfügung:

*Tabelle 9.1: Daten eines Elektronikkonzerns („Strawberry“)*

| | |
|---|---|
| Wert aller bilanzierungsfähigen Vermögensgegenstände (AHK) | 256.800.000,00 € |
| Aktueller Börsenkurs | 524,00 € |
| Werteverfall aufgrund von elektronischem Fortschritt | 3 % p. a. |
| Anzahl ausgegebener Aktien | 850.000 |
| Voraussichtlicher Jahresüberschuss in den nächsten Jahren | 66.000.000,00 € |
| Ausschüttungsquote an Investoren | 11 % des Jahresüberschusses |
| Liquidationserlös in 10 Jahren | 80.000.000,00 € |
| Kalkulationszins | 3 % |
| Planungshorizont | 10 Jahre |

Berechnen Sie aus den dargestellten Daten alle denkbaren Werte des Unternehmens.

**Lösung:**
Der **Substanzwert nach Anschaffungs- und Herstellungskosten** stellt alle bilanzierungsfähigen Vermögensgegenstände dar und ist aus der Tabelle ablesbar: 256.800.000 €.

Um den **Substanzwert nach Wiederbeschaffungszeitwerten** auszurechnen, werden zwingend Angaben über Teuerungsraten bzw. Inflationsraten benötigt.

Beim **Substanzwert nach Liquidationserlösen** müssen konkrete Angebote für alle Vermögensgegenstände des Unternehmens vorliegen.

Der **Substanzwert nach Börsenwerten** ergibt sich aus der Multiplikation von Aktienkurs und Aktienanzahl: 524,00 € × 850.000 = 445.400.000 €.

Der **Ertragswert** stellt die abgezinsten erwarteten Periodengewinne und den abgezinsten geplanten Liquidationserlös dar.

Erwartete Periodengewinne

Jährlicher Periodengewinn × Rentenbarwertfaktor (10 Jahre / 3%) = Unternehmenswert

66.000.000 € × 8,5302 = 562.993.200 €

Geplanter Liquidationserlös

80.000.000 € × 0,7441 = 59.520.000 €

Ertragswert = 622.513.200 €

Der **Mittelwert** ist das arithmetische Mittel zwischen Substanzwert und Ertragswert.

(Substanzwert nach AHK + Ertragswert) / 2

(256.800.000 € + 622.513.200 €) / 2 = 439.656.600 €

Der **Zukunftserfolgswert** stellt den kapitalisierten Wert aller Erträge dar, die in der Zukunft dem Investor aus dem Kapitalbesitz zufließen. Dies sind jährlich 11 % des Jahresüberschusses und der geplante Liquidationserlös in zehn Jahren. Die Notwendigkeit, dass der Investor Zahlungen an das Unternehmen leisten muss, ist nicht angegeben. Insofern ergeben sich folgende Nettozahlungen an den Investor.

jährlich 11 % des Jahresüberschusses = 7.260.000 €
(= 66.000.000 € × 11 %)

geplanter Liquidationserlös in zehn Jahren = 80.000.000 €

Zukunftserfolgswert (Beträge abgezinst) = 61.929.252 €[51] + 59.520.000
= 121.449.252 €

## 9.5 Unternehmensbewertung in der kommunalen Praxis

Die meisten, wenn nicht gar alle Kommunen haben Wirtschaftsprüfungsgesellschaften mit der Bewertung ihrer Finanzanlagen – insbesondere der verbundenen Unternehmen und Beteiligungen zum Eröffnungsbilanzstichtag – beauftragt.

Bewertungsgrundlage bildeten dabei die §§ 55 Abs. 6 und Abs. 7 GemHVO NRW a. F. Danach können Sondervermögen (Eigenbetriebe) und rechtlich unselbstständige Stiftungen mit dem anteiligen Wert des Eigenkapitals angesetzt werden (sog. „Eigenkapitalspiegelmethode“). Nach § 55 Abs. 6 GemHVO NRW a. F. sollen die übrigen Beteiligungen an Unternehmen unter Beachtung ihrer öffentlichen Zwecksetzung anhand des Ertragswertverfahrens oder des Substanzwertverfahrens bewertet werden. Dabei darf die Wertermittlung auf die wesentlichen wertbildenden Faktoren unter Berücksichtigung vorhandener Planungsrechnungen beschränkt werden.

Nach § 91 Abs. 1 GO NRW haben Kommunen zum Schluss eines jeden Haushaltsjahres sämtliche Vermögensgegenstände, Schulden und Rechnungsabgrenzungsposten in einer Inventur unter Beachtung der Grundsätze ordnungsmäßiger Inventur vollständig aufzunehmen und dabei den Wert der einzelnen Vermögensgegenstände und Verbindlichkeiten anzugeben (Inventar).

51 7.260.000 € × 8,5302 = 61.929.252 €.

Aus dieser Vorschrift ergibt sich das Erfordernis zu jedem Bilanzstichtag den Wertansatz der Finanzanlagen zu überprüfen.

In Folge ist auch weiterhin zu jedem Bilanzstichtag eine Werthaltigkeitsprüfung (auch als „Impairment-Test" – in Anlehnung an die internationalen Rechnungslegungsstandards – bezeichnet) vorzunehmen.

Die wenigsten Kommunen beauftragen dazu ebenfalls eine Wirtschaftsprüfungsgesellschaft. Vielfach werden die für den Eröffnungsbilanzstichtag erstellten Unternehmensbewertungen (Gutachten) mit Bordmitteln, d. h. durch eigenes Personal fortgeschrieben.

Wird bei der Fortschreibung der Kapitalisierungszins angepasst oder das Verfahren umgestellt, erfolgt dies meist in Abstimmung mit der örtlichen Rechnungsprüfung oder einem mit der Prüfung und/oder Beratung beauftragten Wirtschaftsprüfungsunternehmen.

Das Vorgehen wird anhand einer fiktiven Stadtwerke GmbH („Stadtwerke S GmbH") erläutert.

### 9.5.1 Allgemeines

Die Stadtverwaltung S ist mit 70 % an der Stadtwerke S GmbH beteiligt und übt nach § 290 HGB „beherrschenden Einfluss" (> 50 %) in dem verbundenen Unternehmen aus. Somit sind gemäß § 42 Abs. 3 Ziff. 1.3.1 KomHVO NRW die Anteile in der Bilanz als Finanzanlage abzubilden.

Zur Ermittlung des Wertansatzes für die Eröffnungsbilanz hat die Wirtschaftsprüfungsgesellschaft XY seinerzeit ein Gutachten erstellt. Unter Anwendung der Ertragswertmethode ergab sich ein Unternehmenswert von 33.025.900 €, von dem 70 % (23.118.130 €) in die Eröffnungsbilanz eingestellt worden sind.

Die Fortschreibung des in Rede stehenden Gutachtens ist unter Berücksichtigung der Regelungen des § 36 KomHVO NRW erfolgt. So besteht beispielsweise nach Absatz 6 dieser Vorschrift bei Finanzanlagen, zu denen auch Anteile an verbundenen Unternehmen zählen, bei der Entscheidung über die Verbuchung von außerplanmäßigen Abschreibungen ein Wahlrecht. Während bei dauerhaften Wertminderungen grundsätzlich Abschreibungen vorzunehmen sind, ist dies bei vorübergehenden Wertminderungen nicht zwingend vorgeschrieben. Entscheidet sich eine Gemeinde für eine außerplanmäßige Abschreibung bei einer nicht dauerhaften Wertminderung, ist gemäß § 36 Abs. 9 KomHVO NRW bei Wegfall der Gründe eine entsprechende Zuschreibung zwingend vorzunehmen. Obergrenze stellen dabei jedoch die Anschaffungs- und Herstellungskosten dar. Sowohl Zu- als auch Abschreibungen sind im Anhang zu erläutern.

### 9.5.2 Ertragswertmethode

Zur Ermittlung des Ertragswertes wurde die mittelfristige Finanzplanung, also der Fünf-Jahres-Wirtschaftsplan des jeweiligen zu bewertenden Jahres eines Unternehmens herangezogen. Die Basis bildeten die geplanten Jahresüberschüsse. Bisher wurde aufgrund von Erfahrungswerten, die sich aus Plan-Ist-Vergleichen der Jahresüberschüsse der Vorjahre ergaben, das arithmetische Mittel der Abweichung berechnet und als Zu- bzw. Abschlagssatz auf die geplanten Jahresüberschüsse angewendet. Die Summe bzw. Differenz aus der Planzahl und dem Zu- bzw. Abschlag ergab den jeweils zu berücksichtigenden Jahresüberschuss. Ab dem Jahresabschluss 2017 wird diese Vorgehensweise nun geändert. Nach erneuter Rücksprache mit der Wirtschaftsprüfungsgesellschaft XY wird der dynamische Zu-/Abschlag nun ersetzt durch einen festen Abschlag i. H. v. 3 %. Es ist davon auszugehen, dass die Planung der Stadtwerke S GmbH sachlich widerspruchsfrei ist, sodass kein Anlass besteht, diese Planung mit einem hohen Prozentsatz abzuwerten. Um dem Vorsichtsprinzip Rechnung zu tragen, wird jedoch als Sicherheitsaspekt ein Abschlag i. H. v. 3% vorgenommen, um Sondereffekte (der Energiemarkt unterliegt einem kontinuierlichen Wandel durch die Regulierung der Bundesnetzagentur bzw. einem schwierig planbaren Zu-/Abgang an Kunden) einzubeziehen.

Anschließend erfolgte die Ermittlung des Barwertes. Der zu berücksichtigende Jahresüberschuss wurde dabei durch Anwendung eines Kapitalisierungsfaktors und des maßgeblichen Zinssatzes in den ersten vier Jahren auf den Bilanzstichtag abgezinst. Im fünften Jahr wurde der Zinssatz durch die sog. „ewige Rente“ ersetzt. Diese unterstellt, dass der dann erzielbare Jahresüberschuss (sog. „eingeschwungener Zustand“) des Unternehmens in den Folgejahren konstant erreicht wird. Inflationsbedingte Steigerungen der nominellen Jahresüberschüsse werden durch einen Wachstumsabschlag berücksichtigt.

Für die ersten vier (Plan-)Jahre erfolgte die Ermittlung des Faktors als Nachsteuerzinssatz ohne Wachstumsabschlag. Im fünften (Plan-)Jahr wurde der Berechnung – analog zur Vorgehensweise im XY-Gutachten – der Nachsteuerzinssatz mit Wachstumsabschlag zugrunde gelegt.

Nach der anschließenden Addition der für die einzelnen Jahre ermittelten Barwerte wurde die Summe um das sogenannte nicht betriebsnotwendige Vermögen am Bilanzstichtag erhöht. Ergebnis ist der Unternehmenswert. 70 % davon stellen den städtischen Anteil dar. Der Betrag wurde anschließend mit dem in der Eröffnungsbilanz ausgewiesenen Wert, der die Obergrenze für die Bilanzierung des Anteils an dem in Rede stehenden verbundenen Unternehmen darstellt, verglichen.

### 9.5.3 Jahresüberschuss

Der Überschuss des Jahres 2021 wurde der Bilanz der Stadtwerke S GmbH entnommen. Die Planzahlen der Jahre 2023 bis 2027 stammen aus dem im Jahr 2022 aufgestellten Wirtschaftsplan der Stadtwerke S GmbH.

### 9.5.4 Abschlag/Zuschlag

Im Gutachten zur Eröffnungsbilanz ging die Wirtschaftsprüfungsgesellschaft XY von einem auf die geplanten Jahresüberschüsse anzuwendenden Zuschlag in den Folgejahren aus. Dieser wurde damit begründet, dass die tatsächlichen Ergebnisse im Zeitraum 2004 bis 2006 zwischen 29 % und 60 % über den Planwerten lagen. Ausgehend von der Annahme, dass in den Folgejahren eine ähnliche Entwicklung stattgefunden hat, hat die Wirtschaftsprüfungsgesellschaft XY einen pauschalen Aufschlag von durchschnittlichen 35 % berücksichtigt.

In analoger Anwendung dazu wurden im Rahmen der Wertüberprüfung für die Jahresabschlüsse bis 2016 die Ist-Zahlen mit den Planzahlen der Jahre 2009 bis 2015 verglichen. Positive Abweichungen wurden als Zuschläge, negative Abweichungen als Zuschläge berücksichtigt.

Im Gegensatz dazu erfolgt – wie in Kap. 9.5.2 ausgeführt – ab dem Jahresabschluss 2017 ein fester Abschlag i. H. v. 3 %.

### 9.5.5 Zinssatz

Der anzuwendende Zinssatz i. H. v. 3,1 % bezeichnet den Nachsteuerzinssatz, welcher sich wie folgt berechnet:

Zinssatz vor Steuern 4,6 % abzügl. 1,5 % Steuerlast = 3,1 % Zinssatz

| | | |
|---|---|---|
| Basiszinssatz 1,1 %<br>Risikozuschlag 3,5 %<br>(1,1 % + 3,5 % = 4,6 %) | Körperschaftsteuer 15 %<br>Gewerbesteuer 18,03 %<br>(15 % + 18,03 % = 33,03 %<br>33,03 % × 4,6 % = 1,5 %) | Steuermesszahl 3,5<br>Hebesatz 515<br>3,5 × 515 / 100 = 18,03 % |

Im fünften Jahr erfolgte die Reduzierung des Zinssatzes um einen sog. „Wachstumsabschlag". Dieser führt zu einer Erhöhung des Barwertes bzw. zu einer moderaten Ertragssteigerung, die im Zeitablauf unterstellt wird. Die Vorgehensweise ist unter Wirtschaftsprüfern allgemein anerkannt. Üblicherweise werden Wachstumsabschläge (Inflationsausgleich) zwischen 0,5 und 1,0 % angesetzt. Um die Stetigkeit der Bewertung sicherzustellen, wurde der von der Wirtschaftsprüfungsgesellschaft XY angesetzte Wert von 0,5 % berücksichtigt. Der Nachsteuerzinssatz beträgt somit 2,6 %.

Der Basiszins ist in § 203 Abs. 2 des Bewertungsgesetzes geregelt. Danach kann das Bundesfinanzministerium Festsetzungen vornehmen. Gemäß BMF-Schreiben vom 4.1.2016 wird der Basiszins auf 1,10 % festgesetzt.

### 9.5.6 Faktor

Der Faktor berechnet sich anhand des in Kap. 9.5.5 ermittelten Zinssatzes als Diskontierungsfaktor. Dieser beträgt im ersten Jahr 0,9699. Für die Folgejahre 2024 bis 2027 erhöht sich der Abzinsungsfaktor jeweils um eine Potenz.

Beispiel „Jahr 2023“: $\frac{1}{(1+3{,}1\ \%)} = 0{,}9699$

Beispiel „Jahr 2024“: $\frac{1}{(1+3{,}1\ \%)^2} = 0{,}9408$

Im fünften Jahr kommt der Faktor der sog. „ewigen Rente“ zum Ansatz. Es wurde angenommen, dass das Unternehmen mit konstanter Rate wächst. Die angewendete Formel lautet wie folgt:

$$\frac{(1+3{,}1\ \%)^{-4}}{2{,}6\ \%} = 34{,}0402$$

### 9.5.7 Barwert der Zinssätze

Zur Ermittlung der Barwerte für die ersten vier Jahre wurde die Summe des jeweiligen Jahresüberschusses mit dem Faktor (Kap. 9.5.6) multipliziert. Im fünften Jahr erfolgte die Multiplikation des Jahresüberschusses mit der ewigen Rente.

### 9.5.8 Bewertung

Zur Summe der Barwerte der Jahre 2023 bis 2027 wurde das nicht betriebsnotwendige Vermögen des zu bewertenden Jahres addiert. Darunter sind solche Vermögenswerte zu verstehen, die ohne Beeinträchtigung des operativen Geschäftes und der eigentlichen Unternehmensaufgabe frei veräußert werden können. Nach IDW S 1 i. d. F. 2008: Grundsätze zur Durchführung von Unternehmensbewertung, Kapitel 9.4.5: Bewertung des nicht betriebsnotwendigen Vermögens, Rz. 60 und 62, sind von den nicht betriebsnotwendigen Vermögensgegenständen die dazugehörigen Schulden in Abzug zu bringen.

Der Betrag des nicht betriebsnotwendigen Vermögens der Stadtwerke S GmbH ergibt sich aus dem Saldo der Liquiden Mittel und den Verbindlichkeiten gegenüber Kreditinstituten.

Je nachdem, wie die zu bewertenden Unternehmen aufgestellt sind, können zu dem nichtbetriebsnotwendigen Vermögen auch z. B. ausrangierte, aber nicht verkaufte Fahrzeuge, die nicht nur zum Erinnerungswert bilanziert werden, Grundstücke und Gebäude, die nicht mehr für den Betriebszweck genutzt werden, zählen.

In anderen Fällen sind sowohl die Liquiden Mittel als auch die Verbindlichkeiten gegenüber Kreditinstituten dem betriebsnotwendigen Vermögen zuzurechnen. Kredite können z. B. dazu dienen, Gas-, Strom- oder andere Netze zu finanzieren, aber auch ein Betriebsgrundstück und/oder Gebäude. Diese Vermögenswerte sind sehr wohl betriebsnotwendig, in Folge auch die sie finanzierenden Kredite. Entsprechend dienen die Liquiden Mittel der Schuldentilgung und sind nicht frei veräußerbar. Daher ist es möglich, dass Gesellschaften nur über betriebsnotwendiges Vermögen verfügen.

Der (Ertrags-)Wert der Stadtwerke S GmbH beläuft sich insgesamt auf 65.145.647,20 €. Folglich beträgt der städtischen Anteil 45.601.953,04 € (70 % des Gesamtwertes).

### 9.5.9 Fazit

In der Eröffnungsbilanz, Bilanzstichtag 1.1.2008, wurden seinerzeit 23.118.130,00 € als Anteil an verbundenen Unternehmen (hier: Stadtwerke S GmbH) bilanziert. Abschreibungen sind in den darauffolgenden Jahresabschlüssen nicht erfolgt. Die Voraussetzungen für Zuschreibungen nach § 35 GemHVO NRW lagen und liegen nach § 36 KomHVO ebenfalls nicht vor, so dass als maßgebliche Obergrenze 23.118.130,00 € gelten.

Da bis zur Aufstellung des Jahresabschlusses 2022 noch kein endgültiger Jahresabschluss der Stadtwerke S GmbH vorlag, wurden die Zahlen des vorangegangen Jahresabschlusses als Grundlage der Berechnung genommen. Gemäß § 264 HGB handelt die Stadtwerke S GmbH nicht gesetzeswidrig. Nach § 42a GmbHG muss die Prüfung des Jahresabschlusses bis zum 31. August des Folgejahres abgeschlossen sein.

## 9.5.10 Übersicht Bewertung

*Tabelle 9.2: Übersicht Unternehmensbewertung Stadtwerke S GmbH*

| Bewertungs-stichtag 31.12.2022 | | Ist 2021 (nachrichtlich) | Plan 2022 (nachrichtlich) | Plan 2023 | Plan 2024 | Plan 2025 | Plan 2026 | Plan 2027 |
|---|---|---|---|---|---|---|---|---|
| Jahresüberschuss lt. Wirtschaftsplan | | 2.318.307,94 € | 2.079.100,00 € | 1.757.800,00 € | 1.429.700,00 € | 2.187.900,00 € | 1.431.400,00 € | 1.693.200,00 € |
| Abschlag | 3,0 % | | | –52.734,00 € | –42.891,00 € | –65.637,00 € | –42.942,00 € | –50.796,00 € |
| Summe | | 2.318.307,94 € | 2.079.100,00 € | 1.705.066,00 € | 1.386.809,00 € | 2.122.263,00 € | 1.388.458,00 € | 1.642.404,00 € |
| Zinssatz | 3,1 % | | | 3,1 % | 3,1 % | 3,1 % | 3,1 % | 2,6 % |
| Wachstumsabschlag | 0,5 % | | | | | | | |
| Faktor | | | | 0,9699 | 0,9408 | 0,9125 | 0,8850 | 34,0402 |
| Barwert | | | | 1.653.798,25 € | 1.304.665,93 € | 1.936.525,44 € | 1.228.847,77 € | 55.907.746,20 € |
| Summe der Barwerte | | | | 62.031.583,59 € | | | | |
| Nicht betriebsnotwendiges Vermögen | | | | 3.114.063,60 € | | | | |
| Unternehmenswert (Ertragswert) | | | | 65.145.647,20 € | | | | |
| davon Anteil Stadt S (70 %) | | | | 45.601.953,04 € | | | | |
| Wert in der Eröffnungsbilanz | | | | 23.118.130,00 € | | | | |
| (+) Überdeckung / (–) Unterdeckung = Abwertungsbedarf | | | | **22.483.823,04 €** | | | | |

*Tabelle 9.3: Bilanz der Stadtwerke S GmbH zum 31.12.2021*

Bilanz der Stadtwerke S GmbH

zum 31.12.2021

| **AKTIVA** | | | 31.12.2021 | | 31.12.2020 |
|---|---|---|---|---|---|
| | | | EUR | | EUR |
| **A.** | **Anlagevermögen** | | | | |
| | I. Immaterielle Vermögensgegenstände | | 322.988,10 | | 368.475,00 |
| | II. Sachanlagen | | 18.873.757,09 | | 17.403.115,42 |
| | III. Finanzanlagen | | 418.485,14 | | 438.246,93 |
| | | | 19.615.230,33 | | 18.209.837,35 |
| **B.** | **Umlaufvermögen** | | | | |
| | I. Vorräte | | | | |
| | Roh-, Hilfs- und Betriebsstoffe | | 659.618,67 | | 756.373,10 |
| | II. Forderungen und sonstige Vermögensgegenstände | | 4.046.983,65 | | 1.936.353,06 |
| | 1. Forderungen aus Lieferungen und Leistungen | 3.555.808,45 | | 1.070.184,87 | |
| | 2. Forderungen gegen Gesellschafter | 289.581,40 | | 585.071,42 | |
| | 3. Sonstige Vermögensgegenstände | 201.593,80 | | 281.096,77 | |
| | III. Kassenbestand und Guthaben bei Kreditinstituten | | 4.044.274,91 | | 1.962.464,14 |
| | | | 8.750.877,23 | | 4.655.190,29 |
| **C.** | **Aktive Rechnungsabgrenzung** | | 176.650,64 | | 162.570,80 |
| | | | 28.542.758,19 | | 23.027.598,44 |

| **PASSIVA** | | | 31.12.2021 | | 31.12.2020 |
|---|---|---|---|---|---|
| | | | EUR | | EUR |
| **A.** | **Eigenkapital** | | | | |
| | I. Gezeichnetes Kapital | | 8.840.000,00 | | 8.840.000,00 |
| | II. Kapitalrücklage | | 3.683.472,37 | | 3.683.472,37 |
| | III. Andere Gewinnrücklagen | | 3.142.679,50 | | 2.660.500,00 |
| | IV. Bilanzgewinn | | 1.836.128,44 | | 1.574.660,73 |
| | | | 17.502.280,30 | | 16.758.633,10 |
| **B.** | **Empfangene Ertragszuschüsse** | | 500.415,40 | | 709.991,40 |
| **C.** | **Rückstellungen** | | 4.086.540,70 | | 3.824.589,55 |
| | 1. Rückstellungen für Pensionen u. ä. Verpflichtungen | 2.562.848,60 | | 2.389.662,80 | |
| | 2. Steuerrückstellungen | 139.707,80 | | 0,00 | |
| | 3. Sonstige Rückstellungen | 1.383.984,30 | | 1.434.926,75 | |
| **D.** | **Verbindlichkeiten** | | 6.453.523,00 | | 1.734.384,39 |
| | 1. Verbindlichkeiten ggü. Kreditinstituten | 930.211,30 | | 279.358,88 | |
| | 2. Verbindlichkeiten aus Lieferungen u. Leistungen | 3.829.809,06 | | 964.845,44 | |
| | 3. Verbindlichkeiten ggü. Unternehmen, mit denen ein Beteiligungsverhältnis besteht | 220.780,21 | | 171.043,43 | |
| | 4. Sonstige Verbindlichkeiten | 1.472.722,43 | | 319.136,65 | |
| | | | **28.542.759,40** | | **23.027.598,44** |

*Tabelle 9.4: Erfolgsplan der Stadtwerke S GmbH 2022 bis 2027*

| **Erfolgsplan** | | Ist | Plan | Plan | Plan | Plan | Plan | Plan |
|---|---|---|---|---|---|---|---|---|
| **Gesamtunternehmen** | | 2021 | 2022 | 2023 | 2024 | 2025 | 2026 | 2027 |
| | | T€ | T€ | T€ | T€ | T€ | T€ | T€ |
| 1. | Umsatzerlöse | 32.262,6 | 31.893,7 | 30.448,7 | 30.989,3 | 31.654,0 | 31.999,1 | 32.390,1 |
| 2. | Übrige betriebliche Erträge | 554,2 | 363,8 | 387,6 | 396,1 | 402,9 | 409,7 | 418,2 |
| 3. | Materialaufwand | –18.706,8 | –16.685,5 | –15.165,7 | –15.504,0 | –15.952,8 | –16.357,4 | –16.772,2 |
| 4. | Personalaufwand | –4.710,7 | –5.227,5 | –5.548,8 | –5.912,6 | –5.924,5 | –6.142,1 | –5.768,1 |
| 5. | Abschreibungen | –1.628,6 | –2.959,7 | –3.019,2 | –3.585,3 | –3.677,1 | –3.717,9 | –3.789,3 |
| 6. | Übrige betriebliche Aufwendungen | –4.200,7 | –3.864,1 | –3.898,1 | –3.578,5 | –3.398,3 | –3.440,8 | –3.417,0 |
| **7.** | **Betriebsergebnis** | **3.570,0** | **3.520,7** | **3.204,5** | **3.805,0** | **3.104,2** | **2.750,6** | **3.061,7** |
| 8. | Beteiligungsergebnis | 119,0 | 51,0 | | | | | |
| 9. | Finanzergebnis | –110,5 | –493,0 | | | | | |
| 10. | Finanz-/Beteiligungsergebnis | 8,5 | –442,0 | –462,4 | –555,9 | –532,1 | –510,0 | –494,7 |
| 11. | Neutrales Ergebnis | –74,8 | 0,0 | 0,0 | 0,0 | 540,6 | 0,0 | 0,0 |
| **12.** | **Ergebnis vor Steuern** | **3.503,7** | **3.078,7** | **2.742,1** | **2.249,1** | **3.112,7** | **2.240,6** | **2.567,0** |
| 13. | Ertragssteuern | –1.184,9 | –999,6 | –984,3 | –819,4 | –924,8 | –809,2 | –873,8 |
| **14.** | **Jahresergebnis** | **2.318,8** | **2.079,1** | **1.757,8** | **1.429,7** | **2.187,9** | **1.431,4** | **1.693,2** |

### 9.5.11 Hinweise

Sowohl der Wirtschaftsplan als auch der Jahresabschluss eines kommunalen Unternehmens sind Pflichtbestandteile des Haushaltsplans nach § 1 Abs. 2 Nr. 9 KomHVO NRW. Das heißt, die für die Durchführung der Unternehmensbewertung benötigten Daten sind alle öffentlich zugänglich.

Zu beachten ist jedoch, dass nicht alle Besonderheiten im Anhang oder Wirtschaftsplan erläutert werden. Gegebenenfalls ist eine Rücksprache mit dem zu bewertenden Unternehmen angezeigt. Verändern sich geplante Ergebnisse innerhalb der Mittelfristplanung deutlich, können die Ursachen verschiedenartig sein. Es ist möglich, dass die Stadtwerke ein neues Geschäftsfeld (Gas, Strom, Wasser o. ä.) erschließen und damit weitere Kunden und Umsätze generieren. Einmaleffekte wie der Verkauf von nicht mehr benötigtem Betriebsvermögen (Grundstücke, Netze o. ä.) sind ebenfalls möglich, die zu (einmalig) erhöhten Jahresüberschüssen führen. Auch der umgekehrte Fall kann eintreten, dass Jahresüberschüsse deutlich verringert ausfallen. Hierfür können Abschreibungen auf Finanzanlagen (z. B. RWE-Aktien) verantwortlich sein. Die Jahresüberschüsse sind unter Umständen für die Unternehmensbewertung um diese Einmaleffekte zu bereinigen.

Auch die Kennzahl „Nicht betriebsnotwendiges Vermögen" ist mit Vorsicht zu behandeln. Haben die Stadtwerke zum Jahresende die Vorausabrechnung mit hohen Rückzahlungen spitz abgerechnet, ist der Bestand der Liquiden Mittel natürlich gering. Sind hohe Vorauszahlungen eingegangen, ist er entsprechend hoch. Es handelt sich um eine Stichtagsbetrachtung, die ggf. auf Durchschnittswerte der vergangenen Jahre anzupassen ist.

Sind kommunale Stadtwerke nicht nur als Energieversorger tätig, sondern auch für den ÖPNV und andere Bereiche zuständig, erhöht sich die Komplexität der Unternehmensbewertung. In diesem Fall ist eine sog. „differenzierte Spartenbetrachtung" vorzunehmen. Der ÖPNV ist als kommunale Aufgabe verlustträchtig. Eine Ertragswertbewertung scheidet daher für diesen Bereich aus.

# 10. Nutzen-Kosten-Methoden[52]

## 10.1 Grundlagen

Die bisher vorgestellten Verfahren der Wirtschaftlichkeitsrechnung berücksichtigen nur Kosten und Leistungen. Nutzen-Kosten-Methoden beziehen zu den betrieblichen auch die Kosten und Nutzen der Allgemeinheit ein. Sie sind prädestiniert für Anwendungen im öffentlichen Bereich, da Investitionsmaßnahmen dort oftmals weiter wirken als in den betriebswirtschaftlich orientierten Investitionsrechnungen berücksichtigt wird. Man denke nur an den Bau von Stauseen, die neben der Sicherstellung der Wasserversorgung auch als Naherholungsziele dienen, oder aber an die Effekte einer Umgehungsstraße. Dass es sinnvoll ist, mehr als nur Herstellungsausgaben und Unterhaltungsausgaben der Straße bei den Planungen zu berücksichtigen, zeigen die an manchen Orten erbittert geführten Diskussionen zwischen Befürwortern solcher Straßen und ihren Gegnern.

Jede größere Investitionsmaßnahme der öffentlichen Verwaltung verursacht Effekte, die in **interne/direkte** und **externe/indirekte Effekte** eingeteilt werden können. Bei den internen Effekten handelt es sich um solche, die bei dem Investor selbst auftreten. Dies sind beispielsweise die Anschaffungsausgaben, die laufenden Betriebsausgaben oder die Verkaufserlöse. Sie liegen meistens in Form von Schätzungen vor und sind in Geldeinheiten ausgedrückt. Die externen Effekte werden auch **„volks-"** oder **„gesamtwirtschaftliche"** bzw. **„soziale Effekte"** genannt. Sie können sowohl positiver (begünstigender) als auch negativer (belastender) Art sein, sie werden dann als „externe Kosten" oder „externer Nutzen" bezeichnet. Beispiele für positive Effekte sind z. B. Zeitersparnis bei Umgehungsstraßen oder weniger Fußgängerunfälle. Vorstellbare negative Effekte sind z. B. Lärmbelästigung oder Umsatzeinbußen bei der örtlichen Gastronomie.

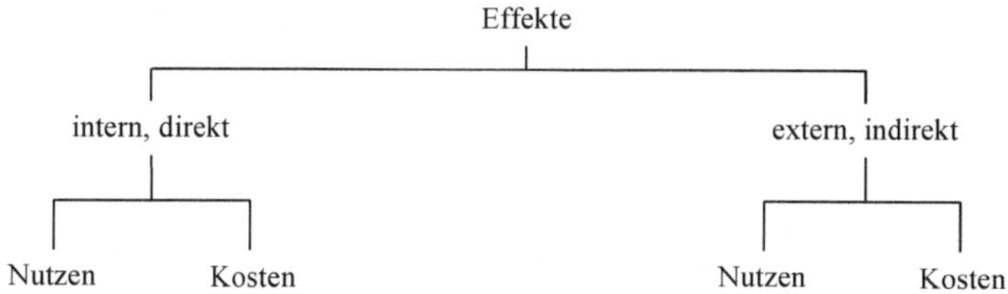


*Abbildung 10.1: Externe und interne Effekte*

Ein Kennzeichen der externen/indirekten Effekte ist, dass sie nicht in Geldeinheiten bewertet sind. Es ist jedoch möglich, sie über Hilfsgrößen in Geldeinheiten zu bewerten. Darüber hinaus verbleiben dann noch die **intangiblen Effekte** – das sind solche,

52 Zu diesem Kapitel vergleiche bspw. *Klümper/Möllers/Zimmermann*, Kommunale Kosten- und Wirtschaftlichkeitsrechnung, 20. Aufl., Witten 2019, S. 462 ff.

die nicht mehr in Geld bewertet werden können. Beispiele dafür sind Umweltverbesserung, Veränderungen des Stadtbildes.

Es sollen im Folgenden drei Verfahren besprochen werden:

1. die Kosten-Nutzen-Analyse,
2. die Nutzwertanalyse,
3. die Kostenwirksamkeitsanalyse.

## 10.2 Kosten-Nutzen-Analyse

### 10.2.1 Vorstellung des Verfahrens

Der Begriff **„Kosten-Nutzen-Analyse"** ist insofern irreführend, als nicht mit betriebswirtschaftlichen Kosten gearbeitet wird. Im Prinzip handelt es sich bei der Kosten-Nutzen-Analyse um eine dynamische Investitionsrechnung (Kapitalwertmethode), die aber um die externen Effekte, also die gesamtwirtschaftlichen Effekten einer Investition erweitert wurde.

Die Vorgehensweise bei der Kosten-Nutzen-Analyse lässt sich kurz wie folgt beschreiben:

- **Erfassung der Maßnahmewirkung:** Alle Effekte einer Investition sind zu erfassen; dies bedeutet, dass neben den internen Effekten (trägerbezogene Effekte) auch die externen Effekte einzuschließen sind.
- **Monetäre Bewertung der Wirkungen:** Alle Wirkungen werden soweit möglich in Geldeinheiten bewertet. Dies ist das Herzstück der Kosten-Nutzen-Analyse. An der Bewertung einzelner Wirkungen entzünden sich auch die Diskussionen. Alle nicht in Geld zu bewertenden Wirkungen werden als intangible Effekte aufgelistet.
- **Durchführung der Rechnung:** Alle Kosten und Nutzen werden diskontiert, und für die Investition wird ein Gesamtwert (Kapitalwert) ermittelt. Überwiegen die diskontierten positiven Wirkungen (Nutzen) gegenüber den diskontierten negativen Wirkungen (gesamtwirtschaftliche Kosten), wird ein positiver Beitrag der Investition zur gesellschaftlichen Wohlfahrt angenommen.

| | | |
|---|---|---|
| | > 0 | Maßnahme ist vorteilhaft |
| Nutzen – Kosten | = 0 | Maßnahme kann, muss aber nicht durchgeführt werden [53] |
| | < 0 | Maßnahme ist nicht vorteilhaft |

53 Zunächst ist eine Berechnung des Nutzens und der Kosten erforderlich, um zu erkennen, dass das Ergebnis = 0 beträgt. Wenn Ergebnis = 0 entscheidet die Politik (Rat, Verbandsversammlung etc.) trotzdem über die Durchführung oder nicht Durchführung. Hierbei spielt die Berechnung nur eine Rolle, individuelle Faktoren, wie z. B. subjektive Einschätzung des Vorhabens, Einschätzung des Wahlkreises beeinflussen die Entscheidung. Ggf. können Unternehmer aus dem Wahl-, Freundes- oder Bekanntenkreis bei der Ausschreibung mitbieten …

- **Empfindlichkeitsprüfung:** Die der Kosten-Nutzen-Analyse zugrundeliegenden Informationen sind höchst unvollkommen. Wenn die Kapitalwerte einzelner Investitionsalternativen eng beieinander liegen oder nahe null sind, ist eine Empfindlichkeitsprüfung (Sensitivitätsanalyse) angezeigt. Dazu werden die Informationen einzeln auf ihre Eintrittswahrscheinlichkeit untersucht. Es können dann Alternativrechnungen z. B. mit den schlechtesten möglichen Werten (worst case) durchgeführt werden, die Auskunft geben über die Reaktion des Gesamtwertes auf die Variation einzelner Werte.

**Beurteilung**

Hervorzuheben ist bei der Kosten-Nutzen-Analyse, dass sie geeignet ist, eine einzelne Maßnahme zu beurteilen. Sie ist nicht darauf angewiesen, unter mehreren Investitionsalternativen die bessere auszuwählen.

Ihr Hauptproblem ist die monetäre Bewertung der externen/indirekten Effekte. Für viele Effekte liegt kein Marktpreis vor, der zur Bewertung herangezogen werden kann. Es müssen Hilfskonstruktionen herangezogen werden, z. B.:

- Kompensationskosten (Schallschutzmaßnahmen bei erhöhter Lärmbelastung),
- Alternativkosten (wieviel ist ein Nutzer bereit, für eine ähnliche Maßnahme zu zahlen),
- Vermeidungskosten (wie hoch sind die Kosten, die für Reparaturen notwendig sind, wenn die Maßnahme nicht durchgeführt wird),
- Wert- und Preisveränderungen infolge der Maßnahme (z. B. Wohnwertänderungen),
- Einkommensänderungen bei den Betroffenen/Begünstigten.

Da die Nutzenbewertung bei den einzelnen Menschen sehr unterschiedlich ist, stellt gerade der Bewertungsvorgang den Hauptangriffspunkt der Kosten-Nutzen-Analyse dar, denn es ist deutlich, dass, wenn diese Inputgrößen variiert werden, das Endergebnis sehr schnell von positiv zu negativ umkippen kann. An dieser Stelle ist die Diskussion um neu einzurichtende Braunkohlegebiete anzuführen. Die Menschen, die deswegen umziehen müssen, bewerten den Verlust ihrer Heimat sehr hoch, für sie ist aber der Erhalt von Arbeitsplätzen von geringerem Wert. Diejenigen, die im Braunkohlebergbau arbeiten und nicht umziehen müssen, bewerten die Dinge genau umgekehrt.

Oder aus der aktuellen Diskussion über die Energiewende: Für die Netzbetreiber ist es eminent wichtig, Leitungen für den Stromtransport von Nord nach Süd zu haben, die elektromagnetische Wirkung der Trassenführung auf dort lebende Menschen erscheint den Energieunternehmen aufgrund wissenschaftlicher Studien als vernachlässigbar gering. Für die betroffenen Anwohner ist eine Hochspannungsleitung über dem Grundstück oder über dem Kinderspielplatz zu haben eine Bedrohung. Sie hören manchmal das Summen der Leitungen und fühlen sich unwohl. Elektromagnetische Felder sind nicht sichtbar, nicht zu schmecken oder zu riechen. Sie haben etwas Bedrohliches, zumal ihre Wirkungen auf den Menschen nicht abschließend untersucht sind.

Als Hauptzweck ist sicherlich unumstritten, dass die Kosten-Nutzen-Analyse dazu dient, alle Effekte zu erfassen und zu dokumentieren; sie löst Diskussionen aus und bietet Möglichkeiten der nachträglichen Kontrolle, wie es zu einer Entscheidung für oder gegen eine Investitionsmaßnahme gekommen ist.

Die Kosten-Nutzen-Analyse bezieht alle positiven und negativen Wirkungen von Handlungsalternativen in die Betrachtung mit ein. Sie stellt Kosten und Nutzen ins Verhältnis zueinander. Für die öffentlichen Verwaltungen ist ihre Anwendung in § 7 Abs. 2 Bundeshaushaltsordnung (BHO) und § 6 Abs. 2 Haushaltsgrundsätzegesetz (HGrG) normiert. Danach sind für alle finanzwirksamen Maßnahmen angemessene Wirtschaftlichkeitsuntersuchungen durchzuführen. Dabei ist auch die mit den Maßnahmen verbundene Risikoverteilung zu berücksichtigen.

Wie oben beschrieben, werden sowohl den Kosten als auch den Nutzen monetäre Werte zugeordnet. Im Anschluss werden Barwertsummen für die Kosten und Nutzen getrennt voneinander ermittelt. Die Kosten-Nutzen-Analyse kann auf zwei Arten durchgeführt werden. Entweder wird der Nettogegenwartswert oder das Quotientenkriterium als Entscheidungskriterium herangezogen.

Beim Nettogegenwartswert (NGW) wird der Kostenbarwert vom Nutzenbarwert subrahiert:

$$\text{Nettogegenwartswert (NGW)} = \text{Nutzenbarwert} - \text{Kostenbarwert}$$

Die Alternative, die einen Nettogegenwartswert von $\geq 0$ aufweist, ist absolut vorteilhaft. Relativ vorteilhaft ist die Alternative mit dem höchsten Nettogegenwartswert.

Beim Quotientenkriterium (QK) wird der Nutzenbarwert durch den Kostenbarwert dividiert:

$$\text{Quotientenkriterium (QK)} = \text{Nutzenbarwert} / \text{Kostenbarwert}$$

Absolut vorteilhaft ist die Alternative, deren Quotientenkriterium $\geq 1$ ist. Relativ vorteilhaft ist die Alternative mit dem höchsten Quotientenkriterium.

In beiden Fällen werden Kosten- und Nutzenbarwert nicht saldiert.

### 10.2.2 Anwendung des Verfahrens

Das Vorgehen wird anhand einer Aufgabe verdeutlicht.

***Beispiel:***

*Die Stadt S möchte ein neues Scansystem einführen, um Papier zu sparen.*

*Alternative I weist Anschaffungskosten i. H. v. 1.500 € aus. Pro Minute können zwei Blätter Papier gescannt werden; die Personalkosten betragen 15 €/h. Es fallen Mietkosten i. H. v. 300 € pro Monat an. Die Kostenersparnis gegenüber dem Status Quo wird mit 12.000 € angegeben.*

*Alternative II weist Anschaffungskosten i. H. v. 1.000 € aus. Pro Minute kann ein Blatt Papier gescannt werden; die Personalkosten betragen 10 €/h. Es fallen Mietkosten i. H. v. 250 € pro Monat an. Die Kostenersparnis gegenüber dem Status Quo wird mit 10.000 € angegeben.*

*Bei Alternative I werden in einer Stunde 60 Minuten × 2 Blätter/Minute = 120 Blätter verarbeitet. In der gleichen Zeit kann Alternative II nur 60 Blätter = 60 Minuten × 1 Blatt/Minute verarbeiten. Es ist anzunehmen, dass pro Jahr 2.880 Blätter verarbeitet werden müssen.*

Die Alternativen lassen sich in einer Tabelle wie folgt gegenüberstellen:

*Tabelle 10.1: Gegenüberstellung der Alternativen*

| | **Alternative I** | **Alternative II** |
|---|---|---|
| Anschaffungskosten | 1.500,00 € | 1.000,00 € |
| Raumkosten | 300 €/Monat × 12 Monate = 3.600,00 € | 250 €/Monat × 12 Monate = 3.000,00 € |
| Personalkosten p. a. | 15 €/h × 1.440 h = 21.600 € | 10 €/h × 2.880 h = 28.800 € |
| Gesamtnutzen p. a. | 12.000,00 € | 10.000,00 € |

Die angegebene Kostenersparnis gegenüber dem Status Quo spiegelt den Nutzen wider.

Wird nun davon ausgegangen, dass ein Zeitraum von zwei Jahren betrachtet werden soll und der Kalkulationszins 5 % beträgt, ist für die vorgenannten Alternativen nunmehr der Kapitalwert zu berechnen.

*Tabelle 10.2: Kapitalwert der Alternativen*

| | **Alternative I** | **Alternative II** |
|---|---|---|
| Anschaffungskosten | 1.500,00 € | 1.000,00 € |
| Raumkosten p. a. | 6.693,84 € = 3.600 € × 1,8594 | 5.578,20 € = 3.000 € × 1,8594 |
| Personalkosten p. a. | 40.163,04 € = 21.600 € × 1,8594 | 53.550,72 € = 28.800 € × 1,8594 |
| Gesamtnutzen p. a. | 12.000,00 € × 1,8594 = 22.312,80 € | 10.000,00 € × 1,8594 = 18.594 € |

Der Nettogegenwartswert berechnet sich nun als Differenz aus dem Nutzenbarwert und dem Kostenbarwert:

Alternative I: 22.312,80 € – 48.356,88 € (=–1.500,00 € – 6.693,84 € – 40.163,04 €) = –26.044,08 €

Alternative II: 18.594,00 € – 60.128,92 € (= –1.000,00 € – 5.578,20 € – 53.550,72 €) = –41.534,92 €

Beide Nettogegenwartswerte sind negativ, keine Alternative ist absolut vorteilhaft. Der Nettogegenwartswert der Alternative I ist jedoch höher als der der Alternative II, somit ist Alternative I relativ vorteilhafter.

Das Quotientenkriterium (= Nutzenbarwert/Kostenbarwert) für beide Alternativen wird wie folgt ermittelt:

Alternative I: $\frac{22.312{,}80\ €}{48.356{,}88\ €} = 0{,}46$

Alternative II: $\frac{18.594{,}00\ €}{60.128{,}92\ €} = 0{,}31$

Beide Ergebnisse sind auf zwei Nachkommastellen gerundet.

Beide Alternativen weisen Quotientenkriterien unterhalb von 1 auf und sind somit absolut unvorteilhaft. Gleichwohl ist das Quotientenkriterium von Alternative I größer als das der Alternative II, sodass Alternative I relativ vorteilhafter ist.

## 10.3 Die Nutzwertanalyse

Die **Nutzwertanalyse** vermeidet die Diskussion um die monetäre Bewertung von Effekten, indem sie einen dimensionslosen Nutzwert errechnet. Dieser Nutzwert wird vielfach in Form von Punkten ausgedrückt.

Dabei wird folgendermaßen vorgegangen:

1. **Aufstellung eines Zielsystems:** Investitionsalternativen müssen oftmals eine Reihe von Anforderungen (Teilziele) erfüllen, diese sind zunächst festzustellen und aufzulisten. Überschneidungen und gegenseitige Abhängigkeiten sind zu vermeiden.
2. **Zielkriteriengewichtung:** Es ist eine Gewichtung der einzelnen Teilziele hinsichtlich ihrer relativen Bedeutung vorzunehmen. Nicht alle Teilziele sind gleich wichtig.
3. **Ermittlung der Teilnutzwerte:** Die Teilzielerreichung jeder einzelnen Investitionsalternative wird subjektiv bewertet.
4. **Ermittlung des Gesamtnutzwertes:** Die Teilnutzen jeder Alternative werden unter Berücksichtigung ihrer Gewichtung zum Gesamtnutzen zusammengefasst.

Die Vorgehensweise soll an einem kleinen Beispiel demonstriert werden.

***Beispiel:***
*Zur Entscheidung stehen zwei Alternativen. Als Kriterien sind Wirtschaftlichkeit, ökologische Verträglichkeit und Planungsdauer gewählt worden. Das Kriterium „Wirtschaftlichkeit" soll im Vordergrund stehen, knapp gefolgt von ökologischer Verträglichkeit. Die Planungsdauer soll berücksichtigt werden, spielt aber keine große Rolle.*

*Alternative A erhält beim Kriterium „Wirtschaftlichkeit" aus einer Skala von 0 bis 10 Punkten 8 Punkte, Alternative B nur 7 Punkte. Hinsichtlich der ökologischen Verträglichkeit ist Alternative B im Vorteil, für sie wurden 8 Punkte ausgeworfen, Alternative A wurde nur mit 6 Punkten bewertet. Die Planung für B dauert allerdings doppelt so lange wie für A, deshalb wird A mit 10 Punkten, B nur mit 5 Punkten bewertet.*

*In der Nutzwertanalyse wird die Wirtschaftlichkeit mit 50 %, die Ökologie mit 40 % und die Planungsdauer mit 10 % gewichtet.*

Es ergibt sich folgende Zusammenstellung:

*Tabelle 10.3: Beispiel einer Nutzwertanalyse*

| Kriterium | Gewicht | Teilnutzwert Alternative A | Nutzwert | Teilnutzwert Alternative B | Nutzwert |
|---|---|---|---|---|---|
| Wirtschaftlichkeit | 50 % | 8 | 4,0 | 7 | 3,5 |
| Ökologie | 40 % | 6 | 2,4 | 8 | 3,2 |
| Planungsdauer | 10 % | 10 | 1,0 | 5 | 0,5 |
| Summe | 100 % | | 7,4 | | 7,2 |

Alternative A erzielt einen Gesamtnutzwert von 7,4 Punkten, Alternative B von 7,2 Punkten. Alternative A ist bei der vorgenommenen Bewertung und Gewichtung die sinnvollere Variante.

## 10.4 Die Kosten-Wirksamkeits-Analyse

### 10.4.1 Vorstellung des Verfahrens

Die **Kosten-Wirksamkeits-Analyse** stellt Kosten und Nutzen (Wirksamkeit) gegenüber, es wird also keine Saldierung betrieben. Für die einzelnen Investitionsalternativen werden Kosten-Nutzen-Kombinationen errechnet.

Kosten <?> Nutzen jeder Alternative

Dieses Verfahren betrachtet sowohl die quantitativen Kostenaspekte (mithilfe der Kapitalwertmethode oder hilfsweise über die Kostenvergleichsrechnung) als auch die qualitativen Nutzenaspekte (mithilfe der Nutzwertanalyse). Ziel ist es, eine fundierte Aussage über die Wirtschaftlichkeit verschiedener Maßnahmen zu treffen.

Die Kosten-Wirksamkeits-Analyse findet Anwendung, wenn die Kosten monetär bezifferbar sind, während der Nutzen nicht in Geld gemessen werden kann. Hierin unterscheidet sie sich von der Kosten-Nutzen-Analyse, die sowohl die Kosten als auch den Nutzen monetär betrachtet. Als Beispiele für nicht monetär messbaren Nutzen lassen sich Menschenleben und Umweltschutz anführen.

Diese Kosten-Wirksamkeits-Kombinationen können in ein Diagramm eintragen werden, um das Verhältnis der verschiedenen Investitionsalternativen zueinander besser zu verdeutlichen.

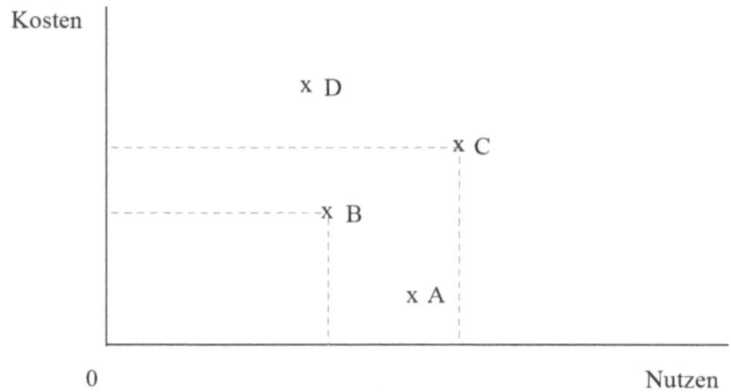


*Abbildung 10.2: Kosten-Wirksamkeits-Analyse*

A, B, C und D sind die Alternativen. Die Interpretation ist nunmehr die, dass der Nutzen von D < B < A < C ist. Hinsichtlich der Kosten weisen die Alternativen folgende Reihenfolge auf: A < B < C < D. Es kann nun diskutiert werden, ob es sinnvoll ist, für den höheren Nutzen von C gegenüber B auch die höheren Kosten aufzuwenden.

Die Kosten-Wirksamkeitskriterien werden zu einer Kosten-Wirksamkeits-Kennziffer verdichtet. Dazu erfolgt zunächst mithilfe der Nutzwertanalyse die Bewertung der nicht monetär bewertbaren Wirkungen der Alternativen. Im zweiten Schritt werden die monetär bewertbaren Kosten der Maßnahmen unter Anwendung der Kapitalwertmethode oder der Kostenvergleichsrechnung ermittelt. Im dritten Schritt werden diese Ergebnisse zusammengeführt. Dazu werden die Kosten jeder Alternative durch deren Nutzwert dividiert. Es errechnet sich der Kosten-Wirksamkeits-Index.

Die Alternativen werden in eine Rangfolge gebracht. Zu bevorzugen ist diejenige Alternative, die den kleinsten Kosten-Wirksamkeits-Index aufweist.

*Tabelle 10.4: Darstellung der Vor- und Nachteile*

| **Vorteile** | **Nachteile** |
|---|---|
| Vermeidung des umstrittenen Nutzenbegriffs | Nur selten vollständiger Kriterienkatalog |
| Zwang, Ziele klar zu definieren | Ergebnis mitunter abhängig vom Personenkreis |
| Hohe Transparenz und Nachvollziehbarkeit | Manipulierbares Ergebnis durch Variation der Zielkriterien und Bewertung |
| Entscheidungshilfe für nicht monetär bewertbare Probleme | Entscheidungsträger muss intuitive Annahmen oder Werturteile vornehmen |

Die Kosten-Wirksamkeits-Analyse ermöglicht eine rationale Bewertung von Projekten, die z. B. den Schutz und Erhalt von Menschenleben oder Umwelt zum Inhalt haben. Sie findet dann Anwendung, wenn eine monetäre Bewertung von Nutzen durch die Gesellschaft abgelehnt wird und/oder methodische Schwierigkeiten bereitet.

### 10.4.2 Anwendung des Verfahrens

Das Vorgehen wird anhand einer Aufgabe dargestellt.

> ***Beispiel:***
> *In der Kommune K soll ein neues E-Mail-System eingeführt werden. Hierfür soll eine Schulung für alle Mitarbeiter der Verwaltung erfolgen. Es wird überlegt, alle Mitarbeiter gleichzeitig zu schulen. In diesem Fall müsste ein externer Saal gemietet werden. Die Mietkosten würden 600 € betragen. Als Alternative kommt eine Schulung in Kleingruppen in eigenen Räumlichkeiten in Betracht. Es würden sich zehn Gruppen ergeben. Die Kosten für den Dozenten betragen 1.000 € im Falle der gleichzeitigen Schulung aller Mitarbeiter. Bei Kleingruppenschulungen würde der Dozent 800 € je Gruppe verlangen. Die Gewichtung der Entscheidungskriterien wird dabei wie folgt festgelegt: Kosten: 30 %, Effizienz: 50 % (Subziele: Wissenstransfer: 60 % und Übung/Praxis: 40 %), Motivation: 20 %.*

Im ersten Schritt wird nun die Gewichtung in einer Tabelle zusammengetragen. Die Kriteriengewichte mit Berücksichtigung der Gruppengewichte – Spalte 4 in der nachfolgenden Tabelle – errechnet sich als Kriteriengruppengewicht (hier: 0,5) multipliziert mit den Subzielen (hier: 2.1: 0,6 und 2.2: 0,4). Daraus folgt: 2.1: 0,5 × 0,6 =0,3 und 2.2: 0,5 × 0,4 = 0,2.

*Tabelle 10.5: Gewichtung der Zielkriterien*

| Gewichtung | | | |
|---|---|---|---|
| **Zielkriterien** | **Kriteriengruppengewicht** | **Kriteriengewichte ohne Berücksichtigung der Gruppengewichte** | **Kriteriengewichte mit Berücksichtigung der Gruppengewichte** |
| 1 Kosten | 0,2 | | 0,2 |
| 2 Effizienz | 0,5 | | |
| 2.1 Wissenstransfer | | 0,6 | 0,3 |
| 2.2 Übung/Praxis | | 0,4 | 0,2 |
| 3 Motivation | 0,3 | | 0,3 |
| Summe | 1 | | 1 |

Im nächsten Schritt sind die Alternativen mit ihren Teilnutzen aufzuführen. Dazu ist das Kriterium 1 Kosten in Teilnutzen zu gliedern:

*Tabelle 10.6: Übersicht Teilnutzen*

| **Teilnutzen** | **0** | **1** | **2** | **3** | **4** | **5** | **6** | **7** | **8** | **9** | **10** |
|---|---|---|---|---|---|---|---|---|---|---|---|
| **Kosten in Euro** | 10.000 <K≤ 11.000 | 9.000 <K≤ 10.000 | 8.000 <K≤ 9.000 | 7.000 <K≤ 8.000 | 6.000 <K≤ 7.000 | 5.000 <K≤ 6.000 | 4.000 <K≤ 5.000 | 3.000 <K≤ 4.000 | 2.000 <K≤ 3.000 | 1.000 <K≤ 2.000 | 0 <K≤ 1.000 |

Dieser Kostenbetrachtung liegt die Kostenvergleichsrechnung zugrunde.

Für die Alternative I (Schulung aller Mitarbeiter gleichzeitig) ergeben sich Kosten i. H. v. 1.000 € für den Dozenten zzgl. Kosten i. H. v. 600 € für die Saalmiete, in Summe 1.600 €.

Die Kosten liegen zwischen 1.000 € und 2.000 €, sodass der Teilnutzen mit 9 zu gewichten ist.

Für die Alternative II (Schulung in Kleingruppen) fallen keine Kosten für die Saalmiete an. Der Dozent jedoch erhält 800 € je Gruppe, also 800 € × 10 Gruppen = 8.000 €. Die Kosten liegen zwischen 7.000 € und 8.000 €, folglich ist der Teilnutzen mit 3 zu gewichten.

Den Kriterien „Wissenstransfer" (2.1) und „Motivation" (3) wird das Schulnotensystem zugrunde gelegt. Gleichwohl erfolgt eine Transformation in ein Punktesystem von 0 Punkten (ungenügend) bis zu 10 Punkten (sehr gut).

Auch das Kriterium 2.2 „Übung/Praxis" ist in Teilnutzen zu gliedern. Dieser wird wie folgt vorgegeben: „unmöglich" (entspricht 0 Punkten), „kaum möglich", „bedingt möglich", „möglich" und „uneingeschränkt möglich". Letzteres entspricht dem besten Wert und damit 10 Punkten. In Folge werden den Eigenschaften „möglich" 8 Punkte, „bedingt möglich" 6 Punkte, „kaum möglich" 4 Punkte zugeordnet.

Der Teilnutzen und daraus ermittelte gewichtete Nutzen der Alternativen wird in der nachfolgenden Tabelle dargestellt:

*Tabelle 10.7: Gewichtete Teilnutzen*

| **Gewichtung** | | | | **Alternative I (Schulung aller Mitarbeiter gleichzeitig)** | | **Alternative II (Schulung in Kleingruppen)** | |
|---|---|---|---|---|---|---|---|
| **Zielkriterien** | **Kriteriengruppengewicht** | **Kriteriengewichte ohne Berücksichtigung der Gruppengewichte** | **Kriteriengewichte mit Berücksichtigung der Gruppengewichte** | **Teilnutzen** | **Gewichteter Teilnutzen** | **Teilnutzen** | **Gewichteter Teilnutzen** |
| 1 Kosten | 0,2 | | 0,2 | 9 | 1,8 | 3 | 0,6 |
| 2 Effizienz | 0,5 | | | | | | |
| 2.1 Wissenstransfer | | 0,6 | 0,3 | 4 | 1,2 | 8 | 2,4 |
| 2.2 Übung/Praxis | | 0,4 | 0,2 | 4 | 0,8 | 8 | 1,6 |
| 3 Motivation | 0,3 | | 0,3 | 4 | 1,2 | 8 | 2,4 |
| Summe | 1 | | 1 | | 5 | | 7 |

Der gewichtete Teilnutzen zum Zielkriterium Kosten errechnet sich als Multiplikation aus dem jeweiligen Teilnutzen der Alternativen I und II mit dem Kriteriengruppengewicht.
Alternative I: $0{,}2 \times 9 = 1{,}8$
Alternative II: $0{,}2 \times 3 = 0{,}6$

Gleiches gilt für die Berechnung der anderen gewichteten Teilnutzen.

An dieser Stelle sei darauf hingewiesen, dass die Aufgabe auf verschiedene Arten gelöst werden kann. Die Gewichtung der Kriterien 2.1, 2.2 und 3 erfolgt subjektiv. Wird eine andere Einschätzung der Teilnutzen vorgenommen, verändern sich selbstverständlich die gewichteten Teilnutzen und mit ihnen der errechnete Nutzwert. Ziel dieser Aufgabe ist es, das Verfahren darzustellen und auf die Praxisprobleme hinzuweisen.

Nun sind die Kosten der Alternativen I und II jeweils durch die ihnen zugeordneten Nutzwert zu dividieren:

$$\text{Alternative I: } \frac{1.600}{5{,}00} = 320{,}00\ €$$

$$\text{Alternative II: } \frac{8.000}{7{,}00} = 1.142{,}86\ €$$

Alternative I weist den geringeren Kosten-Wirksamkeits-Index aus und ist daher zu bevorzugen. Das heißt, Alternative I ist relativ vorteilhafter als Alternative II.

## 10.5 Übungsaufgaben

**Aufgabe 1**
Warum genügen die klassischen betriebswirtschaftlichen Investitionsrechnungen nicht bei einigen öffentlichen Investitionsvorhaben?

**Aufgabe 2**
Definieren Sie die Begriffe „interne Effekte“, „externe Effekte“ und „intangible Effekte“ und nennen Sie jeweils Beispiele.

**Lösung zu Aufgabe 1:**
Besonders bei öffentlichen Investitionsvorhaben wie Straßenbau, Wanderwege, Schwimmbäder o. ä. treten neben den direkten Effekten, die in die klassischen Investitionsrechnungsverfahren eingehen, weitere Effekte auf. Es handelt sich dabei um positive oder negative Wirkungen auf die Bevölkerung, die Umwelt usw. Diese gehen in die klassischen betriebswirtschaftlichen Verfahren nicht ein, deshalb genügen die klassischen Verfahren nicht.

**Lösung zu Aufgabe 2:**
Interne Effekte treffen den Investor direkt; er bezieht sie in sein Kalkül ein. Externe Effekte, bspw. Luftverschmutzung durch seine Investition, treffen den Investor nicht. Er muss nicht für die verursachte Luftverschmutzung bezahlen (bspw. bei einem Kraftfahrzeug). Es wird versucht, diese externen Effekte zu Zwecken der Rechnung in Geldeinheiten auszudrücken, bspw. kann bei einem Fahrzeug versucht werden zu beziffern, welche technischen Möglichkeiten mit welchen Kosten verbunden sind, die Luftverschmutzung gänzlich zu vermeiden, bspw. durch Einbau eines Filters, Ersatz des Verbrennungsmotors durch eine Brennstoffzelle o. ä.

Sofern für den externen Effekt keine Kosten beziffert werden können, handelt es sich um einen intangiblen Effekt.

# 11. Pensionsrückstellungen

Die nachfolgenden Ausführungen beziehen sich ausschließlich auf Pensionsrückstellung. Andere Personalrückstellungen, insbesondere Beihilferückstellungen, bleiben außer Acht.

## 11.1 Ermittlung von Pensionsrückstellungen durch Anwendung versicherungsmathematischer Methoden

Nach § 37 Abs. 1 KomHVO NRW sind Kommunen dazu verpflichtet, Pensionsrückstellungen für aktive Beamte und Versorgungsempfänger – daher auch häufig als „Versorgungsrückstellungen" bezeichnet – zu bilanzieren. Für beide Personengruppen sind zudem Beihilferückstellungen zu bilden.

Kreisangehörige Kommunen sind nach § 4 Abs. 1 VKZVKG (Gesetz über die kommunalen Versorgungs- und Zusatzversorgungskassen im Land Nordrhein-Westfalen) Pflichtmitglied der zuständen Versorgungskasse. Im Rahmen der Mitgliedschaft leisten die Mitglieder eine Umlage. In dieser Zahlung ist auch das versicherungsmathematische Gutachten enthalten, das die Versorgungskassen zu jedem Bilanzstichtag bei der Firma Heubeck AG, Köln, in Auftrag geben.

Gleichwohl können Kommunen, wie kreisfreie Städte und Nichtmitglieder einer Versorgungskasse, die Bewertung ihrer Pensions- und Beihilferückstellungen bei einem Versicherungsmathematiker in Auftrag geben. Vielfach nutzen diese Kommunen jedoch alternativ die Software „HPR Pensionsrückstellungen" aus dem Systemhaus HAESSLER. Diese wird daher landläufig auch als „HAESSLER-Software" bezeichnet.[54]

Die nachfolgenden Ausführungen basieren auf folgender Literatur:

- *Maier/Rosenbusch*, Mathematik der Altersvorsorge kurz erklärt – Eine Zusammenstellung versicherungsmathematischer Grundlagen mit Beispielen, 2015.
- *Derbort/Herrmann/Mehlinger/Seeger* [alle Heubeck AG], Bilanzierung von Pensionsverpflichtungen – HGB, EStG und IFRS/IAS[55] 19, 2015.

### 11.1.1 Biometrische Rechnungsgrundlagen

Nach *Derbort/Herrmann/Mehlinger/Seeger* (S. 66) existieren sechs verschiedene Versorgungsstatus:

54 Das Systemhaus HAESSLER bietet u. a. die Software „HRP Pensionsrückstellungen" an. Diese kann neben Pensionsrückstellungen auch Beihilfe-, Altersteilzeit- und Jubiläumsverpflichtungen nach EStG, HGB und IFRS berechnen. Für die beamtenrechtlichen Vorschriften wird die Lösung HPR Kommunal angeboten (vgl. https://pensionsystem.de/produkt.html).

55 IFRS = International Financial Reporting Standard, IAS = International Accounting Standard.

| Status | Rentenleistung |
|---|---|
| Aktiver | Der Berechtigte arbeitet noch für das Unternehmen. Der Leistungsfall ist noch nicht eingetreten. |
| Unverfallbar Ausgeschiedener | Der Berechtigte ist aus dem Unternehmen ausgeschieden. Der Leistungsfall ist jedoch noch nicht eingetreten. |
| Invalidenrentner | Der Leistungsfall der Invalidität ist eingetreten. Es wird eine Invalidenrente ausgezahlt. |
| Altersrentner | Der Leistungsfall des Erreichens der Altersgrenze ist eingetreten. Es wird eine Altersrente ausgezahlt. |
| Hinterbliebener | Der Leistungsfall des Todes ist eingetreten. Es wird eine Hinterbliebenenrente als Witwen-/Witwer- oder Waisenrente ausgezahlt. |

*Abbildung 11.1: Versorgungsstatus*

*„Als Ausscheideursachen für einen Statuswechsel kommen in Betracht:*

- *Ein Aktiver kann seinen Status durch Kündigung, Tod, Invalidität oder Erreichen der Altersgrenze verlieren.*
- *Ein mit einer unverfallbaren Anwartschaft Ausgeschiedener verliert diesen Status durch Wiedereintritt, Tod, Invalidität oder das Erreichen der Altersgrenze.*
- *Ein Invalidenrentner verliert seinen Status durch Reaktivierung, Tod oder Erreichen der Altersgrenze.*
- *Ein Altersrentner verliert seinen Status durch Tod, ggf. Wiederheirat (bei Witwen/ Witwern) oder Wegfall von Leistungsvoraussetzungen (Überschreiten eines Höchstalters bzw. Ende der Berufsausbildung bei Waisen).*

*Inwieweit sich die Ausscheideursachen realisieren, hängt vom Einzelfall ab. Im Einzelfall können höchst unterschiedliche Merkmale wie Alter, Geschlecht, Lebensgewohnheiten, Betriebsklima und Religion relevant sein. Da die Beobachtung und Messung von Ausscheidehäufigkeiten in Abhängigkeit aller möglichen in Frage kommenden Merkmale schier unmöglich sind, ist ein zweckmäßiges Modell zu wählen, das eine geeignete Merkmalauswahl enthält. Bei der Modellierung wird in der Regel auf die beiden Merkmale Alter (ggf. auch Geburtsjahr) und Geschlecht zur Ermittlung der Ausscheidewahrscheinlichkeiten zurückgegriffen. Die Übergangswahrscheinlichkeiten, von einem Status am Beginn zu einem (ggf. unveränderten) Status am Ende eines Jahres zu wechseln, werden aus den Ausscheidewahrscheinlichkeiten errechnet. Zusätzlich fließen hierbei noch Annahmen über das Vorhandensein und das Alter leistungsberechtigter Hinterbliebener ein. Abhängig vom jeweils erreichten Versorgungsstatus kann der weitere Verlauf des individuellen Versorgungsschicksals durch sukzessive Verknüpfung der einjährigen Übergangswahrscheinlichkeiten beschrieben werden. Schließlich kann so jeder Zahlung eine Wahrscheinlichkeit für deren Fälligkeit zugeordnet werden.“*[56]

Für die Berechnung der Pensionsrückstellung bedeutet dies, dass neben den Sterbetafeln auch die versicherungsmathematischen Wahrscheinlichkeiten hinsichtlich des Eintritts eines Invalidenfalls, eines Todesfalls mit und ohne Hinterbliebenenansprüchen u. ä. personenscharf berücksichtigt werden müssen. Diese Informationen müssen von der Versorgungskasse bzw. der Firma Heubeck AG zur Verfügung gestellt werden

56 *Derbort/Herrmann/Mehlinger/Seeger*, Bilanzierung von Pensionsverpflichtungen – HGB, EStG, IFRS/IAS 19, 2. Aufl., Wiesbaden 2015, S. 67.

oder in der genutzten Softwarelösung durch die Kommune selbst gepflegt werden. Wie beschrieben sind diese Annahmen nicht allgemeingültig, sondern für jeden Beamten individuell nach Alter, Geburtsjahr und Geschlecht unterschiedlich.

> *„Die Übergangswahrscheinlichkeiten werden häufig in Tabellenwerken zusammengefasst. Bei der Bewertung werden in der Regel als biometrische Rechnungsgrundlagen die Richttafeln 2005 G*[57] *von Klaus Heubeck zugrunde gelegt. Diese basieren im Wesentlichen auf Material der gesetzlichen Rentenversicherung und Gesamtbevölkerung."*[58]

Die Festlegung des Rechnungszinses muss an dieser Stelle nicht erörtert werden, da der Gesetzgeber in § 37 Abs. 1 KomHVO NRW diesen auf 5 % festgeschrieben hat. Im Steuerrecht findet nach § 6 EStG ein Rechnungszins von 6 % Anwendung. Problematischer ist die Bewertung der Pensionsrückstellungen HGB, da sich der zugrunde zulegende Rechnungszins nach § 253 Abs. 2 HGB jährlich ändert. Gleiches gilt für die Anwendung des IAS 19.

### 11.1.2 Ausgangswerte

Für die Berechnung der Pensionsrückstellungen – sowohl für die aktiven Beamten als auch die Versorgungsempfänger – wird die am Abschlussstichtag bestehende Besoldungsgruppe zugrunde gelegt. Besoldungsanpassungen und Beförderungen, die nach dem Bilanzstichtag liegen, bleiben unberücksichtigt.[59] Mögliche Beförderungen dürfen somit nicht (auch nicht als Wahrscheinlichkeiten) berücksichtigt werden. Lediglich die Erfahrungsstufen, die beim Eintritt in die Pension nach statistischen Wahrscheinlichkeiten vorliegen, werden berücksichtigt. Das heißt, in den Regelfällen ist es für Beamte möglich, bis zur Pensionierung die Endstufe einer Besoldungsgruppe zu erreichen. Folglich wird diese für die Berechnung der Pensionsrückstellung zugrunde gelegt.

§ 5 Abs. 1 Landesbeamtenversorgungsgesetz NRW (LBeamtVG NRW) regelt, welche Dienstbezüge ruhegehaltsfähig sind und mit welchem Faktor diese zu bewerten sind. So wird sichergestellt, dass die Pensionsrückstellungen für aktive Beamte nicht zu hoch bewertet wird und mit Eintritt in die Pension eine Korrektur erfolgen muss. Der maximale Ruhegehaltsbetrag ist abhängig von der Beschäftigungsdauer, der Besoldungsgruppe, ob eine Voll- oder Teilzeitbeschäftigung vorlag etc. Genaueres regelt

---

57 Ab dem Bilanzstichtag 31.12.2018 werden die Richttafeln 2018 G von *Klaus Heubeck* zugrunde gelegt. Diese sind mit BMF Schreiben vom 22.10.2018 anerkannt und zur Verwendung im HGB und Steuerrecht vorgeschrieben worden. Das NKF folgt hierbei dem HGB.

58 *Derbort/Herrmann/Mehlinger/Seeger*, Bilanzierung von Pensionsverpflichtungen – HGB, EStG, IFRS/IAS 19, 2. Aufl., Wiesbaden 2015, S. 67.

59 Ministerium für Heimat, Kommunales, Bau und Gleichstellung NRW (Hrsg.), Neues Kommunales Finanzmanagement NRW, Handreichung für Kommunen, 7. Aufl., Düsseldorf 2016, S. 3175: *„Ein Hinweis, dass die Karriere jedes einzelnen Beamten nicht in die Rückstellungsbemessung einbezogen worden ist, braucht nicht gesondert gegeben [zu] werden. Eine Karrierestufe soll nur dann Berücksichtigung finden, sofern die Beamtin oder der Beamte tatsächlich befördert worden ist."*

der Runderlass des Ministeriums für Inneres und Kommunales vom 13.12.2021 „Durchführungserlass zur Bewertung von Pensionsverpflichtungen“ (– 304-48.01.02/30 – 244/21 –).

### 11.1.3 Barwert einer Pensionsverpflichtung für Versorgungsempfänger

Vereinfachend wird zunächst das Barwert-Konzept bei gewissen Verbindlichkeiten vorgestellt. Gewisse Verbindlichkeiten sind dadurch gekennzeichnet, dass Zeitpunkt und Höhe der Zahlung klar, d. h. bekannt sind.

***Beispiel (nach Derbort/Herrmann/Mehlinger/Seeger, S. 70 f.):***
*Klaus Fischer, 65 Jahre mit Geburtsjahrgang 1945, erhält eine Pensionszusage mit einer jährlichen Rentenleistung i. H. v. 1.200 €. Die Laufzeit der Zusage ist auf fünf Jahre begrenzt. Die Leistungen sind vererbbar. Der Barwert dieser Verpflichtungen ergibt sich unter Berücksichtigung eines Rechnungszinses i. H. v. 5 %.*

*Tabelle 11.1: Ermittlung des finanzmathematischen Barwerts*

| Jahr | Leistung in € | Abzinsungsfaktor (vorschüssig) | Diskontierte Leistung in € |
|---|---|---|---|
| 0 | 1.200 | 1 | 1.200,00 |
| 1 | 1.200 | 1/1,05 = 0,9524 | 1.142,86 |
| 2 | 1.200 | $1/1{,}05^2 = 0{,}9070$ | 1.088,44 |
| 3 | 1.200 | $1/1{,}05^3 = 0{,}8639$ | 1.036,61 |
| 4 | 1.200 | $1/1{,}05^4 = 0{,}8227$ | 987,25 |
| **Finanzmathematischer Barwert:** | | | **5.455,16** |

Liegt nun eine ungewisse Verbindlichkeit vor, d. h. Zeitpunkt und/oder Höhe der Zahlung sind unklar, sind nunmehr die Wahrscheinlichkeiten des Eintretens der Zahlungen zu berücksichtigen.

***Beispiel (nach Derbort/Herrmann/Mehlinger/Seeger S. 71):***
*Wird also nun angenommen, dass die Leistungen nicht vererbbar sind, sondern nur direkt an den Berechtigten gezahlt werden, ohne dass Hinterbliebene eine Anwartschaft besitzen, ergibt sich der Barwert für den 65jährigen Klaus Fischer mit Geburtsjahrgang 1945 unter Berücksichtigung der Richttafeln 2005 G von Klaus Heubeck unter den sonst gleichen Bedingungen des Vorbeispiels wie folgt:*

*Tabelle 11.2: Ermittlung des versicherungsmathematischen Barwerts*

| Jahr | Leistung in € | Wahrscheinlichkeit, dass Leistung zu zahlen ist | Abzinsungsfaktor (vorschüssig) | Diskontierte Leistung in € |
|---|---|---|---|---|
| 0 | 1.200 | 1,000000 | 1 | 1.200 |
| 1 | 1.200 | 0,984255 | 1/1,05 = 0,9524 | 1.124,86 |
| 2 | 1.200 | 0,967403 | $1/1{,}05^2$ = 0,9070 | 1.052,96 |
| 3 | 1.200 | 0,949436 | $1/1{,}05^3$ = 0,8639 | 984,19 |
| 4 | 1.200 | 0,930357 | $1/1{,}05^4$ = 0,8227 | 918,49 |
| **Versicherungsmathematischer Barwert:** | | | | **5.280,50** |

> „*Es lässt sich also folgende Definition festhalten:* ***Der versicherungsmathematische Barwert eines Zahlungsstroms ist die Summe der mit der Wahrscheinlichkeit der jeweiligen Fälligkeit gewichteten, auf den Bewertungsstichtag abgezinsten möglichen Zahlungen.*** *Insofern handelt es sich im stochastischen Sinne um einen Erwartungswert.*“[60]

## 11.1.4 Barwert einer Pensionsverpflichtung für Aktive

Während ihrer aktiven Dienstzeit zählen Beamte zu den Anwärtern einer Pensionsrückstellung. Diese wird auch als „Anwartschaft“ bezeichnet. Der zu berechnende Barwert wird als „Anwartschaftsbarwert“ bezeichnet. Dessen Berechnung wird am Beispiel nach *Derbort/ Herrmann/Mehlinger/Seeger* verdeutlicht:

***Beispiel (nach Derbort/ Herrmann/Mehlinger/Seeger S. 72):***
*Peter Grau, geboren am 1.7.1955, erhält im Jahr 2010 eine Pensionszusage auf Altersrentenleistung i. H. v. jährlich 1.200 € ab dem Alter 65. Invalidenrenten und Hinterbliebenenrenten werden nicht zugesagt. Die Leistungsdauer ist auf fünf Jahre begrenzt.*

> „*Der Anwartschaftsbarwert ergibt sich nun aus dem Barwert der Rente, der Wahrscheinlichkeit des Eintritts des Versorgungsfalls (d. h. in diesem Fall, dass Herr Grau das Pensionierungsalter 65 erreicht, der Einfachheit halber wird nicht davon ausgegangen, dass Herr Grau vor Eintritt des Versorgungsfalls ausscheidet) sowie dem Abzinsungsfaktor.*“[61]

60 *Derbort/Herrmann/Mehlinger/Seeger*, Bilanzierung von Pensionsverpflichtungen – HGB, EStG, IFRS/IAS 19, 2. Aufl., Wiesbaden 2015, S. 71.

61 *Derbort/Herrmann/Mehlinger/Seeger*, Bilanzierung von Pensionsverpflichtungen – HGB, EStG, IFRS/IAS 19, 2. Aufl., Wiesbaden 2015, S. 72.

*Tabelle 11.3: Ermittlung des versicherungsmathematischen Barwerts mit Hinterbliebenenansprüchen*

| Jahr | Leistungen in € | Abzinsungsfaktor | Diskontierte Leistung in € | Wahrscheinlichkeit, dass die Zahlung eintritt | Mit Wahrscheinlichkeit gewichtete, abgezinste Leistung in € |
|---|---|---|---|---|---|
| 0 | 0 | | | 1,000000 | |
| 1 | 0 | | | 0,993884 | |
| 2 | 0 | | | 0,987347 | |
| 3 | 0 | | | 0,980361 | |
| 4 | 0 | | | 0,972894 | |
| 5 | 0 | | | 0,964913 | |
| 6 | 0 | | | 0,956388 | |
| 7 | 0 | | | 0,947275 | |
| 8 | 0 | | | 0,937553 | |
| 9 | 0 | | | 0,927208 | |
| 10 | 1.200 | $1/1{,}05^{10} = 0{,}6139$ | 736,68 | 0,916233 | 674,99 |
| 11 | 1.200 | $1/1{,}05^{11} = 0{,}5847$ | 701,64 | 0,904613 | 634,69 |
| 12 | 1.200 | $1/1{,}05^{12} = 0{,}5568$ | 668,16 | 0,892103 | 596,10 |
| 13 | 1.200 | $1/1{,}05^{13} = 0{,}5303$ | 636,36 | 0,878684 | 559,19 |
| 14 | 1.200 | $1/1{,}05^{14} = 0{,}5051$ | 606,12 | 0,864343 | 523,86 |
| **Versicherungsmathematischer Barwert** | | | | | **2.988,83** |

Der hier errechnete versicherungsmathematische Barwert entspricht dem Rückstellungsbetrag zum Zeitpunkt der Pensionszusage.

### 11.1.5 Teilwertverfahren

Für jeden aktiven Beamten ist individuell der Anwartschaftsbarwert zu ermitteln. Das heißt, für jede Person ist gewichtet nach den Eintrittswahrscheinlichkeiten, die sich aus Alter (Geburtsjahr) und Geschlecht ergeben und sich jährlich unterscheiden, für den gesamten (verbleibenden) Zeitraum der Anwartschaft (Bilanzstichtag bis statistischen Pensionseintritt) je ein Barwert zu ermitteln. Diese Barwerte sind zu addieren. Die Summe ergibt den Anwartschaftsbarwert.

> *„Für die Bewertung von Pensionsverpflichtungen gegenüber Anwärtern, deren Verpflichtungen sich über deren Aktivitätszeit finanzieren soll, bedarf es versicherungsmathematischer Bewertungsverfahren, die als betriebswirtschaftliches Ziel eine periodengerechte Zuordnung der Gesamtverpflichtung auf einzelne Zeitabschnitte haben. Hierbei besteht der Grundgedanke, dass die Verpflichtung nicht in Gänze in einem Moment*

> *entsteht, sondern über die Dienstzeit erdient wird. Somit bildet ein Unternehmen im Zeitpunkt nicht etwa eine Rückstellung in Höhe des gesamten Barwerts. Stattdessen wird bei den gängigen Periodisierungsverfahren die Rückstellung über die Dienstzeit, also bis zum Eintritt des Leistungsfalls oder dem vorzeitigen unverfallbaren Ausscheiden, periodengerecht angesammelt.“*[62]

In Folge ist der Anwartschaftsbarwert nach dem Teilwertverfahren, welches nach § 37 Abs. 1 KomHVO verpflichtend zur Anwendung vorgeschrieben ist, nunmehr in gleiche Beträge über die verbleibende Laufzeit zu verteilen.

> *„Beim Teilwertverfahren handelt es sich um ein Gleichverteilungsverfahren, d. h. die Rückstellung wird mit gleichbleibendem Aufwand angesammelt. Kennzeichen des Teilwertverfahrens ist es, den Jahresaufwand so zu kalkulieren, dass unter den Bedingungen am Bewertungsstichtag der Jahresaufwand bzw. die Prämie während der gesamten Aktivitätsarbeit gleichbleibend ist. Um den Jahresaufwand nach dem Verfahren zu ermitteln, wird die aus der Lebensversicherung bekannte Methode zur Ermittlung von Versicherungsprämien verwendet. Dabei ist die Prämie so zu bestimmen, dass der Barwert der künftigen Leistungen zu Beginn dem Barwert der während der Aktivitätszeit zu erwartenden Prämien entspricht.“*[63]

Die Berechnung der Prämie wird am Beispiel nach *Derbort/Herrmann/Mehlinger/Seeger* verdeutlicht:

> ***Beispiel (nach Derbort/Herrmann/Mehlinger/Seeger S. 72 ff.):***
> *In den vorangegangenen Beispielen erhält Herr Fischer bzw. Herr Grau über eine Laufzeit von fünf Jahren jeweils 1.200 € Pension. Die Auszahlung erfolgt vorschüssig.*

Zunächst wird die Versorgungsleistung mit der Laufzeit (hier: Pensionszusage) multipliziert:

$$1.200\ € \times 5\ \text{Jahre} = 6.000\ €$$

Diese Zahlung wird durch nachfolgende Berechnung als gleichbleibende Prämie auf die Laufzeit verteilt:

$$\text{Prämie} = (5 \times 1.200\ €)\ /\ (1 + 1{,}05 + 1{,}05^2 + 1{,}05^3 + 1{,}05^4)$$

$$= \frac{6.000}{(1 + 1{,}05 + 1{,}1025 + 1{,}157625 + 1{,}21550625)} = \frac{6.000}{5{,}52563125}$$

$$= 1.085{,}85\ €$$

62 *Derbort/Herrmann/Mehlinger/Seeger*, Bilanzierung von Pensionsverpflichtungen – HGB, EStG, IFRS/IAS 19, 2. Aufl., Wiesbaden 2015, S. 72.

63 *Derbort/Herrmann/Mehlinger/Seeger*, Bilanzierung von Pensionsverpflichtungen – HGB, EStG, IFRS/IAS 19, 2. Aufl., Wiesbaden 2015, S. 73.

Die Summe der Aufzinsungsfaktoren bei einem Zinssatz wird in der Finanzmathematik als „Rentenendwertfaktor“[64] bezeichnet. Das heißt, das gleiche Ergebnis errechnet sich unter der Anwendung des Rentenendwertfaktors bei einem Rechnungszins von 5 % und einer Laufzeit von fünf Jahren.

$$\frac{6.000\ €}{5{,}5256} = 1.085{,}85\ €.$$

An dieser Stelle sei darauf hingewiesen, dass in der Finanzmathematik sowohl Auf- als auch Abzinsungsfaktoren sowie Rentenendwertfaktoren auf i. d. R. vier Nachkommastellen gerundet werden. Bei einer Hinterlegung der entsprechenden Faktoren in einer Softwarelösung wird auf die Rundung verzichtet.

Die nachfolgende Tabelle ist an nach *Derbort/Herrmann/Mehlinger/Seeger* (S. 74) angelehnt worden.

*Tabelle 11.4: Ermittlung Anwartschaftsbarwert sowie Teilwert*

| **Jahr** | **Zuführungsbetrag in €** | **Aufzinsungsfaktor (vorschüssig)** | **Zinsen in € (Prämie × Aufzinsungsfaktor – Prämie)** | **Gesamtaufwand (Prämie zzgl. Zinsen)** | **Verpflich pflichtung in €** |
|---|---|---|---|---|---|
| 1 | 1.085,85 | 0 | 0,00 | 1.085,85 | 1.085,85 |
| 2 | 1.085,85 | 1,05 | 54,29 | 1.140,14 | 2.225,99 |
| 3 | 1.085,85 | 1,1025 | 111,30 | 1.197,15 | 3.423,14 |
| 4 | 1.085,85 | 1,1576 | 171,13 | 1.256,98 | 4.680,12 |
| 5 | 1.085,85 | 1,2155 | 234,00 | 1.319,85 | 5.999,97 |
| **Summe** | **5.429,25** | | **570,72** | **5.999,97 rd. 6.000 €** | |

Der Anwartschaftsbarwert beträgt 5.429,25 €. Er ist im Teilwertverfahren i. H. v. jährlichen Zuführungen (Teilwert) i. H. v. 1.085,85 € anzusammeln.

Die Vorgehensweise und Formeln können wie folgt dargestellt werden:

In Anlehnung an ein Vorlesungsskript von *Prof. Dr. Hans Dirrigl*[65], Folien 9 und 10 wird im Anschluss ein letztes Beispiel dargestellt.

***Beispiel:***

*Danach erfolgt eine Pensionszusage an den Mitarbeiter am 1.1.2009. Zu diesem Zeitpunkt ist er 55 Jahre alt. Das Gehalt bei Eintritt in die Pension beträgt 100.000 €. Eintritt in die Pension erfolgt am 1.1.2019 mit dem Renteneintrittsalter 65 Jahre.*

---

64 Formel: ((1 + i) n – 1) / i

65 *Dirrigl*, Operatives Konzerncontrolling, https://www.ruhr-uni-bochum.de/con/Download/OpKC/ Folien_Fallst6+7.pdf, abgerufen am 24.2.2023.

In Folge beträgt die Andienungsphase (Anwartschaftsphase) zehn Jahre (Renteneintritt 2019 – Jahr der Pensionszusage 2009). Statistisch betrachtet wird der Mitarbeiter 81 Jahre alt und stirbt am 1.1.2036. Danach beträgt der Zeitraum der Zahlung 17 Jahre (statistisches Sterbedatum 1.1.2036 – Renteneintrittsdatum 1.1.2019). Die Rente wird auf 30 % des Endgehaltes festgeschrieben. Als Rechnungszins findet nach § 37 KomHVO NRW 5 % Anwendung.

Der Barwert der Rente zum Ende der Arbeitszeit (31.12.2018) berechnet sich als jährlicher Zahlungsbetrag i. H. v. 30.000 € multipliziert mit dem vorschüssigen Rentenbarwertfaktor bei einer Laufzeit von 17 Jahren (Zahlungszeitraum) und einem Rechnungszins von 5 %. Der Rentenbarwertfaktor beträgt 10,8378 (RBF, 16 Jahre, 5 %).

Daraus ergibt sich ein Barwert der Rente i. H. v. 30.000 € × 10,8378[66] = 325.134 €. Dieser muss nunmehr sukzessive über die aktive Dienstzeit von zehn Jahren angespart werden. Dazu ist der Rentenbarwert durch den vorschüssigen Rentenendwertfaktor bei einer Laufzeit von zehn Jahren und einem Rechnungszins von 5 % zu dividieren.

$$\frac{325.134\ €}{13{,}2068} = 24.618{,}68\ €$$

Das Ergebnis stellt den jährlichen gleichbleibenden Betrag (Pensionsaufwand) dar.

Der vorschüssige Rentenendwertfaktor ist als nachschüssiger Rentenendwertfaktor × (1 + i) definiert. Der nachschüssige Rentenendwertfaktor errechnet sich nach der Formel:

$$\frac{((1+i)^n - 1)}{i}$$

Der vorschüssige Rentenendwertfaktor errechnet sich nach der Formel:

$$(\text{nachschüssiger Rentenendwertfaktor}) \times (1 + i)$$

Für dieses Beispiel errechnet sich der vorschüssige Rentenendwertfaktor als:

$$\frac{((1+0{,}05)^{10} - 1)}{0{,}05} \times 1{,}05 = 13{,}20678716$$

Zur Ermittlung des Zuführungsbetrages (Gesamtaufwand) wird der gleichbleibende Jahresbetrag mit dem vorschüssigen Aufzinsungsfaktor zum Bilanzstichtag bei einem Rechnungszins von 5 % multipliziert. Die Zinsen berechnen sich als Differenz aus dem vorgenannten Produkt und dem gleichbleibenden Jahresbetrag (Pensionsaufwand). Sie stellen Aufwand des Dienstherrn dar, weil die Verzinsung zum Aufbau der Rückstellung benötigt wird.

Der Teilwert, d. h. die Rückstellungshöhe, berechnet sich als Kumulation des Vorjahreswertes mit dem Gesamtaufwand des jeweiligen Jahres.

66 Ungerundet: 10,83776959.

*Tabelle 11.5: Ermittlung Barwert der Rente sowie Teilwert*

| Jahr/Datum | gleichbleibender Jahresbetrag (Pensionsaufwand) | Aufzinsungsfaktor bei 5% vorschüssig | Zinsaufwand (Spalte 2 × 3 – 2) | Zuführung = Gesamtaufwand in € (Spalte 2 × 3) | Teilwert = Rückstellungshöhe (Teilwert 1.1. ohne Zinsaufwand des Jahres, Spalte 5 + 6 des Vorjahres) | Barwert der Rente (Teilwert 31.12., einschließlich Zinsaufwand des Jahres, Kumulation Spalte 5 bzw. Spalte 4 + 6) |
|---|---|---|---|---|---|---|
| | in € | | in € | in € | in € | in € |
| 1 | 2 | 3 | 4 | 5 | 6 | 7 |
| 01/ 31.12.2009 | 24.618,68 | 1,0500 | 1.230,93 | 25.849,62 | 24.618,68 | 25.849,62 |
| 02/ 31.12.2010 | 24.618,68 | 1,1025 | 2.523,41 | 27.142,10 | 50.468,30 | 52.991,71 |
| 03/ 31.12.2011 | 24.618,68 | 1,1576 | 3.880,52 | 28.499,20 | 77.610,39 | 81.490,91 |
| 04/ 31.12.2012 | 24.618,68 | 1,2155 | 5.305,48 | 29.924,16 | 106.109,59 | 111.415,07 |
| 05/ 31.12.2013 | 24.618,68 | 1,2763 | 6.801,69 | 31.420,37 | 136.033,75 | 142.835,44 |
| 06/ 31.12.2014 | 24.618,68 | 1,3401 | 8.372,71 | 32.991,39 | 167.454,12 | 175.826,83 |
| 07/ 31.12.2015 | 24.618,68 | 1,4071 | 10.022,28 | 34.640,96 | 200.445,51 | 210.467,79 |
| 08/ 31.12.2016 | 24.618,68 | 1,4775 | 11.754,32 | 36.373,00 | 235.086,47 | 246.840,79 |
| 09/ 31.12.2017 | 24.618,68 | 1,5513 | 13.572,97 | 38.191,65 | 271.459,47 | 285.032,45 |
| 10/ 31.12.2018 | 24.618,68 | 1,6289 | 15.482,56 | 40.101,24 | 309.651,13 | 325.133,68 |

Dieses Beispiel ist nicht ohne Weiteres von der Privatwirtschaft auf das Beamtentum übertragbar. In dem Beispiel erfolgt die Pensionszusage i. H. v. 30.000 € p. a.; Tarifsteigerungen oder Beförderungen, die bis zum Eintritt in die Pension – in der Ansparphase – eintreten, finden hier keine Berücksichtigung. Wahrscheinlichkeiten werden ebenfalls nicht in die Berechnung einbezogen. Danach wird unterstellt, dass die Pension nicht vererbbar ist. Im Beamtenrecht jedoch haben Hinterbliebene einen Anspruch auf Hinterbliebenenrente, sodass die Berechnung um Wahrscheinlichkeiten (vgl. Kap. 11.1.3) zu erweitern ist.

Tritt innerhalb der Ansparphase eine Beförderung ein, ist der Barwert zum Eintritt in die Pension neu zu bestimmen. Gleichzeitig ist auch der Barwert zum Bilanzstichtag neu zu ermitteln. Die Differenz ist im Teilwertverfahren über die verbleibende Anwartschaft anzusparen.

Sowohl im Privatrecht als auch im Beamtenrecht können sich zudem Neuberechnungsbedarfe ergeben, wenn sich die Sterbetafeln ändern und die Lebenserwartung sinkt oder steigt. Die Laufzeit bis zum statistischen Sterbedatum verändert sich, und mit ihr der Barwert zum Eintritt in die Pension. Die Differenz zwischen dem Barwert am Bilanzstichtag und zum Pensionseintritt ist im Teilwertverfahren als neue Zuführung zu ermitteln.

### 11.1.6 Inanspruchnahme bei Wechsel in die Versorgung

Der Mitarbeiter wechselt nunmehr zum 1.1.2019 in die Versorgung, d. h. die Rückstellung wird sukzessive aufgelöst. In diesem Beispiel ist zu unterstellen, dass der

Versorgungsempfänger der Statistik folgt und am 1.1.2036 verstirbt. Hinterbliebene mit Versorgungsansprüchen existieren hierbei nicht.

Der Teilwert, d. h. die Rückstellungshöhe zum Bilanzstichtag, stellt die Verzinsungsbasis dar.

Die auf den Teilwert als Verzinsungsbasis errechneten Zinsen stellen Ertrag des jeweiligen Jahres dar. Gleichwohl handelt es sich um Zuführungen zur Rückstellung. Denn obwohl 30.000 € jährlich aus der Pensionsrückstellung ausgezahlt werden, ist die Verringerung der Rückstellung (Tabelle 11.6, Spalte 6) in den ersten Jahren geringer, im Zeitablauf ansteigend. Der Zinsertrag nimmt im Zeitablauf ab, weil der Teilwert als Verzinsungsbasis durch die jährliche Inanspruchnahme der Rückstellung kontinuierlich sinkt. Der Zinsertrag ist anzusparen, um die zugesagten Auszahlungen in den Folgejahren leisten zu können. Gleichzeitig verringert sich die Rückstellung durch negative Personalaufwendungen (Inanspruchnahme durch Auszahlung).

Die Verringerung der Rückstellung (saldiert betrachtet) errechnet sich als gleichbleibender Jahresbetrag bzw. negativer Pensionsaufwand, also Auszahlungsbetrag (Inanspruchnahme) abzüglich des Zinsertrages (Zuführung). Die Summe aller Verringerungen der Rückstellung entspricht dem Barwert zum 1.1.2019, also dem über die Anwartschaft angesparten Barwert.

Der Vollständigkeit halber sei darauf hingewiesen, dass im NKF kein Erfordernis besteht, die Zuführungs- und Inanspruchnahmebeträge der Pensionsrückstellungen und Beihilferückstellungen in die Bestandteile „Personalaufwand“ und „Zinsaufwand bzw. Zinsertrag“ zu zerlegen. In den anderen Rechnungslegungswerken besteht jedoch eine Pflicht dazu.

Nach den kommunalen Vorschriften wird also ein Personalaufwand in Höhe des Zinsanteils des Jahres als Zuführung verbucht, während die Auszahlung (Inanspruchnahme der Rückstellung) als negativer Personalaufwand erfasst wird.

In allen Regelwerken gilt das Bruttoprinzip, wonach Zuführung und Inanspruchnahme (oder ggf. auch ertragswirksame Auflösung/Herabsetzung) getrennt voneinander zu erfassen und zu verbuchen sind.

*Tabelle 11.6: Ermittlung Barwert der Rente im Versorgungsfall*

| Jahr/Datum | Barwert der Rente zum 1.1. des Jahres | Zins-satz 5 % | Zinsertrag (Spalte 2 × 3) | gleich-bleibender Jahres-betrag = negativer Pensions-aufwand (Inaspruch-aspruch-nahme) | Verringe-rung der Rückstel-lung (Spal-te 5 – 4) | Teilwert 31.12. des Jahres (= Barwert der Rente zum 1.1. des Jahres + Zinsen des Jah-res) = Rück-stellungshöhe (Spalte 2 + 4) |
|---|---|---|---|---|---|---|
| | in € | | in € | in € | in € | in € |
| 1 | 2 | 3 | 4 | 5 | 6 | 7 |
| 11/ 31.12.2019 | 325.133,68 | 0,05 | 16.256,68 | 30.000 | 13.743,32 | 341.390,36 |
| 12/ 31.12.2020 | 311.390,36 | 0,05 | 15.569,52 | 30.000 | 14.430,48 | 326.959,88 |
| 13/ 31.12.2021 | 296.959,88 | 0,05 | 14.847,99 | 30.000 | 15.152,01 | 311.807,88 |
| 14/ 31.12.2022 | 281.807,88 | 0,05 | 14.090,39 | 30.000 | 15.909,61 | 295.898,27 |
| 15/ 31.12.2023 | 265.898,27 | 0,05 | 13.294,91 | 30.000 | 16.705,09 | 279.193,18 |
| 16/ 31.12.2024 | 249.193,18 | 0,05 | 12.459,66 | 30.000 | 17.540,34 | 261.652,84 |
| 17/ 31.12.2025 | 231.652,84 | 0,05 | 11.582,64 | 30.000 | 18.417,36 | 243.235,48 |
| 18/ 31.12.2026 | 213.235,48 | 0,05 | 10.661,77 | 30.000 | 19.338,23 | 223.897,26 |
| 19/ 31.12.2027 | 193.897,26 | 0,05 | 9.694,86 | 30.000 | 20.305,14 | 203.592,12 |
| 20/ 31.12.2028 | 173.592,12 | 0,05 | 8.679,61 | 30.000 | 21.320,39 | 182.271,73 |
| 21/ 31.12.2029 | 152.271,73 | 0,05 | 7.613,59 | 30.000 | 22.386,41 | 159.885,31 |
| 22/ 31.12.2030 | 129.885,31 | 0,05 | 6.494,27 | 30.000 | 23.505,73 | 136.379,58 |
| 23/ 31.12.2031 | 106.379,58 | 0,05 | 5.318,98 | 30.000 | 24.681,02 | 111.698,56 |
| 24/ 31.12.2032 | 81.698,56 | 0,05 | 4.084,93 | 30.000 | 25.915,07 | 85.783,49 |
| 25/ 31.12.2033 | 55.783,49 | 0,05 | 2.789,17 | 30.000 | 27.210,83 | 58.572,66 |
| 26/ 31.12.2034 | 28.572,66 | 0,05 | 1.428,63 | 30.000 | 28.571,37 | 30.001,29 |
| 27/ 31.12.2035 | 1,29 | 0,05 | 0,06 | 30.000 | 29.999,94 | 1,36 |

Die Differenz i. H. v. 1,36 € bei den Inanspruchnahmebeträgen und den Zinserträgen[67] i. H. v. 0,06 € im letzten Jahr (31.12.2035) ist darauf zurückzuführen, dass die angewandten Rentenbarwert- und Rentenendwertfaktoren sowie die Aufzinsungsfaktoren auf jeweils vier Nachkommastellen gerundet wurden. Die Ergebnisse wiederum sind auf zwei Nachkommastellen (Euro und Cent) gerundet worden.

67 In der Privatwirtschaft, aber auch bei einigen Kommunen, sind Pensionsrückstellungen kapitalgedeckt. D. h. neben der Zuführung in der Bilanz und der Ergebnisrechnung erfolgt eine Einzahlung in einen (kommunalen) Versorgungsfonds. Dabei handelt es sich um eine Finanzanlage, welche Zinserträge am Markt erwirtschaftet.
Andere Kommunen, häufig jene, die sich dauerhaft in der Haushaltssicherung befinden, zahlen nicht oder in nicht ausreichender Höhe in einen (kommunalen) Versorgungsfonds ein. Die Pensionsrückstellung ist dann nicht oder nicht ausreichend kapitalgedeckt. Die Inanspruchnahme der Pensionsrückstellung wird aus der laufenden Verwaltungstätigkeit, d.h. nicht selten durch Liquiditätskredite (anteilig) finanziert.

Auch dieses Beispiel ist vereinfachend dargestellt, denn es werden keine jährlichen neuen Sterbewahrscheinlichkeiten berücksichtigt, die aber in der Praxis dazu führen, dass eben keine planmäßige Auflösung des über die Anwartschaft gesparten Rückstellungsbetrages erfolgen kann. Stattdessen ist die Rückstellungshöhe jährlich neu zu berechnen. Aufgrund verlängerter Lebenswahrscheinlichkeiten, Tarifsteigerungen u. ä. sind neben den Inanspruchnahmebeträgen auch Zuführungen zur Rückstellung vorzunehmen.

## 11.2 Berechnung der Pensions- und Beihilferückstellungen für aktive Beamte und Versorgungsempfänger für den Stichtag der Eröffnungsbilanz

Die oben genannten Bücher, die die Basis dieses Kapitels bilden, stellen die Praxis für Lebensversicherungen dar und beschreiben die Bilanzierung nach den Rechnungslegungsvorschriften des HGB (Handelsgesetzbuch), EStG (Einkommensteuerrecht) und IFRIS/IAS (International Financial Reporting Standards/International Accounting Standards). Weder die Standards staatlicher Doppik als Rechnungslegungsvorschriften der Bundesländer noch die landesbezogenen Gemeindehaushaltsverordnungen werden beschrieben.

Die vorgenannten Rechnungslegungsvorschriften finden i. d. R. bereits mit Gründung des Unternehmens Anwendung. Das heißt, zum Zeitpunkt der Unternehmensgründung bestehen noch keine Pensionszusagen an Mitarbeiter, die bereits pensioniert sind. Eine Notwendigkeit, nachträgliche Pensionsrückstellungen für Versorgungsempfänger zu berechnen, besteht demnach nicht.

Zum Zeitpunkt der kommunalen Eröffnungsbilanz mussten jedoch erstmalig Pensions- und Beihilferückstellungen für Versorgungsempfänger gebildet werden.

### 11.2.1 Berechnung der Rückstellung eines aktiven Beamten

Zum Eröffnungsbilanzstichtag standen die meisten Beamten bereits über Jahre im Dienst. Ausgehend von ihrem individuellen Eintrittsdatum in den öffentlichen Dienst, ihrem Geburtsjahr und Geschlecht ergibt sich ein statistisches Renteneintrittsalter sowie eine statistische Lebensdauer. Über diese individuelle Anwartschaftsphase (Ansparzeit, aktive Dienstzeit) sind der Barwert und die Teilwerte zu den Bilanzstichtagen wie in Kap. 11.1.5 „Teilwertverfahren“ dargestellt bis zum Bilanzstichtag der Eröffnungsbilanz zu ermitteln. Dabei sind Beförderungen und das Erreichen von Dienstalters- bzw. Erfahrungsstufen ebenso jahresscharf zu berücksichtigen wie sich jährlich ändernde Sterbewahrscheinlichkeiten und Wahrscheinlichkeiten zum Invaliden zu werden (d. h. der Teilwert divergiert in jedem Jahr). Der Teilwert zum Eröffnungsbilanzstichtag war in voller Höhe in die Rückstellung einzustellen.

### 11.2.2 Barwert einer Pensionsverpflichtung eines Versorgungsempfängers

Wechselte ein Beamter seinen Status zum Eröffnungsbilanzstichtag von Aktiv zu Versorgungsempfänger, erfolgte die Rückstellungsberechnung analog des in Kap. 11.1.4 „Barwert der Pensionsverpflichtung" und 11.1.5 „Teilwertverfahren" beschriebenen Verfahrens. Lediglich die Ansparung im Teilwertverfahren entfällt. Bei der Berechnung ist der Zeitraum zwischen Eintritt in den Dienst und Pensionierung jedoch maßgeblich und zu berücksichtigen.

Gleiches gilt für Beamte, die zum Eröffnungsbilanzstichtag bereits Versorgungsempfänger waren. Wie in Kap. 11.1.5 „Teilwertverfahren" dargestellt war auch hier die Rückstellungshöhe zum Eintritt in die Pension individuell zu ermitteln. Die Auflösung wird wie in Kap. 11.1.6 „Inanspruchnahme bei Wechsel in die Versorgung" dargestellt nun für den Zeitraum zwischen Eintritt in die Pension und Bilanzstichtag jahresbezogen errechnet. Sterbewahrscheinlichkeiten, Tarifsteigerungen u. ä. führen zu sich jährlich ändernden Barwerten. Ausgehend von diesen ändern sich auch Inanspruchnahme (Zinsertrag und negativer Personalaufwand) und Teilwert zum jeweiligen Bilanzstichtag. Der Teilwert zum Eröffnungsbilanzstichtag war in voller Höhe als Bestand in die Pensionsrückstellung für Versorgungsempfänger einzustellen.

Werden Sterbetafeln verändert, steigt oder sinkt die statistische Lebenserwartung. Auf dieser neuen Basis sind die Rückstellungen für Versorgungsempfänger entsprechend neu zu berechnen.

Auch (jährliche) Tarifsteigerungen wirken sich auf künftige Auszahlungsbeträge aus und machen eine Neubewertung der Rückstellungen für Versorgungsempfänger notwendig.

## 11.3 Übungsaufgaben zu Pensionsrückstellungen

**Aufgabe 1**

Tarifbeschäftigter B wurde trotz Bestehen der Laufbahnprüfung für den gehobenen Dienst mit der Note „gut" als Tarifbeschäftigter von seinen Dienstherren übernommen. Während seiner beruflichen Laufbahn arbeitet er sich bis zur Entgeltgruppe E 14 hoch. Nun steht B vor seiner Rente. Sein Dienstherr hat ein schlechtes Gewissen und verbeamtet B nunmehr doch. Zu diesem Zeitpunkt ist B bereits 67 Jahre alt. Gemäß der Heubeck-Richttafeln ist davon auszugehen, dass B 81 Jahre alt werden wird. Das Personalamt ermittelt jährliche Pensionszahlungen i. H. v. 40.000 € an B. Wie hoch ist die Pensionsrückstellung für B zum Zeitpunkt der Pensionszusage? Wahrscheinlichkeiten sind nicht zu berücksichtigen. Vereinfachend ist anzunehmen, dass B am 1. Januar geboren ist und im Alter von 81 Jahren am 1. Januar verstirbt.

**Aufgabe 2**

Beamtenanwärterin A besteht erfolgreich ihre Laufbahnprüfung und wird als Beamtin in den Dienst der Stadt S übernommen. Gemäß Runderlass zur Bewertung von Pensionsrückstellungen ist nunmehr erstmals eine Pensionsrückstellung für A zu bilden. Die Anwärterzeit von drei Jahren ist dabei als Dienstzeit zu berücksichtigen. Gemäß der Heubeck-Richttafeln ist davon auszugehen, dass A 88 Jahre alt wird und im Alter von 67 Jahren pensioniert wird. Zum Zeitpunkt der erstmaligen Rückstellungsbildung ist A 22 Jahre alt. Wahrscheinlichkeiten sind nicht zu berücksichtigen. Es ist davon auszugehen, dass A jährlich 20.000 € Pensionszahlungen bezieht. Die Auszahlung erfolgt vorschüssig. Vereinfachend ist anzunehmen, dass A am 1. Januar geboren ist und im Alter von 88 Jahren am 1. Januar verstirbt.

a) Wie hoch ist der Wert der Rückstellung zum Zeitpunkt der Pensionierung?
b) Wie hoch sind die jährlichen Zuführungsbeträge, die im Teilwertverfahren angespart werden müssen?
c) Wie hoch ist der Wert der Rückstellung zum Zeitpunkt des Bestehens der Laufbahnprüfung?

**Lösung zu Aufgabe 1:**

Um den Barwert der Pensionszusage zu berechnen, ist die jährliche Zahlung mit dem Rentenbarwertfaktor bei einem Zinssatz von 5 % und einer Laufzeit von 13 Jahren zu multiplizieren. Der Zinssatz ergibt sich dabei aus § 37 Abs. 1 KomHVO NRW. Die Laufzeit ermittelt sich als Differenz aus dem statistischen Sterbealter von 81 Jahren und dem Pensionseintrittsalter von 67 Jahren. Der Zeitraum beträgt 14 Jahre. Da die Auszahlung jedoch vorschüssig erfolgt, ist der vorschüssige Rentenbarwertfaktor anzuwenden. Dieser ermittelt sich als nachschüssige Laufzeit, hier: 14 Jahre minus 1 Jahr = 13 Jahre.

$$40.000 \text{ €} \times 9{,}3936 = 375.744 \text{ €}.$$

Zum Zeitpunkt der Pensionszusage beträgt der Barwert der Pensionszusage 375.744 €.

**Lösung zu Aufgabe 2:**

*Zu a)*

Die Ansparphase betrachtet den Zeitraum zwischen statistischen Renteneintrittsalter und Diensteintritt. In diesem Beispiel beträgt die Ansparphase 48 Jahre:

Ansparphase: 67 Jahre (Renteneintritt) – 19 Jahre (Diensteintritt) = 48 Jahre

Die Rentenphase ermittelt sich als Differenz aus statistischem Sterbedatum und Renteneintrittsdatum. In diesem Beispiel beträgt der Zeitraum 21 Jahre:

Rentenphase: 88 Jahre (statistisches Sterbedatum) – 67 Jahre (Renteneintritt) = 21 Jahre

A bezieht vorschüssig Pensionszahlungen i. H. v. 20.000 €. Diese sind mit dem vorschüssigen Rentenbarwertfaktor bei einem Zinssatz von 5 % und einer Laufzeit von 21 Jahren zu multiplizieren, um den Barwert zum Zeitpunkt der Pensionierung zu ermitteln. Der Zinssatz ergibt sich dabei aus § 37 Abs. 1 KomHVO NRW:

$$20.000\ € \times 12{,}8212 = 256.424\ €$$

Zum Zeitpunkt des Pensionseintritts beträgt der Barwert der Pensionsverpflichtung 256.424 €.

*Zu b)*
Dieser Barwert ist nunmehr über die Andienungszeit von 48 Jahren in jährlich gleichhohen Beträgen anzusparen (= Teilwertverfahren). Dazu ist der Barwert zum Pensionseintritt durch den vorschüssigen Rentenendwertfaktor bei 5 % und 47 Jahren zu dividieren.

Der vorschüssige Rentenendwertfaktor berechnet sich als

$$= \frac{(1+i)^n - 1}{i}$$

$$= \frac{(1+0{,}05)^{47} - 1}{0{,}05} = 178{,}1194$$

$$= \frac{256.424\ €}{178{,}1194} = 1.439{,}62\ €$$

Der jährliche Zuführungsbetrag beträgt folglich 1.439,62 €.

*Zu c)*
Zum Zeitpunkt der Rückstellungsbildung steht A bereits drei Jahre im Dienst. Die Anwartschaftszeit ist als Dienstzeit nach Ziff. 1 des Runderlasses „Durchführungshinweise zur Bewertung von Pensionsverpflichtungen“ vom 13.12.2021 (– 304-48.01.02/30 – 244/21 –) zu berücksichtigen. In Folge beträgt der Wert der Rückstellung:

*Tabelle 11.7: Ermittlung Barwert der Pensionsrückstellung*

| Jahr | Barwert der Rente | Gleichbleibender Jahresbetrag | Teilwert = Rückstellungshöhe | Zuführung (Gesamtaufwand) | Pensionsaufwand | Zinsaufwand | Aufzinsungsfaktor |
|---|---|---|---|---|---|---|---|
| 1 | 1.439,62 € | 1.439,62 € | 1.439,62 € | 1.511,60 € | 1.439,62 € | 71,98 € | 1,05 |
| 2 | 3.026,80 € | 1.439,62 € | 2.879,24 € | 1.587,18 € | 1.439,62 € | 147,56 € | 1,1025 |
| 3 | 4.693,30 € | 1.439,62 € | 4.318.86 € | 1.666,50 € | 1.439,62 € | 226,88 € | 1,1576 |
| Summe | | | | = 4.693,30 € | | | |

Gesamtaufwand = gleichbleibender Jahresbetrag × Aufzinsungsfaktor

| | |
|---|---|
| Zinsaufwand | = Gesamtaufwand – Personalaufwand |
| Personalaufwand | = gleichbleibender Jahresbetrag |
| Teilwert der Rückstellung | = gleichbleibender Jahresbetrag kumuliert |
| Barwert der Rückstellung | = gleichbleibender Jahresbetrag im Jahr 1 |
| Im Jahr 2: | zzgl. Zuführung (Gesamtaufwand) des Jahres |
| Ab Jahr 3: | Vorjahreswert zzgl. Gesamtaufwand |

Zum Zeitpunkt des Bestehens der Laufbahnprüfung beträgt die Rückstellung 4.693,30 €.

# 12. Formelsammlung

## Grundlagen

| | |
|---|---|
| Abschreibungsbetrag (linear) | $a = \frac{A_0}{n}$<br><br>mit<br>$a$ = Jahresabschreibung<br>$A_0$ = Anschaffungswert<br>$n$ = Nutzungsdauer<br>$LE$ = Liquidationserlös |
| Abschreibungsbetrag (linear) mit Liquidationserlös | $a = \frac{A_0 - LE}{n}$<br><br>mit<br>$a$ = Jahresabschreibung<br>$A_0$ = Anschaffungswert<br>$n$ = Nutzungsdauer<br>$LE$ = Liquidationserlös |
| Abschreibungssatz (linear) | $p = \frac{100\ \%}{n}$<br><br>mit<br>$p$ = Abschreibungsprozentsatz<br>$n$ = Nutzungsdauer |
| Kalkulatorische Zinsen – Durchschnittsmethode (für Investitionsrechnung) | $\frac{A_0}{2} \times i$<br><br>mit<br>$A_0$ = Anschaffungswert<br>$i$ = Zinssatz |

## Statische Verfahren der Investitionsrechnung

| | |
|---|---|
| Kostenvergleichsrechnung | $A_1 \quad <?> \quad A_2 \quad \ldots \quad <?> \quad A_n$<br><br>Abschreibung<br>+ kalk. Zinsen<br>+ sonstige $K_f$<br>+ $k_v \times x$<br>―――――――<br>jährliche $K_{ges}$<br><br>mit<br>$K_f$ = jährliche Fixkosten<br>$k_v$ = variable Stückkosten<br>$x$ = jährliche Leistungsmenge |

| | |
|---|---|
| Abschreibungsbetrag (linear) mit Liquidationserlös | $$a = \frac{A_0 - LE}{n}$$ mit<br>a = Jahresabschreibung<br>$A_0$ = Anschaffungswert<br>n = Nutzungsdauer<br>LE = Liquidationserlös |
| Abschreibungsbetrag (linear) mit Zuwendung | $$a = \frac{A_0 - \text{Zuwendung}}{n}$$ mit<br>a = Jahresabschreibung<br>$A_0$ = Anschaffungswert<br>n = Nutzungsdauer<br>Zuwendung = Zuwendungsbetrag |
| Kalkulatorische Zinsen mit Liquidationserlös – Durchschnittsmethode | $$\text{jährliche Zinsen} = \frac{A_0 + LE}{2} \times i$$ mit<br>$A_0$ = Anschaffungswert<br>LE = Liquidationserlös<br>i = Zinssatz<br><br>oder<br>$$\text{jährliche Zinsen} = \left(LE + \frac{A_0 + LE}{2}\right) \times i$$ |
| Kalkulatorische Zinsen mit Zuwendung – Durchschnittsmethode | $$\text{jährliche Zinsen} = \frac{A_0 - \text{Zuwendung}}{2} \times i$$ mit<br>$A_0$ = Anschaffungswert<br>Zuwendung = Zuwendungsbetrag<br>i = Zinssatz |
| Kritische Menge | $$K_1 = K_2$$ $$K_{f1} + k_{v1}x = K_{f2} + k_{v2}x$$ Diese Gleichung wird nach x aufgelöst.<br><br>mit<br>$K_{f1}$ = jährliche Fixkosten der Alternative 1<br>$k_{v1}$ = variable Stückkosten der Alternative 1<br>$K_{f2}$ = jährliche Fixkosten der Alternative 2<br>$k_{v2}$ = variable Stückkosten der Alternative 2<br>x = kritische Leistungsmenge |

| | |
|---|---|
| Rentabilitätsrechnung | $$\text{Rentabiliät in \%} = \frac{\text{ebi}}{\text{durchschnittl. geb. Kapital}} \times 100$$ ebi = durchschnittlicher Jahresgewinn vor Zinsen (earnings before interest)<br>Durchschn. Geb. Kapital = (AW – LE)/2<br>LE = Liquidationserlös |
| Amortisationsrechnung (Durchschnittsverfahren) | $$\text{Pop} = \frac{A_0 - \text{LE}}{\text{EÜ}}$$ mit<br>$A_0$ = Anschaffungswert<br>EÜ = durchschnittl. Erlösüberschüsse ohne Abschreibung<br>Pop = Amortisationszeit (Pay-off-periode)<br>LE = Liquidationserlös |

## Dynamische Verfahren der Investitionsrechnung

| | |
|---|---|
| Aufzinsungsfaktor | $$\text{Aufzinsungsfaktor} = (1 + i)^t$$ mit<br>i = Kalkulationszinsfuß<br>t = betrachtete Periode |
| Abzinsungsfaktor | $$\text{Aufzinsungsfaktor} = (1 + i)^{-t}$$ mit<br>i = Kalkulationszinsfuß<br>t = betrachtete Periode |
| Renten**bar**wertfaktor (nachschüssige Zahlung) | $$\text{Rentenbarwertfaktor} = \sum_{t=0}^{n} (1 + i)^{-t}$$ mit<br>i = Kalkulationszinsfuß<br>t = betrachtete Periode<br>n = Periodenanzahl mit konstanten Zahlungen<br>oder $$\text{RBF}_{(t,i)} = \frac{(1 + i)^t - 1}{(1 + i)^t \times i}$$ |

<table>
<tr><td>Kapitalwertmethode</td><td>

$$K = \sum_{t=0}^{n} (E_t - A_t)\ (1+i)^{-t}$$

mit<br>
K = Kapitalwert<br>
$E_t$ = Einzahlungen am Ende Periode t<br>
$A_t$ = Auszahlungen am Ende Periode t<br>
I = Kalkulationszinsfuß<br>
t = Periode<br>
n = Nutzungsdauer der Investition</td></tr>
<tr><td>Rentenendwertfaktor (nachschüssige Zahlung, Aufzinsung einer Rente)</td><td>

$$REF_{(t,i)} = \sum_{t=0}^{n} (1+i)^t$$

mit<br>
i = Kalkulationszinsfuß<br>
t = betrachtete Periode<br>
n = Periodenanzahl mit konstanten Zahlungen<br>
<br>
oder

$$REF_{(t,i)} = \frac{(1+i)^t}{i}$$

</td></tr>
<tr><td>Methode des internen Zinsfußes<br><br>
1. Sonderfall<br>Einmalige Auszahlung<br>Einmalige Einzahlung<br><br>
2. Sonderfall<br>Einmalige Auszahlung<br>Konstante Rückflüsse<br><br>
3. allgemeiner Fall<br>Einmalige Auszahlung<br>Wechselnde Rückflüsse</td><td>

$$0 = \sum_{t=0}^{n} (E_t - A_t)\ (1+i)^{-t}$$

wobei nach i aufgelöst wird.

$$Abzf. = \frac{A_0}{E_t}$$

$$RBF = \frac{A_0}{\text{konstanter Rückfluss}}$$

grafische Lösung vorbereitet mit 2 unterschiedlichen Kapitalwerten oder<br>
Interpolation bei 2 unterschiedlichen Kapitalwerten

$$i_{intern} = i_1 + C_1 \times \frac{i_1 - i_2}{C_2 - C_1}$$

mit<br>
$i_{intern}$ interner Zins<br>
$i_1$ Zinssatz mit positivem Kapitalwert<br>
$i_2$ Zinssatz mit negativem Kapitalwert<br>
$C_1$ positiver Kapitalwert<br>
$C_2$ negativer Kapitalwert</td></tr>
</table>

| Annuitätenmethode | $$\text{Annuität} = \frac{K}{RBF_{(i,n)}}$$ mit<br>K = Kapitalwert<br>RBF = Rentenbarwertfaktor<br>i = Kalkulationszins<br>n = Laufzeit<br><br>oder zur Berechnung des Annuitätenfaktors:<br>$$ANF_{i,n} = \frac{(1+i)^n \times i}{(1+i)^n - 1}$$ |
|---|---|

# Anhang

**Tabelle einiger Aufzinsungsfaktoren**

| Zins / Periode | 2,0 % | 3,0 % | 3,5 % | 4,0 % | 4,5 % | 5,0 % | 5,5 % | 6,0 % | 6,5 % | 7,0 % | 7,5 % | 8,0 % | 8,5 % | 9,0 % | 9,5 % | 10,0 % |
|---|---|---|---|---|---|---|---|---|---|---|---|---|---|---|---|---|
| 1 | 1,0200 | 1,0300 | 1,0350 | 1,0400 | 1,0450 | 1,0500 | 1,0550 | 1,0600 | 1,0650 | 1,0700 | 1,0750 | 1,0800 | 1,0850 | 1,0900 | 1,0950 | 1,1000 |
| 2 | 1,0404 | 1,0609 | 1,0712 | 1,0816 | 1,0920 | 1,1025 | 1,1130 | 1,1236 | 1,1342 | 1,1449 | 1,1556 | 1,1664 | 1,1772 | 1,1881 | 1,1990 | 1,2100 |
| 3 | 1,0612 | 1,0927 | 1,1087 | 1,1249 | 1,1412 | 1,1576 | 1,1742 | 1,1910 | 1,2079 | 1,2250 | 1,2423 | 1,2597 | 1,2773 | 1,2950 | 1,3129 | 1,3310 |
| 4 | 1,0824 | 1,1255 | 1,1475 | 1,1699 | 1,1925 | 1,2155 | 1,2388 | 1,2625 | 1,2865 | 1,3108 | 1,3355 | 1,3605 | 1,3859 | 1,4116 | 1,4377 | 1,4641 |
| 5 | 1,1041 | 1,1593 | 1,1877 | 1,2167 | 1,2462 | 1,2763 | 1,3070 | 1,3382 | 1,3701 | 1,4026 | 1,4356 | 1,4693 | 1,5037 | 1,5386 | 1,5742 | 1,6105 |
| 6 | 1,1262 | 1,1941 | 1,2293 | 1,2653 | 1,3023 | 1,3401 | 1,3788 | 1,4185 | 1,4591 | 1,5007 | 1,5433 | 1,5869 | 1,6315 | 1,6771 | 1,7238 | 1,7716 |
| 7 | 1,1487 | 1,2299 | 1,2723 | 1,3159 | 1,3609 | 1,4071 | 1,4547 | 1,5036 | 1,5540 | 1,6058 | 1,6590 | 1,7138 | 1,7701 | 1,8280 | 1,8876 | 1,9487 |
| 8 | 1,1717 | 1,2668 | 1,3168 | 1,3686 | 1,4221 | 1,4775 | 1,5347 | 1,5938 | 1,6550 | 1,7182 | 1,7835 | 1,8509 | 1,9206 | 1,9926 | 2,0669 | 2,1436 |
| 9 | 1,1951 | 1,3048 | 1,3629 | 1,4233 | 1,4861 | 1,5513 | 1,6191 | 1,6895 | 1,7626 | 1,8385 | 1,9172 | 1,9990 | 2,0839 | 2,1719 | 2,2632 | 2,3579 |
| 10 | 1,2190 | 1,3439 | 1,4106 | 1,4802 | 1,5530 | 1,6289 | 1,7081 | 1,7908 | 1,8771 | 1,9672 | 2,0610 | 2,1589 | 2,2610 | 2,3674 | 2,4782 | 2,5937 |
| 11 | 1,2434 | 1,3842 | 1,4600 | 1,5395 | 1,6229 | 1,7103 | 1,8021 | 1,8983 | 1,9992 | 2,1049 | 2,2156 | 2,3316 | 2,4532 | 2,5804 | 2,7137 | 2,8531 |
| 12 | 1,2682 | 1,4258 | 1,5111 | 1,6010 | 1,6959 | 1,7959 | 1,9012 | 2,0122 | 2,1291 | 2,2522 | 2,3818 | 2,5182 | 2,6617 | 2,8127 | 2,9715 | 3,1384 |
| 13 | 1,2936 | 1,4685 | 1,5640 | 1,6651 | 1,7722 | 1,8856 | 2,0058 | 2,1329 | 2,2675 | 2,4098 | 2,5604 | 2,7196 | 2,8879 | 3,0658 | 3,2537 | 3,4523 |
| 14 | 1,3195 | 1,5126 | 1,6187 | 1,7317 | 1,8519 | 1,9799 | 2,1161 | 2,2609 | 2,4149 | 2,5785 | 2,7524 | 2,9372 | 3,1334 | 3,3417 | 3,5629 | 3,7975 |
| 15 | 1,3459 | 1,5580 | 1,6753 | 1,8009 | 1,9353 | 2,0789 | 2,2325 | 2,3966 | 2,5718 | 2,7590 | 2,9589 | 3,1722 | 3,3997 | 3,6425 | 3,9013 | 4,1772 |
| 16 | 1,3728 | 1,6047 | 1,7340 | 1,8730 | 2,0224 | 2,1829 | 2,3553 | 2,5404 | 2,7390 | 2,9522 | 3,1808 | 3,4259 | 3,6887 | 3,9703 | 4,2719 | 4,5950 |
| 17 | 1,4002 | 1,6528 | 1,7947 | 1,9479 | 2,1134 | 2,2920 | 2,4848 | 2,6928 | 2,9170 | 3,1588 | 3,4194 | 3,7000 | 4,0023 | 4,3276 | 4,6778 | 5,0545 |
| 18 | 1,4282 | 1,7024 | 1,8575 | 2,0258 | 2,2085 | 2,4066 | 2,6215 | 2,8543 | 3,1067 | 3,3799 | 3,6758 | 3,9960 | 4,3425 | 4,7171 | 5,1222 | 5,5599 |
| 19 | 1,4568 | 1,7535 | 1,9225 | 2,1068 | 2,3079 | 2,5270 | 2,7656 | 3,0256 | 3,3086 | 3,6165 | 3,9515 | 4,3157 | 4,7116 | 5,1417 | 5,6088 | 6,1159 |
| 20 | 1,4859 | 1,8061 | 1,9898 | 2,1911 | 2,4117 | 2,6533 | 2,9178 | 3,2071 | 3,5236 | 3,8697 | 4,2479 | 4,6610 | 5,1120 | 5,6044 | 6,1416 | 6,7275 |
| 21 | 1,5157 | 1,8603 | 2,0594 | 2,2788 | 2,5202 | 2,7860 | 3,0782 | 3,3996 | 3,7527 | 4,1406 | 4,5664 | 5,0338 | 5,5466 | 6,1088 | 6,7251 | 7,4002 |
| 22 | 1,5460 | 1,9161 | 2,1315 | 2,3699 | 2,6337 | 2,9253 | 3,2475 | 3,6035 | 3,9966 | 4,4304 | 4,9089 | 5,4365 | 6,0180 | 6,6586 | 7,3639 | 8,1403 |
| 23 | 1,5769 | 1,9736 | 2,2061 | 2,4647 | 2,7522 | 3,0715 | 3,4262 | 3,8197 | 4,2564 | 4,7405 | 5,2771 | 5,8715 | 6,5296 | 7,2579 | 8,0635 | 8,9543 |
| 24 | 1,6084 | 2,0328 | 2,2833 | 2,5633 | 2,8760 | 3,2251 | 3,6146 | 4,0489 | 4,5331 | 5,0724 | 5,6729 | 6,3412 | 7,0846 | 7,9111 | 8,8296 | 9,8497 |
| 25 | 1,6406 | 2,0938 | 2,3632 | 2,6658 | 3,0054 | 3,3864 | 3,8134 | 4,2919 | 4,8277 | 5,4274 | 6,0983 | 6,8485 | 7,6868 | 8,6231 | 9,6684 | 10,8347 |

**Tabelle einiger Abzinsungsfaktoren**

| Zins / Periode | 2,0 % | 3,0 % | 3,5 % | 4,0 % | 4,5 % | 5,0 % | 5,5 % | 6,0 % | 6,5 % | 7,0 % | 7,5 % | 8,0 % | 8,5 % | 9,0 % | 9,5 % | 10,0 % |
|---|---|---|---|---|---|---|---|---|---|---|---|---|---|---|---|---|
| 1 | 0,9804 | 0,9709 | 0,9662 | 0,9615 | 0,9569 | 0,9524 | 0,9479 | 0,9434 | 0,9390 | 0,9346 | 0,9302 | 0,9259 | 0,9217 | 0,9174 | 0,9132 | 0,9091 |
| 2 | 0,9612 | 0,9426 | 0,9335 | 0,9246 | 0,9157 | 0,9070 | 0,8985 | 0,8900 | 0,8817 | 0,8734 | 0,8653 | 0,8573 | 0,8495 | 0,8417 | 0,8340 | 0,8264 |
| 3 | 0,9423 | 0,9151 | 0,9019 | 0,8890 | 0,8763 | 0,8638 | 0,8516 | 0,8396 | 0,8278 | 0,8163 | 0,8050 | 0,7938 | 0,7829 | 0,7722 | 0,7617 | 0,7513 |
| 4 | 0,9238 | 0,8885 | 0,8714 | 0,8548 | 0,8386 | 0,8227 | 0,8072 | 0,7921 | 0,7773 | 0,7629 | 0,7488 | 0,7350 | 0,7216 | 0,7084 | 0,6956 | 0,6830 |
| 5 | 0,9057 | 0,8626 | 0,8420 | 0,8219 | 0,8025 | 0,7835 | 0,7651 | 0,7473 | 0,7299 | 0,7130 | 0,6966 | 0,6806 | 0,6650 | 0,6499 | 0,6352 | 0,6209 |
| 6 | 0,8880 | 0,8375 | 0,8135 | 0,7903 | 0,7679 | 0,7462 | 0,7252 | 0,7050 | 0,6853 | 0,6663 | 0,6480 | 0,6302 | 0,6129 | 0,5963 | 0,5801 | 0,5645 |
| 7 | 0,8706 | 0,8131 | 0,7860 | 0,7599 | 0,7348 | 0,7107 | 0,6874 | 0,6651 | 0,6435 | 0,6227 | 0,6028 | 0,5835 | 0,5649 | 0,5470 | 0,5298 | 0,5132 |
| 8 | 0,8535 | 0,7894 | 0,7594 | 0,7307 | 0,7032 | 0,6768 | 0,6516 | 0,6274 | 0,6042 | 0,5820 | 0,5607 | 0,5403 | 0,5207 | 0,5019 | 0,4838 | 0,4665 |
| 9 | 0,8368 | 0,7664 | 0,7337 | 0,7026 | 0,6729 | 0,6446 | 0,6176 | 0,5919 | 0,5674 | 0,5439 | 0,5216 | 0,5002 | 0,4799 | 0,4604 | 0,4418 | 0,4241 |
| 10 | 0,8203 | 0,7441 | 0,7089 | 0,6756 | 0,6439 | 0,6139 | 0,5854 | 0,5584 | 0,5327 | 0,5083 | 0,4852 | 0,4632 | 0,4423 | 0,4224 | 0,4035 | 0,3855 |
| 11 | 0,8043 | 0,7224 | 0,6849 | 0,6496 | 0,6162 | 0,5847 | 0,5549 | 0,5268 | 0,5002 | 0,4751 | 0,4513 | 0,4289 | 0,4076 | 0,3875 | 0,3685 | 0,3505 |
| 12 | 0,7885 | 0,7014 | 0,6618 | 0,6246 | 0,5897 | 0,5568 | 0,5260 | 0,4970 | 0,4697 | 0,4440 | 0,4199 | 0,3971 | 0,3757 | 0,3555 | 0,3365 | 0,3186 |
| 13 | 0,7730 | 0,6810 | 0,6394 | 0,6006 | 0,5643 | 0,5303 | 0,4986 | 0,4688 | 0,4410 | 0,4150 | 0,3906 | 0,3677 | 0,3463 | 0,3262 | 0,3073 | 0,2897 |
| 14 | 0,7579 | 0,6611 | 0,6178 | 0,5775 | 0,5400 | 0,5051 | 0,4726 | 0,4423 | 0,4141 | 0,3878 | 0,3633 | 0,3405 | 0,3191 | 0,2992 | 0,2807 | 0,2633 |
| 15 | 0,7430 | 0,6419 | 0,5969 | 0,5553 | 0,5167 | 0,4810 | 0,4479 | 0,4173 | 0,3888 | 0,3624 | 0,3380 | 0,3152 | 0,2941 | 0,2745 | 0,2563 | 0,2394 |
| 16 | 0,7284 | 0,6232 | 0,5767 | 0,5339 | 0,4945 | 0,4581 | 0,4246 | 0,3936 | 0,3651 | 0,3387 | 0,3144 | 0,2919 | 0,2711 | 0,2519 | 0,2341 | 0,2176 |
| 17 | 0,7142 | 0,6050 | 0,5572 | 0,5134 | 0,4732 | 0,4363 | 0,4024 | 0,3714 | 0,3428 | 0,3166 | 0,2925 | 0,2703 | 0,2499 | 0,2311 | 0,2138 | 0,1978 |
| 18 | 0,7002 | 0,5874 | 0,5384 | 0,4936 | 0,4528 | 0,4155 | 0,3815 | 0,3503 | 0,3219 | 0,2959 | 0,2720 | 0,2502 | 0,2303 | 0,2120 | 0,1952 | 0,1799 |
| 19 | 0,6864 | 0,5703 | 0,5202 | 0,4746 | 0,4333 | 0,3957 | 0,3616 | 0,3305 | 0,3022 | 0,2765 | 0,2531 | 0,2317 | 0,2122 | 0,1945 | 0,1783 | 0,1635 |
| 20 | 0,6730 | 0,5537 | 0,5026 | 0,4564 | 0,4146 | 0,3769 | 0,3427 | 0,3118 | 0,2838 | 0,2584 | 0,2354 | 0,2145 | 0,1956 | 0,1784 | 0,1628 | 0,1486 |
| 21 | 0,6598 | 0,5375 | 0,4856 | 0,4388 | 0,3968 | 0,3589 | 0,3249 | 0,2942 | 0,2665 | 0,2415 | 0,2190 | 0,1987 | 0,1803 | 0,1637 | 0,1487 | 0,1351 |
| 22 | 0,6468 | 0,5219 | 0,4692 | 0,4220 | 0,3797 | 0,3418 | 0,3079 | 0,2775 | 0,2502 | 0,2257 | 0,2037 | 0,1839 | 0,1662 | 0,1502 | 0,1358 | 0,1228 |
| 23 | 0,6342 | 0,5067 | 0,4533 | 0,4057 | 0,3634 | 0,3256 | 0,2919 | 0,2618 | 0,2349 | 0,2109 | 0,1895 | 0,1703 | 0,1531 | 0,1378 | 0,1240 | 0,1117 |
| 24 | 0,6217 | 0,4919 | 0,4380 | 0,3901 | 0,3477 | 0,3101 | 0,2767 | 0,2470 | 0,2206 | 0,1971 | 0,1763 | 0,1577 | 0,1412 | 0,1264 | 0,1133 | 0,1015 |
| 25 | 0,6095 | 0,4776 | 0,4231 | 0,3751 | 0,3327 | 0,2953 | 0,2622 | 0,2330 | 0,2071 | 0,1842 | 0,1640 | 0,1460 | 0,1301 | 0,1160 | 0,1034 | 0,0923 |

**Tabelle einiger Rentenbarwertfaktoren (nachschüssig)**

| Zins / Periode | 2,0 % | 3,0 % | 3,5 % | 4,0 % | 4,5 % | 5,0 % | 5,5 % | 6,0 % | 6,5 % | 7,0 % | 7,5 % | 8,0 % | 8,5 % | 9,0 % | 9,5 % | 10,0 % |
|---|---|---|---|---|---|---|---|---|---|---|---|---|---|---|---|---|
| 1 | 0,9804 | 0,9709 | 0,9662 | 0,9615 | 0,9569 | 0,9524 | 0,9479 | 0,9434 | 0,9390 | 0,9346 | 0,9302 | 0,9259 | 0,9217 | 0,9174 | 0,9132 | 0,9091 |
| 2 | 1,9416 | 1,9135 | 1,8997 | 1,8861 | 1,8726 | 1,8594 | 1,8464 | 1,8334 | 1,8207 | 1,8080 | 1,7955 | 1,7832 | 1,7712 | 1,7591 | 1,7472 | 1,7355 |
| 3 | 2,8839 | 2,8286 | 2,8016 | 2,7751 | 2,7489 | 2,7232 | 2,6980 | 2,6730 | 2,6485 | 2,6243 | 2,6005 | 2,5770 | 2,5541 | 2,5313 | 2,5089 | 2,4868 |
| 4 | 3,8077 | 3,7171 | 3,6730 | 3,6299 | 3,5875 | 3,5459 | 3,5052 | 3,4651 | 3,4258 | 3,3872 | 3,3493 | 3,3120 | 3,2757 | 3,2397 | 3,2045 | 3,1698 |
| 5 | 4,7134 | 4,5797 | 4,5150 | 4,4518 | 4,3900 | 4,3294 | 4,2703 | 4,2124 | 4,1557 | 4,1002 | 4,0459 | 3,9926 | 3,9407 | 3,8896 | 3,8397 | 3,7907 |
| 6 | 5,6014 | 5,4172 | 5,3285 | 5,2421 | 5,1579 | 5,0756 | 4,9955 | 4,9174 | 4,8410 | 4,7665 | 4,6939 | 4,6228 | 4,5536 | 4,4859 | 4,4198 | 4,3552 |
| 7 | 6,4720 | 6,2303 | 6,1145 | 6,0020 | 5,8927 | 5,7863 | 5,6829 | 5,5825 | 5,4845 | 5,3892 | 5,2967 | 5,2063 | 5,1185 | 5,0329 | 4,9496 | 4,8684 |
| 8 | 7,3255 | 7,0197 | 6,8739 | 6,7327 | 6,5959 | 6,4631 | 6,3345 | 6,2099 | 6,0887 | 5,9712 | 5,8574 | 5,7466 | 5,6392 | 5,5348 | 5,4334 | 5,3349 |
| 9 | 8,1623 | 7,7861 | 7,6076 | 7,4353 | 7,2688 | 7,1077 | 6,9521 | 6,8018 | 6,6561 | 6,5151 | 6,3790 | 6,2468 | 6,1191 | 5,9952 | 5,8752 | 5,7590 |
| 10 | 8,9826 | 8,5302 | 8,3165 | 8,1109 | 7,9127 | 7,7216 | 7,5375 | 7,3602 | 7,1888 | 7,0234 | 6,8642 | 6,7100 | 6,5614 | 6,4176 | 6,2787 | 6,1445 |
| 11 | 9,7869 | 9,2526 | 9,0014 | 8,7605 | 8,5289 | 8,3063 | 8,0924 | 7,8870 | 7,6890 | 7,4985 | 7,3155 | 7,1389 | 6,9690 | 6,8051 | 6,6472 | 6,4950 |
| 12 | 10,5754 | 9,9540 | 9,6632 | 9,3851 | 9,1186 | 8,8631 | 8,6184 | 8,3840 | 8,1587 | 7,9425 | 7,7354 | 7,5360 | 7,3447 | 7,1606 | 6,9837 | 6,8136 |
| 13 | 11,3484 | 10,6350 | 10,3026 | 9,9857 | 9,6829 | 9,3934 | 9,1170 | 8,8528 | 8,5997 | 8,3575 | 8,1260 | 7,9037 | 7,6910 | 7,4868 | 7,2910 | 7,1033 |
| 14 | 12,1063 | 11,2961 | 10,9204 | 10,5632 | 10,2229 | 9,8985 | 9,5896 | 9,2951 | 9,0138 | 8,7453 | 8,4893 | 8,2442 | 8,0101 | 7,7860 | 7,5717 | 7,3666 |
| 15 | 12,8493 | 11,9380 | 11,5173 | 11,1185 | 10,7396 | 10,3795 | 10,0375 | 9,7124 | 9,4026 | 9,1077 | 8,8273 | 8,5594 | 8,3042 | 8,0605 | 7,8280 | 7,6060 |
| 16 | 13,5777 | 12,5612 | 12,0940 | 11,6524 | 11,2341 | 10,8376 | 10,4621 | 10,1060 | 9,7677 | 9,4464 | 9,1417 | 8,8513 | 8,5753 | 8,3124 | 8,0621 | 7,8236 |
| 17 | 14,2919 | 13,1662 | 12,6512 | 12,1658 | 11,7073 | 11,2739 | 10,8645 | 10,4774 | 10,1105 | 9,7630 | 9,4342 | 9,1216 | 8,8252 | 8,5435 | 8,2759 | 8,0214 |
| 18 | 14,9921 | 13,7536 | 13,1896 | 12,6594 | 12,1601 | 11,6894 | 11,2460 | 10,8277 | 10,4324 | 10,0589 | 9,7062 | 9,3718 | 9,0555 | 8,7555 | 8,4711 | 8,2013 |
| 19 | 15,6785 | 14,3239 | 13,7098 | 13,1340 | 12,5934 | 12,0851 | 11,6076 | 11,1582 | 10,7346 | 10,3354 | 9,9593 | 9,6035 | 9,2677 | 8,9500 | 8,6494 | 8,3648 |
| 20 | 16,3515 | 14,8776 | 14,2124 | 13,5904 | 13,0080 | 12,4620 | 11,9503 | 11,4700 | 11,0184 | 10,5938 | 10,1947 | 9,8180 | 9,4633 | 9,1284 | 8,8122 | 8,5134 |
| 21 | 17,0113 | 15,4151 | 14,6980 | 14,0292 | 13,4048 | 12,8209 | 12,2752 | 11,7642 | 11,2849 | 10,8353 | 10,4137 | 10,0167 | 9,6436 | 9,2921 | 8,9609 | 8,6485 |
| 22 | 17,6581 | 15,9370 | 15,1672 | 14,4512 | 13,7845 | 13,1627 | 12,5831 | 12,0417 | 11,5351 | 11,0610 | 10,6174 | 10,2006 | 9,8098 | 9,4423 | 9,0967 | 8,7713 |
| 23 | 18,2923 | 16,4437 | 15,6205 | 14,8569 | 14,1479 | 13,4883 | 12,8750 | 12,3035 | 11,7700 | 11,2719 | 10,8069 | 10,3709 | 9,9629 | 9,5801 | 9,2207 | 8,8830 |
| 24 | 18,9140 | 16,9356 | 16,0585 | 15,2470 | 14,4956 | 13,7984 | 13,1517 | 12,5505 | 11,9906 | 11,4690 | 10,9832 | 10,5286 | 10,1041 | 9,7065 | 9,3340 | 8,9845 |
| 25 | 19,5235 | 17,4132 | 16,4816 | 15,6221 | 14,8283 | 14,0937 | 13,4139 | 12,7835 | 12,1977 | 11,6532 | 11,1472 | 10,6746 | 10,2342 | 9,8225 | 9,4374 | 9,0768 |

**Tabelle einiger Rentenendwertfaktoren (nachschüssig)**

| Zins / Periode | 2,0 % | 3,0 % | 3,5 % | 4,0 % | 4,5 % | 5,0 % | 5,5 % | 6,0 % | 6,5 % | 7,0 % | 7,5 % | 8,0 % | 8,5 % | 9,0 % | 9,5 % | 10,0 % |
|---|---|---|---|---|---|---|---|---|---|---|---|---|---|---|---|---|
| 1 | 1,0000 | 1,0000 | 1,0000 | 1,0000 | 1,0000 | 1,0000 | 1,0000 | 1,0000 | 1,0000 | 1,0000 | 1,0000 | 1,0000 | 1,0000 | 1,0000 | 1,0000 | 1,0000 |
| 2 | 2,0200 | 2,0300 | 2,0350 | 2,0400 | 2,0450 | 2,0500 | 2,0550 | 2,0600 | 2,0650 | 2,0700 | 2,0750 | 2,0800 | 2,0850 | 2,0900 | 2,0950 | 2,1000 |
| 3 | 3,0604 | 3,0909 | 3,1062 | 3,1216 | 3,1370 | 3,1525 | 3,1680 | 3,1836 | 3,1992 | 3,2149 | 3,2306 | 3,2464 | 3,2622 | 3,2781 | 3,2940 | 3,3100 |
| 4 | 4,1216 | 4,1836 | 4,2149 | 4,2465 | 4,2782 | 4,3101 | 4,3422 | 4,3746 | 4,4071 | 4,4399 | 4,4729 | 4,5061 | 4,5395 | 4,5731 | 4,6069 | 4,6410 |
| 5 | 5,2040 | 5,3091 | 5,3624 | 5,4164 | 5,4707 | 5,5256 | 5,5810 | 5,6371 | 5,6936 | 5,7507 | 5,8084 | 5,8666 | 5,9254 | 5,9847 | 6,0446 | 6,1051 |
| 6 | 6,3081 | 6,4684 | 6,5501 | 6,6331 | 6,7169 | 6,8019 | 6,8880 | 6,9753 | 7,0637 | 7,1533 | 7,2440 | 7,3359 | 7,4291 | 7,5233 | 7,6188 | 7,7156 |
| 7 | 7,4343 | 7,6625 | 7,7794 | 7,8984 | 8,0192 | 8,1420 | 8,2668 | 8,3938 | 8,5228 | 8,6540 | 8,7873 | 8,9228 | 9,0606 | 9,2004 | 9,3426 | 9,4872 |
| 8 | 8,5830 | 8,8924 | 9,0517 | 9,2143 | 9,3801 | 9,5491 | 9,7215 | 9,8974 | 10,0768 | 10,2598 | 10,4463 | 10,6366 | 10,8307 | 11,0284 | 11,2302 | 11,4359 |
| 9 | 9,7547 | 10,1592 | 10,3685 | 10,5829 | 10,8022 | 11,0266 | 11,2562 | 11,4912 | 11,7318 | 11,9780 | 12,2298 | 12,4875 | 12,7513 | 13,0210 | 13,2971 | 13,5795 |
| 10 | 10,9498 | 11,4640 | 11,7314 | 12,0062 | 12,2883 | 12,5779 | 12,8753 | 13,1807 | 13,4944 | 13,8165 | 14,1470 | 14,4865 | 14,8352 | 15,1929 | 15,5603 | 15,9374 |
| 11 | 12,1688 | 12,8079 | 13,1420 | 13,4864 | 13,8413 | 14,2068 | 14,5834 | 14,9715 | 15,3715 | 15,7837 | 16,2080 | 16,6454 | 17,0962 | 17,5603 | 18,0385 | 18,5311 |
| 12 | 13,4122 | 14,1921 | 14,6020 | 15,0259 | 15,4642 | 15,9171 | 16,3855 | 16,8698 | 17,3707 | 17,8886 | 18,4236 | 18,9770 | 19,5494 | 20,1407 | 20,7522 | 21,3842 |
| 13 | 14,6804 | 15,6179 | 16,1131 | 16,6269 | 17,1601 | 17,7130 | 18,2867 | 18,8820 | 19,4998 | 20,1408 | 20,8054 | 21,4952 | 22,2111 | 22,9534 | 23,7237 | 24,5226 |
| 14 | 15,9740 | 17,0864 | 17,6771 | 18,2920 | 18,9323 | 19,5986 | 20,2925 | 21,0149 | 21,7673 | 22,5506 | 23,3658 | 24,2148 | 25,0990 | 26,0192 | 26,9774 | 27,9749 |
| 15 | 17,2935 | 18,5990 | 19,2958 | 20,0237 | 20,7842 | 21,5785 | 22,4086 | 23,2758 | 24,1822 | 25,1291 | 26,1182 | 27,1520 | 28,2324 | 29,3609 | 30,5403 | 31,7724 |
| 16 | 18,6394 | 20,1570 | 20,9711 | 21,8246 | 22,7195 | 23,6574 | 24,6411 | 25,6724 | 26,7540 | 27,8881 | 29,0771 | 30,3242 | 31,6321 | 33,0034 | 34,4416 | 35,9496 |
| 17 | 20,0122 | 21,7617 | 22,7051 | 23,6976 | 24,7419 | 25,8403 | 26,9964 | 28,2128 | 29,4930 | 30,8403 | 32,2579 | 33,7501 | 35,3208 | 36,9737 | 38,7135 | 40,5446 |
| 18 | 21,4124 | 23,4145 | 24,4998 | 25,6455 | 26,8553 | 28,1323 | 29,4812 | 30,9056 | 32,4100 | 33,9991 | 35,6773 | 37,4501 | 39,3231 | 41,3013 | 43,3913 | 45,5991 |
| 19 | 22,8406 | 25,1169 | 26,3573 | 27,6713 | 29,0638 | 30,5389 | 32,1027 | 33,7599 | 35,5167 | 37,3790 | 39,3531 | 41,4461 | 43,6656 | 46,0184 | 48,5135 | 51,1590 |
| 20 | 24,2974 | 26,8704 | 28,2798 | 29,7781 | 31,3717 | 33,0659 | 34,8683 | 36,7855 | 38,8253 | 40,9955 | 43,3046 | 45,7618 | 48,3772 | 51,1601 | 54,1223 | 57,2749 |
| 21 | 25,7833 | 28,6765 | 30,2696 | 31,9692 | 33,7834 | 35,7192 | 37,7861 | 39,9926 | 42,3489 | 44,8652 | 47,5525 | 50,4228 | 53,4892 | 56,7645 | 60,2639 | 64,0024 |
| 22 | 27,2990 | 30,5368 | 32,3290 | 34,2480 | 36,3036 | 38,5052 | 40,8643 | 43,3922 | 46,1016 | 49,0058 | 52,1189 | 55,4566 | 59,0358 | 62,8733 | 66,9890 | 71,4026 |
| 23 | 28,8450 | 32,4529 | 34,4605 | 36,6179 | 38,9373 | 41,4305 | 44,1118 | 46,9957 | 50,0982 | 53,4362 | 57,0278 | 60,8931 | 65,0538 | 69,5319 | 74,3529 | 79,5429 |
| 24 | 30,4219 | 34,4265 | 36,6666 | 39,0826 | 41,6895 | 44,5020 | 47,5380 | 50,8154 | 54,3546 | 58,1767 | 62,3049 | 66,7646 | 71,5834 | 76,7898 | 82,4164 | 88,4972 |
| 25 | 32,0303 | 36,4593 | 38,9499 | 41,6459 | 44,5655 | 47,7271 | 51,1526 | 54,8643 | 58,8877 | 63,2491 | 67,9778 | 73,1058 | 78,6680 | 84,7009 | 91,2460 | 98,3469 |

# Stichwortverzeichnis

## J



## K



## L



## M



## N



## O



## P



## R



## S



## T



## U

Rohde | Lustig | Wöhler

**Allgemeines Verwaltungsrecht**

Lehrbuch, 17. Auflage 2022, Softcover, 476 Seiten, 28 €, ISBN 978-3-8293-1783-2

Odenthal | Beckermann

**Einführung in die öffentliche Betriebswirtschaftslehre**

Lehrbuch, 11. Auflage 2021, Softcover, 305 Seiten, 22 €, ISBN 978-3-8293-1712-2

Mutschler | Stockel-Veltmann

**Externes Rechnungswesen**

Lehrbuch, 7. Auflage 2023, Softcover, 176 Seiten, 24 €, ISBN 978-3-8293-1818-1

Palm | Rohde

**Klausurfälle, Schemata und Prüfungstipps für das Verwaltungsrecht**

Lehrbuch, 9. Auflage 2022, Softcover, 250 Seiten, 20 €, ISBN 978-3-8293-1784-9

Mutschler | Schlösser

**Praktische Fälle**
aus dem Externen Rechnungswesen und Kommunalen Finanzmanagement NRW

Lehrbuch, 8. Auflage 2023, Softcover, 229 Seiten, 24 €, ISBN 978-3-8293-1816-7

Grosse

**Praktische Fälle aus dem Sozialrecht**

Lehrbuch, 10. Auflage 2022, Softcover, 270 Seiten, 19 €, ISBN 978-3-8293-1780-1

www.ksv-medien.de